中国科学院科学与社会系列报告

2011高技术发展报告

2011 High Technology Development Report

● 中国科学院

科学出版社
北京

内 容 简 介

本书是中国科学院面向公众、面向决策人员的系列年度报告——《高技术发展报告》的第十二本。全书在综述2010年高技术发展动态的同时，以航空、航天和海洋技术为主题，着重介绍了航空、航天和海洋技术新进展、部分战略性新兴产业技术发展情况、高技术产业创新能力和国际竞争力、高技术与社会等人们普遍关注的重大问题，提出了若干促进我国高技术及高技术产业发展的思路和政策建议。

本报告有助于社会公众了解高技术，特别是航空、航天和海洋技术的发展动态。可供各级领导干部、有关决策部门和社会公众参考。

图书在版编目(CIP)数据

2011高技术发展报告/中国科学院编.—北京：科学出版社，2011.3

(中国科学院科学与社会系列报告)

ISBN 978-7-03-030275-5

Ⅰ.①2… Ⅱ.①中… Ⅲ.①高技术－技术发展－研究报告－中国－2011 Ⅳ.①N12

中国版本图书馆CIP数据核字（2011）第022179号

责任编辑：侯俊琳　牛　玲　李　粜　胡升华

责任校对：包志虹 / 责任印制：赵德静 / 封面设计：无极书装

科学出版社 出版

北京东黄城根北街16号

邮政编码：100717

http://www.sciencep.com

中国科学院印刷厂 印刷

科学出版社发行　各地新华书店经销

*

2011年3月第　一　版　开本：787×1092　1/16

2011年3月第一次印刷　印张：21 3/4　插页：2

印数：1—7 000　字数：420 000

定价：55.00元

（如有印装质量问题，我社负责调换）

增强自主创新能力　支撑经济发展方式转变

（代序）

路甬祥

我国正处于从中低收入国家向中等发达国家迈进的关键历史时期，科学技术作为经济社会发展基石和推动力的作用更加突出。加快转变经济发展方式，赢得发展先机和主动权，必须充分发挥科学技术的重要作用，把提高自主创新能力、建设创新型国家作为国家发展战略的核心、提高综合国力的关键。要更加重视运用科技的力量，促进产业结构升级，培育战略性新兴产业，加快经济发展方式转变，加快实现我国经济由大变强的跨越。

一、坚定信心，让创新驱动支撑转变经济发展方式

20世纪以来，世界上成功实现现代化的国家，通过大规模引进消化吸收先进技术，提升制造能力和产业发展水平，初步奠定了赶超国家的经济基础；通过加大科技投入、鼓励创新，突破产业发展的技术瓶颈，成功实现制造中心和创新中心的融合，逐步实现从引进模仿向自主创新的跨越发展。

当今世界正处于新的调整与变革时期。第二次世界大战后确立、冷战后演化形成的全球经济政治格局正在发生前所未有的新变化。世界金融危机充分暴露了旧有格局与模式的弊端，加快了世界变革的进程。科学技术正孕育着重大突破，为变革注入强大的动力和活力。物质科学、能源资源科技、ICT技术、材料与先进制造和过程技术、生命科学与生物技术、生态环保、海洋、空天等领域，都正酝酿着激动人心的创新突破与革命。将为生产力发展打开新的空间，未来的科技与产业必将以

绿色、智能、为更多数人共创共享和可持续发展为特征。世界主要国家都更加依靠科学技术，培育和发展新兴产业、抢占未来发展的先机。

我国正处于从跟踪模仿向自主创新转变的关键时期，已经具备了抓住历史机遇、实现跨越发展的基础和条件。新中国成立60多年，特别是改革开放30多年来，我国经济社会发展取得了举世瞩目的成就，经济实现了连续30年的高速增长，国家综合实力和科技创新能力空前提升，中国的经济、产业、科技将实现由大向强的历史性跨越。我国科技进步贡献率达到40%左右，科技人力资源总量位居世界第一，研究开发人员总量位居世界第二。科技产出数量已居世界前列，产出质量大幅提升，部分重要领域的研究开发能力已跻身世界先进行列。

国家确立了科教兴国战略、人才强国战略、可持续发展战略，将提高自主创新能力，建设创新型国家作为国家经济社会发展战略的核心，制订实施了科技、人才、教育发展纲要，组织实施16个科技重大专项，十大产业振兴行动计划，推进建设以企业为主体，以市场为导向，产学研结合的技术创新体系，支持中国科学院组织实施“知识创新工程2020”等，为提升自主创新能力和实现跨越发展创造了良好的政策环境。

加快转变经济发展方式，加快实现现代化，必须抓住新科技革命的历史机遇，及早统筹谋划科技发展战略，不断明晰影响我国现代化进程的重大科学问题、关键核心技术问题及其解决的途径，走中国特色自主创新道路，提高自主创新能力，建设创新型国家。依靠科技创新，构建支撑我国全面建设小康社会、实现现代化的可持续能源与资源体系，先进材料与绿色、智能制造体系，普惠泛在的信息网络体系，生态高值农业和生物产业体系，普惠健康保障体系，生态与环境保育体系，空天海洋能力拓展体系，国家与公共安全体系等八大体系，加快开发新的资源来源、创新发展模式和发展途径，使我国尽快走上创新驱动、内生增长、全面协调可持续的科学发展道路，赢得未来发展先机、优势和主动权。

二、抓住机遇，依靠科技创新促进产业结构优化升级

加快转变经济发展方式、促进产业结构优化升级对科技创新提出了新的紧迫的重大战略需求。我国关键核心技术自主创新能力依然比较薄弱，对外技术依存度愈50%，产业、企业、产品主要依靠投资拉动，依靠劳动力价格优势，承接了全球低中端产业的转移，将受到更激烈的国际竞争和挑战。资源能源对外依赖程度日益上升，成为制约发展和影响国家安全的重要瓶颈，预计到2020年油气对外依赖度将超过60%。我国目前已探明储量的45种主要矿产中，到2020年能满足需求的仅有9

种。生态环境压力不断增大，水资源与耕地紧张，大气、饮用水、土壤污染，城市生活垃圾以每年10%的速度增长。我国人口的增长和城镇化的发展将给国家的粮食安全、基础设施建设、能源资源和生态环境带来持续的压力，预计到2020年我国人口总数将达到14.3亿，2020年城镇人口将达到7.9亿。区域发展差距、城乡差距将长期存在，并有可能进一步扩大。自然灾害与事故灾害频发，国家安全与公共安全也将面临诸多传统和非传统安全的挑战。

我国要从经济大国走向经济强国、从制造大国走向制造强国，必须提高自主创新能力，着力突破产业关键核心技术，加快产业结构优化升级，提高产业的国际竞争力；着力解决经济社会发展中面临的能源资源、生态环境、人口健康、空天海洋、传统与非传统安全等诸多方面的突出问题和瓶颈制约，推动产业结构优化升级，提高我国在全球产业链分工中的地位，建设创新型国家。

在切实抓好国家16个重大专项的同时，要不断凝练那些对我国现代化进程具有全局和长远影响，关系我国国际竞争力，关系可持续发展，关系国家安全，以及全球共同关注的重大科技问题。发挥我国集中力量办大事的优势，科学前瞻，统筹布局，分工协作，持续攻关，力争在科学层面取得原创性突破，在关键技术和系统集成层面取得重大变革性创新，将科技创新不断转化为先进生产力，转化为支持科学发展的新知识和新动力。加强产学研合作，组建产业技术创新联盟，实现更大程度、更广领域的开放合作，大力培育企业的自主创新能力，促进创新成果与社会创新要素紧密结合。切实加强基础研究和高技术前沿探索，加强前瞻布局，尤其要重视可能发生革命性变革的科技方向，重视交叉综合性科技领域和新兴前沿方向的前瞻布局，培育新的生长点，建设一批高水平的科技创新基地，培养一大批高水平的创新创业团队，实现自主创新能力的跨越发展。要加强系统布局，在主流学科方面走到世界前列，在重要战略高技术领域实现跨越，从根本上改变我国重大科学原创严重不足、关键核心技术受制于人的局面，实现从跟踪为主向自主创新为主的历史性转变。

三、重点突破，加快培育发展战略性新兴产业

战略性新兴产业都具有产品先进并有发展前景的市场需求、有良好的经济社会效益、能带动一批产业群兴起的特点。要抓住战略机遇，依靠科技创新，选择若干重点领域，制定战略性新兴产业发展规划，组织产学研力量，前瞻部署关键核心技术攻关，突破核心关键技术，掌握重要知识产权，孵化企业或以企业为主体提升系统集成和规模产业化。

在能源产业技术领域，要从发展绿色、循环经济，实现自主减排目标出发，着力发展节能减排和低碳技术，提高能源利用效率，大力发展节能建筑、轨道交通和电动汽车技术，根据我国资源实际，加强煤的清洁高值综合利用、煤转天然气和煤制重要化学品技术研发。从调整能源结构、建设可持续能源体系目标出发，在大力发展可再生能源与先进核能等清洁能源的同时，加快专项技术研究和系统集成，构建覆盖城乡的智能、高效、可靠的电力网体系。

在信息产业技术领域，要以应用为牵引，创新信息产业技术，以信息化带动工业化。依托信息技术与基础设施，促进现代服务业和现代文化产业发展。以建设信息和知识为重要资源与要素的信息社会为目标，继续发展和普及互联网技术，加快部署发展物联网技术，并促进两者融合。重视网络计算和信息存储技术开发，加快相关基础设施建设，着力改变我国信息资源行业分隔、部分网络信息存储在外的局面，促进信息共享，保障信息安全。

在材料产业技术领域，要加快推进钢铁、有色金属、水泥、玻璃、高分子等材料产业调整结构，提高产品技术标准，降耗减排；另一方面，要从我国资源特点与发展需求出发，加快发展先进轻结构材料与复合材料、功能材料等，加快发展电子信息材料、器件与系统技术。改变传统发展思路，重视材料的环境友好性、可再生循环性和制备使役全过程中的节能减排特性等，建设强大的材料创新能力和材料工业体系，加快从材料大国转变成为材料强国。

在生物产业技术领域，生物技术与产业是绿色经济的重要支柱。我国生物资源丰富，市场宏大，发展空间巨大。应着力发展先进育种技术，提高农产品的质量、产量和抗逆性；研发推广节约资源、减少面源污染、农业废弃物资源化利用等技术；加强药物研发，形成以创新药物为龙头的生物医药产业链；推进工业生物技术的研发，发展生物制造产业，使我国成为生物产业强国。

四、保障和改善民生，使创新为人民创造美好生活

中国的城镇化发展和 13 亿多人民追求现代化生活的强烈需求，为人类文明进程注入了新的动力和活力，也面临着日益严峻的耕地、水资源和生态安全等问题，面临着农业多功能需求的增长对中国粮食与农产品安全和水土等资源超载的压力等，人口健康面临着慢性病、重大传染病、新生疾病等巨大威胁，面临着食品安全、人口质量、心理健康等日益突出的问题。科技创新必须要始终坚持以人为本，把保障和改善民生作为根本出发点和落脚点，着眼于为 13 亿人民创造美好生活，促进普惠发展与和谐发展。

依靠科技创新，攻克动植物育种、重大病虫害防治、农产品加工等关键技术，提高粮食产量，促进我国农业结构的升级与战略性调整，发展高产、优质、高效、生态农业，保证粮食与农产品安全，促进农业产业结构升级和生物产业发展，不断满足我国日益增长的农产品总量需求、质量、安全和多功能需求，全面实现农产品优质化、营养化、功能化，实现农业的信息化、数字化、精准化，建成农业高值转化的产业体系，形成生态系统持续良性循环、景观优美、功能多样、城乡一体的新型农业。

依靠科技创新，推动医疗保健模式由疾病治疗为主向预测、预防为主转变，将当代生命科学与我国传统医学优势相结合，发展中国特色的先进健康科学体系和普惠的医疗保健体系，形成世界先进水平的生物安全、食品安全、健康营养生活方式的科技保障体系，建立中国特色突发公共卫生事件及生物防范体系，实现全民身体健康进而达到身心的全面健康，开发符合国情、成本低、质量高、惠及广的医疗技术和产品，攻克重大疾病、重大和突发传染病的防治等关键技术，形成以创新药物研发和先进医疗设备制造为龙头的医药研发和新兴产业，大幅提升我国生物医药产业的国际竞争力，成为生物医药产业强国。

依靠科技创新，攻克一批事关公共安全和生活安全的关键技术，着力解决环境污染、饮水安全、垃圾处理等关系人居环境的重大科技问题，为构建和谐社会提供重要的技术保障。大力提升对自然灾害的预测、预报和防灾、减灾能力，发展传统与非传统安全防范技术，建设应对自然和人为灾害、交通安全、信息与网络安全、食品与生命安全等的检测、预防、预警一体化的社会安全保障应急处理体系。

前　　言

2010年是“十一五”规划“收官”之年，也是“十二五”规划的编制之年。《中共中央关于制定国民经济和社会发展第十二个五年规划的建议》明确要求，坚持把科技进步和创新作为加快转变经济发展方式的重要支撑，推动发展向主要依靠科技进步、劳动者素质提高和管理创新转变，加快建设创新型国家。《国务院关于加快培育和发展战略性新兴产业的决定》将节能环保、新一代信息技术、生物、高端装备制造、新能源、新材料、新能源汽车等产业作为现阶段重点，坚持科技创新和实现产业化相结合的原则，抢占经济和科技竞争制高点。在激烈的国际竞争和国家的高度重视下，战略高技术领域将迎来新一轮发展高潮。

《高技术发展报告》是中国科学院面向决策、面向公众的系列年度报告之一，每年聚焦一个主题，4年一个周期。《2011高技术发展报告》以“航空、航天和海洋技术”为主题，共分八章。第一章“2010年高技术发展综述”，系统阐述2010年国内外高技术研究发展最新动态。第二章“航空技术新进展”，介绍航空材料、航空动力、航空电子和近空间飞行器等领域的技术最新进展。第三章“航天技术新进展”，介绍深空探测、卫星通信、卫星导航、对地观测、载人航天和火箭等方面的技术研发最新进展。第四章“海洋技术新进展”，介绍深海探测、海水资源综合利用、深海资源开发、海洋农业、海洋药物和海洋污染监控等方面的最新研究进展。第五章“高技术与战略性新兴产业发展”，介绍高性能集成电路、新能源汽车、纳米材料、物联网、新型疫苗、卫星导航等战略性新兴产业的技术发展方向。第六章“高技术产业创新能力与国际竞争力评价”，监测我国高技术产业创新能力发展现状，评估航空航天器制造业国际竞争力。第七章“高技术与社会”，探讨剖析合成生命、转基因食品、空间伦理、纳米技术等公众关心的热点问题。第八章“专家论坛”，邀请国内知名专家就战略性新兴产业发展、国家知识产权战略、创新型人才培养等问题发表重要观点。

《2011 高技术发展报告》是在中国科学院路甬祥院长亲自指导和众多两院院士及有关专家的热情参与下完成的。报告由中国科学院副秘书长曹效业和潘教峰总策划，中国科学院规划战略局对报告的提纲和内容提出了许多宝贵意见。中国科学院规划战略局陶宗宝、刘剑等同志在报告完成过程中给予了慷慨的支持和帮助。报告的组织、研究与编撰工作由中国科学院科技政策与管理科学研究所承担。课题组组长是穆荣平，成员有任中保、张久春、曲婉、杜鹏、宋河发和陈芳等。

中国科学院《高技术发展报告》课题组

2011 年 2 月 14 日

目　录

Contents

第一章

2010年高技术发展综述

2010 年高技术发展综述

任中保
（中国科学院科技政策与管理科学研究所）

2010 年，美国、欧盟、日本等主要发达国家和地区都在细化高技术发展战略，纷纷加大下一代信息技术、生物技术、新材料技术、新能源技术、空间技术和海洋技术等战略领域的研发投资，全球进入前所未有的创新密集时代。我国将培育和发展战略性新兴产业作为当前和今后的重要任务，国务院颁布了《关于加快培育和发展战略性新兴产业的决定》（国发〔2010〕32 号），不仅明确了我国未来重点发展的新兴产业领域，而且为今后高技术发展指明了方向。当前，全球高技术领域生机盎然，正在深刻地影响着世界经济发展的方向。

一、信 息 技 术

信息技术已经改变并将继续改变人类的生产生活方式。回顾 2010 年信息技术发展，超级计算机不断刷新运算速度纪录、量子计算机及其通信网络的若干机理和关键技术不断取得突破、光通信速度持续提高、物联网发展热潮汹涌而至、新信息存储材料不断发现、微电子芯片和生物芯片持续发展……这一切都显示出信息技术革命并没有终结，而是进入到一个新的发展阶段。

1. 计算机

（1）超级计算机。从国际 TOP 500 组织最新公布的排名看，我国开发的超级计算机系统已经在国际上占有极其重要的位置。“天河一号”成为全球运算速度最快的超级计算机，“星云”排名第三，两者的实测运算速度分别达到 2570 万亿次/秒和 1270 万亿次/秒。虽然目前超级计算机的运算速度已经非常快，但各国仍不满足。美国国防部高级研究计划局正在紧锣密鼓地研制亿亿级超级计算机，其预计运行速度将是“天河一号”的近 5000 倍。俄罗斯总理普京签署命令向俄罗斯原子能署拨款 11 亿卢布，用于发展超级计算机和网络技术。在超级计算机的运算速度不断刷新世界纪录的同时，其应用成果也引人瞩目。2010 年 3 月，俄罗斯国家原子能公司向苏霍伊公司交付了首台紧凑型超级计算机。该计算机每秒能进行 1 万亿次浮点运算。2010 年 3 月，德国超级计算机 Jugene 成功模拟了 42 位的量子计算机，研究人员首次实现了高位数量子计算机系统特性研究。

（2）量子计算机。准确接收和还原信息都离不开微波放大器，然而其随机产生的噪声使接收和还原的信息变得模糊。2010 年 5 月，耶鲁大学研制出一种量子计算机所需的信号放大器，其能传输小到一个光量子所携带的微弱信号，且产生的“噪声”小到接近量子计算机要求的理想最小值[1]。2010 年 9 月，由英国、日本、以色列和荷兰等多国研究人员组成的国际研究小组成功研发出一种可用于量子计算的硅芯片，使两个完全相同的光子通过刻录在硅芯片上的光学网络，首次实现了双光子量子漫步，该项技术将大大提前量子计算机的问世时间[2]。如何进一步高效地扩展纠缠量子比特数目，成为量子计算机研究领域的严峻挑战。2010 年 5 月，合肥微尺度物质科学国家实验室成功制备出超纠缠光子薛定谔猫态，使纠缠量子比特数目最高达到 10 个，再次刷新了纠缠态制备的世界纪录，成为发展实用性量子计算机的重要突破[3]。

2. 通信与网络

（1）光通信。2010 年 1 月，德国西门子公司通过特殊方式使发光二极管高频闪烁，附近光电探测器将接收到的这种光信号转换为电脉冲，使信息传输速度达到每秒 500 兆比特，是此前世界纪录的 2.5 倍。2010 年 7 月，英特尔公司用超细超轻的光纤替代铜线，首次实现了硅光子数据连接，数据传输速度高达每秒 500 亿比特（50Gbps），该项技术可能从根本上改变未来电脑的设计模式以及未来数据中心的构建方式。2010 年 3 月，中国科学院上海微系统与信息技术研究所与上海宏力半导体制造有限公司研究人员密切合作，在国内首次利用标准互补金属氧化物半导体（CMOS）工艺平台开发出数据传输速度达每秒 10Gbps 的硅光调制器芯片，在新一代高性能计算机、光通信设施和消费类电子产品发展中有着广阔的应用和市场前景。2010 年 5 月，我国首个脉冲超宽带无线通信系统在中国科学技术大学研制成功。这是脉冲超宽带技术走向工程实践的一个重要突破，未来的电视机、显示器、多媒体终端等设备，都有可能通过安装脉冲超宽带芯片从而实现无线连接。

（2）量子通信。由于量子通信具有超高的速度和几近完美的保密性，全世界对其给予了极高的期待。2010 年 6 月，由中国科学技术大学和清华大学组成的联合小组，首次成功实现远距离自由空间量子态隐形传输，传输距离达到 16 千米，是此前世界纪录的 20 多倍，为量子通信走向实用迈出了坚实的一步[4]。2010 年 4 月，日本东芝公司研究人员利用新研发的光电二极管，使量子密码密钥通信速度由“千比特/秒”级提高到“兆比特/秒”级，使连续运行时间由几分钟提高到 36 小时，使视频传输加密得以实现[5]。2010 年 10 月，美国科学家首次将量子源（半导体量子点）产生的波长为 1300 纳米的近红外单光子转换成波长为 710 纳米的近可见光光子，这种转换的实现有望帮助开发出拥有量子通信、量子计算和量子计量的混合型量子系统[6]。

（3）物联网。2010 年 10 月，国务院发布《关于加快培育和发展战略性新兴产业的决定》，将促进物联网研发和示范应用作为发展新一代信息技术产业的重点之一，开启了物联网大规模走向应用的新篇章。2010 年 8 月，国际标准化组织正式发布了集装箱货运标签系统，这是由我国提出和推动制定的物联网领域的首个国际规范，它有助于加速开发低成本、安全可靠、使用方便的集装箱电子装置。2010 年 10 月，西班牙一家公司开发出新型激光标签技术，利用该项技术可在蔬菜和水果表皮上刻上标签，不需要纸、墨水或胶水，比传统纸质标签更加环保。2010 年 11 月，全球首颗二维码解码“中国芯”诞生，二维码解码芯片将传统的软件解码转化为硬件解码，使系统的解码速度提高了 10 倍以上，识读效率（抗污损）提高了 30 ~ 50 倍，该项技术可广泛应用在物流、金融、交通、工业等领域。

3. 信息存储

（1）新信息存储材料。随着数据信息的爆炸式增长，传统的信息存储材料难以满足人们对存储器体积、容量和寿命的要求，科学家正在积极寻找新的存储材料。2010 年 5 月，中国科学技术大学的研究人员使用超分子组装的方法制备出了具有良好的光学性能、稳定性、溶解性及可加工性的超分子双偶氮苯，并将其作为存储介质，利用激光直写技术实现了相当于 20 倍传统 DVD 存储密度的四维信息存储，实现了偏振多阶及高密度光信息存储[7]。2010年6月，英国雷丁大学通过模拟DNA链存储和处理信息的方式，人工合成了一条能够存储信息的聚合物链，并在实验中首次证实生物信息处理的很多特性都能够在人工合成的聚合物链上表现出来，后续研发有望将存储信息的密度提高几百万倍。2010年8月，美国加利福尼亚大学科学家利用现有技术，在大钻石片上刻出了无数充氮小孔，发现其存储的信息量是目前硅芯片系统的数百万倍，同时信息处理速度也是硅芯片系统的数十倍[8]。2010年8月，美国俄亥俄州州立大学科学家演示了世界上第一个塑料计算机存储设备，该设备利用电子自旋来读写数据，能以更小的空间存储更多的数据，处理程序更快而且更加节能。2010年10月，法国昂热大学设计出一种新的非线性光学香豆素类聚合物，它能在不同波长的光的照射下转化为二聚物，从而通过光学方法控制可逆转过程，实现数据写入、读出、删除、修改等操作，将可能成为一种有效的高容量数据存储方法[9]。

（2）量子存储。2010年6月，澳大利亚科学家通过阻断和控制激光来操控晶体中的电子，大大减少了激光穿越过程中光子的损失，并将存储效率提升至69%，而传统的量子存储效率一般为17%，最高不超过45%。该研究小组还曾成功地将晶体中的光束阻断了1秒多的时间，为之前最好成绩的1000倍，成为迄今效率最高的激光量子存储技术[10]。2010年4月，美国国家标准技术研究院开发出一个射频量子扰动超导探测器，从而使超导量子计算机有了首个“光电开关”，该项新技术有望在未来量子计算机中更好地实现信息的存储和传输。

4. 集成电路

（1）微电子芯片。2010年4月，日本和美国的科学家通过模拟大脑工作原理，首次在有机单分子层上制造出同样具备自我进化功能、能够解决复杂运算问题的电路，基于这种电路的新型计算机将能够进行并行运算，运算速度将超过目前最快的超级计算机。2010年8月，美国莱斯大学开发出宽度为5纳米的忆阻器，使用这项技术制造出的实验性芯片能够存储和检索信息，该项研究让计算机存储器继续朝着微型化的方向一路小跑，在续写摩尔定律的同时也有望给消费电子领域带来重大革新。2010年9月，美国英特尔公司推出了全球首款集传统微处理器（CPU）、图形处理器（GPU）于一身的“沙桥”（Sandy Bridge）微处理架构，该芯片上集成有10亿个晶体管，可大大节省图形处理的时间，并有效降低能耗，将为个人电脑带来“革命性变革”。2010年9月，新岸线公司和英国ARM公司在北京联合发布全球首款40纳米A9双核2.0G高性能计算机系统芯片——NuSmart 2816，它标志着我国在高端通用芯片和计算机单芯片技术领域取得重大进展。2010年12月，美国IBM公司历时 10 年研发出了 CMOS 集成硅纳米光子学技术，首次将电子和光子纳米器件集成在同一块硅芯片上，使计算机芯片之间通过光脉冲进行通信，据此有望研制出比传统芯片更小、更快、能耗更低的芯片，为亿亿次超级计算机的研发开辟道路。2010 年 12 月，英国科学家开发出了一种“超速芯片”，实现了在一个中央处理器上加载 1000 个内核，使普通电脑的运算速度提高 20 倍。

（2）生物芯片。2010 年 1 月，加拿大科学家开发出一种便携式的低成本仪器——生物芯片传感器，它能帮助非医务人员在 1 小时内检测出某人是否携带或感染甲型 H1N1 流感病毒，并且每次检测的费用仅为当前所需费用的几十分之一。2010 年 4 月，美国莱斯大学的研究人员开发出一种新型纳米生物芯片，它具有非侵入性和无痛的优点，而且检测只需 15 分钟。2010 年 6 月，我国科技部发布《关于下达 2010 年度国家有关科技计划项目的通知》，生物芯片北京国家工程研究中心研发的晶芯 9 项遗传性耳聋基因检测试剂盒（微阵列芯片法）入围，该检测试剂盒能在 5 小时内通过血样检测完成检测，对于提升我国遗传性耳聋整体预防水平具有重要意义。

二、现代生物技术

2010 年，胚胎干细胞治疗进入临床实验阶段，诱导多功能干细胞研究、癌症和艾滋病防治所取得的重大成就，为治疗人类重大疾病带来了极大的鼓舞；而“超级细菌”的扩散和胚胎干细胞的伦理争论又触动了民众的“敏感神经”。在强大的民众需求和巨大的市场潜力的驱动下，现代生物技术在喧嚣和争论中前进，已经成为最为活跃的高技术研究领域。

1. 干细胞与再生医学

（1）胚胎干细胞治疗技术。胚胎干细胞治疗进入临床备受全世界的关注。2010 年 10 月，伦敦大学的英国首个干细胞人体治疗试验获得英国医药与保健产品管理局（MHRA）的许可，该试验用干细胞培育能形成视网膜的细胞，并把一块含有培养细胞的“补丁”置入视网膜以恢复患者视力。2010 年 10 月，美国杰龙生物医药公司（Geron Corporation）培植的 GRNOPC1 人类胚胎干细胞进入临床试验，该临床试验计划为 8 ~ 10 名因脊柱受伤而导致下半身瘫痪的患者注射 GRNOPC1，以期修复其受损的神经细胞，这是获得美国政府批准的首个胚胎干细胞人体临床试验。2010 年 11 月，美国食品和药物管理局（FDA）同意美国先进细胞技术公司使用胚胎干细胞治疗遗传性眼病的临床试验，这是 FDA 批准的第二个富有争议的干细胞治疗临床试验。2010 年 11 月，英国格拉斯哥的一名中风患者接受干细胞注入脑部试验，其注射的干细胞来自于流产的胎儿，该试验主要是为了测试胎儿干细胞的安全性。2010 年 11 月，美国杰龙生物医药公司宣布，将开展全球首例人类胚胎干细胞治疗临床试验。2010 年 7 月，南加利福尼亚大学科学家利用源自人类胚胎干细胞的 CCR5 基因在小鼠身上做实验，结果发现转染了 CCR5 基因的小鼠可以抵抗艾滋病病毒感染，为研发艾滋病疫苗带来福音[11]。2010 年 8 月，英国科学家将在试管婴儿胚胎中提取到的干细胞转变为红细胞，为工业化生产代血提供了新思路。

（2）诱导多功能干细胞（iPS 细胞）研究。胚胎干细胞研究备受伦理上的争论，iPS 细胞具有和胚胎干细胞类似的功能，能分化发育成各种组织细胞，而且绕开了胚胎干细胞研究一直面临的伦理和法律等诸多障碍，因此在医疗领域具有广阔的应用前景，从而成为近几年的研究热点。然而，与胚胎干细胞相比，iPS 细胞分化发育成各种组织细胞的能力较低，这在一定程度上说明利用 iPS 细胞治疗人类的疾病还需更多的基础研究[12]。2010 年 7 月，美国波士顿儿童医院的科研人员发现 iPS 细胞会保留对原初组织（比如皮肤）的“记忆”，如果在移植过程中使用将产生一定问题[13]。2010 年 6 月，日本东京大学研究人员利用 iPS 细胞在老鼠体内成功培育出造血干细胞，将其移植到其他老鼠体内后，仍能正常造血；2010 年 11 月，该校研究人员再次利用 iPS 细胞培育出血小板，并通过动物实验确认其具有止血功能，这为白血病等疾病的治疗带来新的希望。2010 年 11 月，德国柏林的科学家从人类胚胎的羊水中提取出了羊水细胞，因为羊水混合物中所含细胞的“年龄”都比较小，所以受周围环境诱发突变的可能性就很小，这为孕妇和胎儿的身体健康状况检测及新生儿疾病的治疗带来新思路[14]。

2. 重大疾病治疗

（1）超级细菌。“超级细菌”（superbug）的说法由来已久，它泛指临床上出现的多重耐药细菌，如耐甲氧西林金黄色葡萄球菌（MRSA）、抗万古霉素肠球菌（VRE）、耐多药肺炎链球菌（MDRSP）、多重抗药性结核杆菌（MDR-TB），以及碳青霉烯酶肺炎克雷伯菌（KPC）等。2010 年 8 月，权威医学杂志《柳叶刀·传染病》刊文，英国卡迪夫大学医学院发现“超级细菌”携带有被称为“NDM-1”（“新德里一号”金属酶）的基因，该基因具有极强的抗生素耐受性，几乎能抵御所有抗生素。短短数月，许多国家都发现了携带 NDM-1 基因的细菌。各国都在努力寻找防控药物。2010 年 6 月，加拿大麦克马斯特大学的研究人员发现，“超级细菌”内部存在着控制其致病能力的一种小化合物，一旦其停止发挥作用，“超级细菌”就会丧失功能并失去传染性，这为治疗“超级细菌”感染提供了一条新途径[15]。

2010 年 9 月，日本北里大学研究小组运用超级计算机绘制出了“超级细菌”的立体结构图，为研究人员开发杀灭“超级细菌”的新药提供了基础支撑。[16]

（2）癌症治疗。2010 年 4 月，第五届亚太癌症预防组织大会发布了《2010 年癌症报告》，预测 2008 ~2030 年，全球新增癌症患者人数将从每年 1240 万增至每年 2640 万，而我国平均每年将约有 160 万人死于癌症。面对残酷的癌症，各国科学家正在加紧研究新的治疗方法。2010 年 7 月，法国国家科研中心的研究人员在更换病变骨髓的同时，向病人体内注入来自同一位捐赠者的免疫细胞（淋巴细胞），以增强患者免疫细胞的抗癌能力，17 名参与临床试验的患者中有 1/3 的患者病情得到改善[17]。2010 年 8 月，日本北海道大学公布，该校科研人员人工合成了一种肽，它可激活作为调节免疫能力“指挥部”的 T 辅助细胞，该合成肽尤其对大肠癌和乳腺癌有效，从而开发出了一种新型的癌症治疗疫苗。临床试验结果显示，在对 6 名患者注射该疫苗后，有 4 名患者抗癌免疫力增强，其中 1 名大肠癌患者转移到肺部的病灶不再增大。2010 年 12 月，美国达那 · 法博癌症研究所研制出了一种名为 JQ1 的分子，它能“锁住”儿童与青年睾丸核蛋白中线癌（NMC）癌细胞中的异常蛋白并使其停止分化、复制，从根本上抑制癌症肿瘤的生长。动物实验结果表明，移植了 NMC 癌细胞的小鼠中，所有接受了 JQ1 分子治疗的小鼠都得以存活，没有接受 JQ1 分子治疗的小鼠都很快死亡[18]。

（3）艾滋病防治。据联合国艾滋病规划署的最新统计，目前全世界艾滋病病毒感染者人数达到 3340 万，每年新增 270 万，每年死亡 200 万。2010 年 7 月，美国政府公布了新的抗击艾滋病国家战略，旨在通过更广泛的医疗检测手段、更普及的教育和更廉价有效的药物预防，在 5 年内将美国新感染艾滋病病毒的人数降低 25%。2010 年 8 月，我国卫生部表示正在制定 2011 ~2015 年防控艾滋病行动计划，中央财政对艾滋病防控经费的投入从 2001 年的 1 亿元，增加到 2010 年的 20 亿元。2010 年 7 月，在第 18 届世界艾滋病大会上，联合国艾滋病规划署根据最新的研究成果，提出了名为“2. 0 治疗方案”的治疗预防艾滋病的综合方法，其核心内容是降低费用、简化治疗过程、减轻医疗费用负担。该方案若得以实施，到 2025 年可使 1000 万人避免死于艾滋病，同时每年防止 100 万人感染艾滋病病毒。在艾滋病病毒预防方面也取得了积极进展，南非夸祖鲁 – 纳塔尔大学的研究人员使用含抗反转录病毒药物“泰诺福韦”（tenofovir）的阴道凝胶，对 889 名女性进行双盲试验，发现使用该药物的女性感染艾滋病病毒的风险降低 39%，每次性行为前后都能坚持使用的女性感染艾滋病病毒的风险降低 54%。我国在艾滋病药物的开发上也取得了积极进展，天津扶素生物公司自主开发的艾滋病病毒膜融合抑制剂——西夫韦肽已顺利完成Ⅱb 期临床试验，疗效大大超过人们的预期。

（4）人造器官开发。2010 年 6 月，美国马萨诸塞州总医院的研究员先去掉大鼠肝脏上的细胞，然后将 2 亿个健康的肝细胞注射到剩下的支架上，成功培植出人造大鼠活肝，在实验室存活 10 天，并能够分解毒素。2010 年 9 月，美国加利福尼亚大学旧金山分校公布了首个可植入式人工肾脏的原型，它包含数千个微型过滤器和生物反应器，能过滤血液中的毒素，模拟真实肾脏的代谢功能和水平衡功能，有望完全取代患者对透析和肾脏移植供体的需求。2010 年 9 月，美国布朗大学的研究人员将由育龄妇女捐献的卵泡细胞进行培养，首次制造出了人造卵巢，并使用该卵巢培育出了成熟的人类卵子。2010 年 12 月，俄罗斯批准了全球首例商业性的异种器官移植疗法，该疗法用猪的胰腺细胞取代人体胰腺中受损的产生胰岛素的细胞，并用“海藻”作包装材料，将其移植进入人体，从而达到治疗 1 型糖尿病的目的。

3. 基因工程与技术

（1）农业基因技术。2010 年 2 月，国际蚜虫基因组联盟成功地对农业害虫“蚜虫”进行了基因组测序，在全基因组 5 亿个碱基对中，绘制了其中约 4.5 亿个碱基对的序列图谱，该项研究成果有利于找到新的病虫害防治方法。2010 年 5 月，由中国科学院遗传与发育生物学研究所和中国农业科学院水稻研究所组成的科研团队，发现 IPA1 基因发生突变会使水稻分蘖数减少，穗粒数和千粒重（以克表示的 1000 粒种子的质量）增加，同时使茎秆变得粗壮，抗倒伏能力增加；实验显示，将突变后的基因导入常规水稻品种，可以使其产量增加 10% 以上[19]。2010 年 8 月，由意大利、美国、新西兰等国组成的国际科研小组绘出了苹果的基因组草图，这将有助于从基因层面上分析苹果性状，培育出更多的苹果新品种。2010 年 8 月，一个英国科研团队完成了“中国春 42 系”小麦 95% 的基因测序工作，该项成果有助于缓解因全世界人口增长、气候变化和虫害爆发引发的粮食安全危机。2010 年 11 月，香港中文大学、华大基因研究院、农业部、中国科学院等单位合作完成了“大豆回家”科研项目，对 17 株野生大豆和 14 株栽培大豆进行了全基因组重测序，为全球大豆的遗传学研究、大豆种质资源保护和分子育种提供了非常有价值的资源[20]。2010 年 12 月，世界首例转基因克隆水牛在广西大学诞生，在此次转基因克隆中出现了雄性双犊，一头正常存活，一头死亡。该实验为我国转基因水牛新品种的培育和新型高效水牛乳腺生物反应器的研发打下了坚实的基础。2010 年 12 月，由英国科学家领衔的一个国际研究小组成功绘制出了野生草莓的完整基因组图谱，发现野生草莓的大部分基因也出现在人工培育的草莓品种中。

（2）生命基因研究。2010 年 5 月，美国生物学家克雷格·文特尔对一种名为丝状支原体丝状亚种的微生物的基因进行重组，并将新基因片段“粘”在一起，植入另一种内部被掏空的、名为山羊支原体的细菌中，创造了一种新的微生物，它能够生长、繁殖，并产生一代又一代的人造生命[21]。研究人员预计，未来量身定制的合成基因组可用来制造生物燃料、医药品或其他有用的化学制品。2010 年 5 月，由德国马克斯·普朗克进化人类学研究所领衔的国际研究小组完成了尼安德特人基因组的测序工作，基因组取自 3.8 万~4.4 万年前曾经生活在克罗地亚的 3 名女性尼安德特人的骨头，该项研究采用了对核糖核酸降解片段进行测序的新方法，并首次对现代人的基因组与尼安德特人的基因组进行了直接比较，制作出了只有现代人拥有而尼安德特人或猿不具备的基因特征目录。[22]2010 年 10 月，英国《自然》杂志刊发了由中国、美国、英国科研机构发起的大型国际科研合作项目——“千人基因组计划”——的成果，该项研究获得了迄今最详尽的人类基因多态性图谱，探索出了研究基因多态性的新技术手段，标志着人类基因研究进入了一个划时代的新阶段。与人体健康相关的基因也不断被科学家发现。例如，英国和荷兰的研究人员发现位于15 号染色体的 RASGRF-1 基因与近视密切相关[23]，英国、法国、德国等国的研究人员找到了 7 个与哮喘有关的基因，美国耶鲁大学的研究人员发现 MKP-1 基因与抑郁症密切相关，美国科学家发现了数百个与疼痛相关的基因[24]等，上述研究都为治疗相关疾病和开发新的基因药物提供了理论基础。

三、新材料技术

2010 年，各种新奇的纳米材料的出现为信息产业、新能源产业和空间产业等带来了无限遐想；石墨烯、碳纳米管和富勒烯等领域的最新研究成果不断吸引世人目光，昭示着全球将进入“碳材料时代”；传统材料领域的创新也不甘寂寞，正朝着绿色环保的方向发展。各种成果的涌现，使得新材料开发领域热闹非凡。

1. 纳米材料

（1）纳米材料。2010 年 5 月，美国劳伦斯利弗莫尔国家实验室制造出了由三磷腺苷（ATP）驱动和控制的生物纳米电子混合晶体管，它的离子运动将纳米层级的机械能转化为电能，实现对晶体管运行的支持，可被用于制造由生物信号驱动和控制的电子设备，以实现生物体和机器的更好沟通[25]。2010 年 8 月，加拿大麦吉尔大学发现了一种方法，利用这种方法，研究人员能在一种名为“硒化镉量子点”的纳米半导体中人为控制压电效应，制出小到难以置信的高效能产品，如纳米级血压计、纳米电池等。2010 年 11 月，中国科学院长春应用化学研究所开发出名为“高电导率铝掺杂氧化锌纳米粉体”的绿色环保型高电导率纳米粉体，它具有高结晶度、均匀掺杂、形貌可控，以及分散性和重复性好等特点，其体积电阻率最低可达 15 欧姆·厘米，可用于电子设备上的透明导电电极、抗静电复合材料中的导电填料等。2010 年 11 月，美国哈佛大学开发出了一种纳米涂层，能在 -30 ~ -25℃的低温下保持干洁状态，该项技术有望实现永不结冰的飞机机翼和输电线路、保温性能更佳的建筑，以及在严寒和大雪中也能保持通畅的高速公路等设想，与传统除冰方法相比，该项技术效率更高也更为环保。

（2）纳米器件。2010 年 1 月，美国普渡大学将采用矿物油和氧化铁制成的“磁纳米微粒”浸透在普通纸张或者报纸上，形成了一种带有磁性的“铁磁纸”。由于“铁磁纸”非常柔软，不会对人体细胞或者组织构成损害，可将其用于制造手术仪器中的低成本“微型发动机”、研究细胞的微型镊子、微型机器人，以及小型扬声器等。2010 年 1 月，美国科学家通过有效控制小分子运动研制出一种新型“纳米高速赛车”，这种新型“纳米高速赛车”宽度只有人类头发直径的 1/50 000，它有助于推动分子机器研发，它的相关技术在计算机电路和电子元件生产中也有广泛应用前景。2010 年 4 月，德国伊尔姆瑙理工大学开发出了世界上最小的硅纳米谐振器，其宽度只有 16 纳米，可进一步提高纳米级微观结构成像的分辨率，可用作原子力显微镜探针。2010 年 9 月，美国斯坦福大学的研究人员将一种普通棉纱浸入银纳米线和碳纳米管的混合液中，制成了一种高效、廉价的新型净水过滤器，其能杀灭水中 98% 的细菌，杀菌速度是传统微孔网筛过滤器的 8 万倍[26]。2010 年 11 月，美国佐治亚理工大学的研究团队制造出了一种纳米发电机，它用一排纤细的纳米线从周围环境中收集机械能，将其转化为电能，它能够给传统的小型电子设备提供电力，能够点亮一台小型液晶显示屏（LCD）[27]。

2. 碳材料

（1）石墨烯。石墨烯是已知材料中最薄的一种，非常牢固坚硬，它在室温下传递电子的速度比已知导体都快。2010 年 2 月，IBM 公司用石墨烯材料制作出了场效应晶体管（FET），其截止频率可达 100 吉赫兹，这是迄今为止运行速度最快的射频石墨烯场效应晶体管，为研发下一代通信设备铺平了道路。[28]2010 年 4 月，美国南佛罗里达大学研究人员利用单晶镍基的自组特性，将两片具有原子精度的石墨烯加以融合，最终得到了窄带状石墨烯材料，这种只有几个原子粗细的“导线”有可能让已到“暮年”的摩尔定律重现生机。2010 年 10 月，美国科研人员用石墨烯薄片制成了一种新型超级电容（DLC），它能在几秒钟内完成充电，此外还具有容量大、功率大、使用寿命长、经济环保等特点，在数码相机、掌上电脑、新能源汽车等领域都有着广泛的应用价值。2010 年 11 月，英国曼彻斯特大学对石墨烯进行氟化处理，得到了一种稳定的、耐高温的新材料，它同时具有石墨烯和特氟龙两种材料的优点，可用在任何有超薄、高强度、化学性质稳定、耐高温涂层等需要的场合，例如生产发光二极管中的超薄介质。[29]

（2）碳纳米管。2010 年 6 月，美国麻省理工学院的科学家在实验室中使用多层含碳纳米管制造电池的正极，同时使用锂钛氧化物制造电池的负极，发现该电池的蓄电能力是目前普通电池蓄电能力的 10 倍，并且该电池在经历 1000 次充放电后蓄电能力不会衰减，该电池有望解决智能手机和笔记本电脑的充电烦恼。2010 年 10 月，美国斯坦福大学的科学家将薄膜碳纳米管涂在另一张表层含有金属的锂化合物纳米管上，由锂作为电极，由碳纳米管层作为电流集合管，开发出的电池仅有 300 微米厚，像普通的 A4 纸一样，该电池有望用于未来的各种便携式电子产品中。2010 年 12 月，日本科学家开发出一种在任何极端温度下都不会损坏的特殊的碳纳米管材料，该碳纳米管材料无论被怎样扭曲、拉伸、弯曲，甚至被穿透，都会恢复到原始状态，具有广阔的应用前景[30]。

（3）富勒烯。富勒烯 C_{60} 是碳的一种同素异形体，硬度超过钻石，韧度（延展性）比钢强 100 倍，导电性比铜好，重量只有铜的 1/6。2010 年 1 月，中国科学院化学研究所的研究人员将金属原子嵌入富勒烯碳笼，形成了内嵌富勒烯 $Sc_4C_2@C_{80}$，不仅丰富了金属富勒烯的种类，而且在单分子器件、纳米器件，以及高温超导等方面具有潜在应用价值[31]。2010 年 2 月，浙江大学和美国加利福尼亚大学的科研人员合成了世界上最小碳纳米管结构的富勒烯 C_{90}，它的直径为 0.7 纳米，长度为 1.1 纳米，本身兼有富勒烯和单壁碳纳米管的某些双重性质，有望大大提高太阳能利用效率[32]。2010 年 7 月，加拿大西安大略大学的科学家用美国国家航空航天局“斯皮策”（Spitzer）红外线太空望远镜，在天坛星座的一颗星体（距离地球 6500 光年）周围的宇宙尘埃中，捕捉到了疑似富勒烯的红外光谱扰动，通过实验室数据比对确认其为 C_{60} 及 C_{70}，引起了全球科学界的高度关注[33]。

3. 非金属材料

（1）高分子材料。2010 年 2 月，日本萩原工业公司开发出了具有多次除去异物程序的设备，该设备能够清除废塑料内的微小杂质和水分，生产出高纯度的再生塑料，可广泛用于回收再生聚丙烯、聚乙烯等材料。2010 年 2 月，英国伦敦大学帝国理工学院的科学家在由两层碳纤维组成的物质中添加一层玻璃纤维，生产出了一种能够存储和释放电能的超薄塑料，大约 32 厘米^2 的超薄材料能够通过普通电源在 5 秒钟内充满电，并可让一个 LED 灯持续照明 20 分钟。2010 年 3 月，日本北陆先端科学技术大学从红薯和麦类植物中提取出桂皮酸，并将其与乙酸诱导体等媒介混合，加热后形成一种超级黏结胶，其黏结强度比以往的瞬时黏结胶提高了两倍。2010 年 4 月，中国科学院长春应用化学研究所与中石油天然气股份有限公司联合开发出用以制备高乙烯基聚丁二烯橡胶的新型铁系络合催化剂，该催化剂能够使原料的转化率达到 90% 以上，具有广阔的市场和应用前景。2010 年 2 月，英国曼彻斯特大学将聚氨酯塑料埋入含有某些真菌的土壤中，发现随着塑料的降解，真菌有所增加，并证明了这些真菌能以聚氨酯塑料为“食”，这为降解由聚氨酯制成的各种软硬塑料泡沫材料提供了新途径。

（2）其他非金属材料。2010 年 1 月，日本东京大学向水里添加黏土、聚丙烯酸钠和一种黏结剂，几秒钟后生成了一种凝胶状物质，该物质能耐 100℃ 高温，强度相当于硅胶，有望用作医疗填充材料，因其含水量超过 95%，被研究人员称为“水材料”。2010 年 2 月，我国科学家仿照蜘蛛丝的独特结构，利用尼龙纤维等材料制造出了“吸水蜘蛛丝”，将其置于雾气中，空气中的水分能在这种材料表面凝结成水珠，这种材料有望用于从空气中获取水分和工业过滤等。[34] 2010 年 3 月，日本防灾科学技术研究所与东京工业大学合作，用塑料纤维代替建筑材料里的碎石子，制成了新型混凝土，用其建造的桥墩模型能成功抵抗相当于 1995 年阪神大地震 1.5 倍的巨大晃动。2010 年 9 月，美国路易斯安那技术大学利用工业生产中大量产生的煤粉灰，研制出一种既环保又耐用的地质聚合物水泥。与传统水泥相比，新型水泥具有更强的抗腐蚀性、抗压性和抗收缩性，并能抵御高温，有更长的使用寿命。

四、新能源技术

2010 年，美国、欧盟、日本和我国都把推动新能源、新能源汽车产业发展作为经济发展的重要方向，在各国密集出台的新能源研发推进举措的激励下，太阳能、风能、核能等新能源正加速走进人类的生活，在创造巨大财富的同时，加速破解能源危机和环境危机。

1. 太阳能

（1）太阳能电池。2010 年 2 月，德国微系统技术研究所和弗赖堡大学成功开发出一种纳米粒子表面处理方法，该方法可显著提高有机太阳能电池的效率，其效率可达 2%，该项研究成为有机太阳能电池开发领域的重要突破。2010 年 4 月，加拿大魁北克大学研制出一种透明、不具腐蚀性而且能够提高光伏电池效率的新电解液，该项研究用硫化钴替代昂贵的金属铂作为电极覆盖涂层材料，开发出了低成本、高效率的新型太阳能电池技术。2010 年 6 月，日本三洋电机公司研发出一种利用晶体硅基板和非晶硅薄膜制成的混合型太阳能电池板 HIT-N230，它具有制备工艺温度低、转换效率高、高温特性好等特点，其太阳能转化效率高达 20.7%。2010 年 10 月，德国弗劳恩霍夫太阳能系统研究所用Ⅲ～Ⅴ族化合物半导体将 3 个子电池相互叠加，成功研制出了多层太阳能电池，使太阳能转换效率达到 41.1%，是传统硅太阳能电池的两倍。2010 年 11 月，美国能源部布鲁克海文国家实验室和洛斯阿拉莫斯国家实验室的科学家以半导体和富勒烯为原料，研发出了一种可吸收光线并将其高效率转化成为电能的新型透明薄膜，该薄膜可被用于开发透明太阳能电池板，甚至还可以用这种材料制成可发电的窗户。

（2）光伏发电。2010 年 7 月，意大利国家电力集团在西西里岛举行阿基米德太阳能光热发电站落成典礼。该电站拥有面积为 3 万米^2 的反射镜面、长达 5400 米的熔融盐真空管、热交换罐和涡轮发电机，完全使用熔融盐为导热介质，发电功率为 5 兆瓦，这标志着意大利建成了世界首个完全使用熔融盐蓄热的太阳能发电站。2010 年 7 月，线性菲涅尔式中高温热发电站在山东德州"中国太阳谷"举行开工仪式，该发电站装机容量为 2.5 兆瓦，由皇明公司自主研发而成，是目前亚洲最大的兆瓦级太阳能热发电站。2010 年 10 月，美国政府批准了兴建全球最大的太阳能电站"布莱斯"（Blythe）的计划，将在加利福尼亚州南部建设 4 座 250 兆瓦的巨大太阳能发电厂，每座耗资约 10 亿美元，全部竣工后有望每年产生 1000 兆瓦的电量，足以给 75 万户美国家庭提供充足电力。2010 年 10 月，由保定天威薄膜光伏有限公司自主研发、具有我国完全自主知识产权的首个占地 1 亩的高效农业生态园——17 千瓦薄膜太阳能温室大棚在山东寿光县正式建成并投入使用，年发电 2.6 万千瓦时，全部送入当地电网，成本比晶硅太阳能电池低 40% 以上。

2. 风能

（1）风电设备开发。近年来，我国风电装备制造业发展十分迅速，2010 年有 4 家中国企业进入了世界风电装备制造业 10 强，并开始出口海外。2010 年 3 月，我国最长风电叶片项目投产，生产 3 兆瓦、55 米叶片，根部直径 2.3 米，最大宽度 4 米，重量 13.5 吨，风能利用系数达到 0.49。2010 年 3 月，我国自主研发生产的 2 兆瓦级永磁直驱式风力发电变流器在湖北武汉通过鉴定，具有运行性能高、功率密度大、适应恶劣运行环境等特点，扭转了变流器全部依赖进口的局面。2010 年 5 月，全球首台 2.5/3.0 兆瓦超紧凑型风电机组在广东中山明阳风电产业集团正式下线，重量比同容量双馈机型轻了近 1/3，标志着我国海上风电整机装备制造水平进入世界先进行列。2010 年 10 月，湘潭电机集团公司开发出我国第一台具有世界领先水平的 5 兆瓦永磁直驱海上风力发电机，与欧洲已在试运行的几种同功率等级的风力发电机组比较，具有结构优化、可靠性强、轻量化和维护便捷等优势。

（2）风电站建设。据《中国联合商报》报道，截至 2010 年底，中国全年风力发电新增装机达 1600 万千瓦，累计装机容量达到 4182.7 万千瓦，首次超过美国，跃居世界第一；相当于每年可替代燃煤消耗 3129 万吨，进而减少超过 9000 万吨二氧化碳排放，同时还减少了近 3.3 万吨悬浮颗粒物，6.4 万吨二氧化硫以及 6 万吨氮氧化物。2010 年 7 月，我国最大的海上风电场——上海东海大桥 100 兆瓦海上风电场——全部机组并网发电，34 台瓦风电机组总装机容量为 102 兆瓦，全年发电量可达 2.67 亿千瓦时，能满足上海 20 多万户居民 1 年的用电需求，年减排 20 万吨二氧化碳。2010 年 9 月，世界上最大的海上风力发电站在英国投入运营，该电站离海岸约 12 千米，安装有 100 台高约 115 米的风力发电机，分布在 35 千米^2 的海域里，装机容量为 300 兆瓦，能为 20 万户家庭提供电力。

3. 核能

（1）核聚变研究。核聚变能在放射性污染最小的情况下，生成清洁、安全、环保无碳污染的能量，但多年来研究都未能攻克技术难题。2010 年 2 月，美国劳伦斯 - 利弗莫尔国家实验室利用“国家点火装置”成功地将目标物质压缩成球体，向实现聚变反应点火目标迈出了重要一步。2010 年 10 月，美国国家点火装置完成了其首次综合点火实验——192 束激光系统向首个低温靶室发射了 1 兆焦激光能量，使其距离实现聚变点火越来越近。2010 年 12 月，我国新一代“人造太阳”实验装置、世界首个全超导托卡马克年度实验圆满结束，一年中获得 1 兆安等离子体电流、100 秒 1500 万度偏滤器长脉冲等离子体、大于 30 倍能量约束时间高约束模式等离子体、3 兆瓦离子回旋加热等多项重要实验成果，对核聚变研究具有重要价值。

（2）核电开发。2010 年 4 月，韩国原子力研究院完成了核燃料组件相容性持续 500 小时的试验，成为继美国、法国、日本之后第四个完成该试验的国家。2010 年 5 月，世界首台第三代核电 AP1000 屏蔽电机主泵第三次中间试验成功，达到了预期目标，未来还将完成主泵最终鉴定试验，以按期向我国第三代核电自主化依托项目——浙江三门核电站一期工程和山东海阳核电站一期工程——按期供货。2010 年 5 月，中国核工业集团公司通过持续技术改进和创新，开发出了具有自主知识产权的百万千瓦级压水堆核电机组，具有安全性、成熟性、经济性的优点。2010 年 7 月 21 日，由中国核工业集团中国原子能科学研究院自主研发的我国第一座快中子反应堆——中国实验快堆（CEFR）——首次临界，意味着我国第四代先进核能系统技术实现了重大突破，成为世界上第 8 个拥有快堆技术的国家。2010 年 5 月，中国第一重型机械集团公司承制的中国首台国产化 AP1000 反应堆压力容器——三门核电 2

号机组压力容器——开工制造，这是中国制造企业首次尝试制造成套的第三代核反应堆压力容器，对于 AP1000 第三代核电技术完全国产化意义重大。2010 年 8 月，中国首台自主设计和制造的第二代加核电百万千瓦级蒸汽发生器制造成功，总长度达 21.7 米，总重量达 345 吨。

4. 其他能源技术

（1）发电与节能。2010 年 1 月，中国航空工业哈尔滨东安发动机（集团）有限公司研制生产出 QD15A 型集装箱式燃机发电机组，额定输出功率为 1500 千瓦，设计使用寿命为 15 年，这是目前国内首台集装箱式燃机发电机组，可广泛应用于城市应急、医疗服务、电力保障、现代通信等领域。2010 年 2 月，日本东京工业大学和新日本石油公司的研究人员将有机材料涂层和电极表面做成凹凸不平的褶皱状，将有机发光二极管（OLED）发光效率提高到原有水平的 2.9 倍左右，这将有助于加速 OLED 技术的产业化发展。2010 年 12 月，我国开发的全球首个百万千瓦超超临界空冷发电机组项目——华电集团宁夏灵武二期工程——完成，已正式投产发电，两台机组年节约标准煤 25.3 万吨，每年减少向大气排放二氧化硫 7.2 万吨，节水量达 2664 万吨/年，节能减排效果十分突出，并彻底改变了我国空冷机组技术、设备依赖进口的状况。2010 年 12 月，国家电网公司牵头研制出我国首台特高压交流升压变压器，指标优异、性能稳定，可大大减少发电厂接入电网的中间环节，大幅提高电源送出通道的输送能力。

（2）生物质能。2010 年 4 月，美国马萨诸塞大学安默斯特校区研究人员开发出一种新的生物质气化方法和气化反应器，将数量被精确控制的二氧化碳和甲烷放在特制的催化反应器中，生物质原料和甲烷中的碳全部被转化为制造生物燃料必需的一氧化碳，在大幅提高将生物质原料转化为生物燃料效率的同时，大大减少了二氧化碳排放。2010 年 8 月，加拿大恩纳康公司（Enerkem Inc.）破土动工兴建全球第一座工业规模的垃圾变乙醇工厂，将把废物去除循环再利用及堆肥部分后，全部辗碎、脱水并转化成生物燃油——乙醇，预计年产量将达到 3600 万升。2010 年 9 月，荷兰特文特大学研究人员开发出一种更加高效、廉价地从农林废料中提取生物燃料的新方法，适用于使用秸秆、树木等农林废料为原料进行的第二代生物燃料生产流程，在避免形成“与人争粮”局面的同时，有效处理废料并大规模生产生物燃料。

五、航空航天技术

2010 年，世界航空航天领域呈现出蓬勃发展的态势。美国继续将深空探测的触角伸向更远处，太空望远镜和新型太空探测器开发高潮迭起；俄罗斯和美国继续在开发和维护国际空间站方面做出巨大努力，新一代航天飞机和宇宙飞船开发热潮不减；中国、日本和印度等国家正在加大力度开发空间资源，新一批空间强国正在崛起；四大全球卫星导航定位系统开发取得积极进展，正在成为大国的战略必争领域；环保飞机开发热情骤然升温，世界航空新产品不断涌现。

1. 太空探索

（1）太空望远镜开发。2010 年 1 月，日本国立天文台发表公告称正在南美智利建设的世界最大规模天文射电望远镜阵——阿尔玛射电望远镜阵，成功启用已建成的 3 架抛物面天线望远镜，对同一天体进行了观测并成功合成了信号。阿尔玛射电望远镜阵由日本及欧美 20 多个国家参与，在约 270 平方千米范围内架设 66 架高性能抛物面天线望远镜，组成人类有史以来规模最大的射电望远镜阵。2010 年 4 月，欧洲南方天文台宣布将设计世界上最大的光学天文望远镜——欧洲特大天文望远镜（E-ELT），计划建在智利阿塔卡马沙漠中部一座海拔 3060 米的山上。该望远镜预计耗资 10 亿欧元，图像分辨率将高于哈勃太空望远镜，能看到更多宇宙细节，计划于 2018 年建成投入使用。2010 年 6 月，美国国家航空航天局与德国宇航中心所属的机载型“同温层红外望远镜”（SOFIA）进行了首次夜空飞行探测，发回了具有里程碑意义的第一张图片。SOFIA 安装在一架改装的波音 747SP 型飞机靠窗的位置，重达 17 吨，可以观测到相当于太空红外望远镜观测到的全部红外光的 80%，在约 1.3 万米高空中透过机身开口“凝视”太空。这与太空望远镜相比，不仅研制花费少，而且维修便捷且十分便宜。

（2）深空探测。2010 年 1 月，英国帝国理工学院分析了美国“火星勘测轨道飞行器”的数据，据此绘制三维图像，发现火星赤道附近存在一些坑状凹地；通过对火星赤道陨石坑的推算，研究人员认为火星地表在约 30 亿年前可能仍有大量地表水流动。2010 年 5 月，日本发射由日本宇宙航空研究开发机构和日本三菱重工业公司联合研制的金星探测器“晓”，这是日本继 Nozomi（Planet-B）火星探测任务之后第二颗行星探测器，用于观测金星的稠密大气层以研究金星气候；2010 年 12 月“晓”到达金星，但由于控制引擎出现问题，未能按预期进入金星轨道。2010 年 6 月，日本宇宙航空研究开发机构研制的“隼鸟”号探测器密封舱回归地球。该探测器于 2003 年发射，当年 9 月到达小行星“丝川”，之后进行了 3 次接地与 1 次着陆后，踏上了归途。由于故障重重，该探测器在发射 7 年后才回到地球。在“隼鸟”的密封舱中发现了小行星上的微粒子粉末，对其研究将对人类研究天体形成以及地外生命成因等提供重要依据。2010 年 9 月，美国国家航空航天局“凤凰号”火星探测器测量表明，液态水一直与火星陆地表面存在相互作用，且这一过程贯穿了整个火星历史，并认为有机模块生命形式可能一直存在于火星上，只是尚未被发现。

（3）深空观测。2010 年 1 月，美国新型红外巡天望远镜——“广角红外测量探测器”发回了首批照片，它提供的探测图像数据将成为其他探测项目的“路线图”，为“哈勃”、“斯皮策”等其他太空望远镜的定点探测提供目标。2010 年 4 月，欧洲和美国科学家从欧洲空间局“金星快车”探测器传回的金星地质图像中发现了一些年代较新的熔岩流痕迹，证明地球并非太阳系内唯一地质活动频繁的行星，金星上也存在潜在的活火山，现在仍可能发生火山喷发现象。2010 年 9 月，世界第一台全景式巡天望远镜和快速反应系统（Pan-Starrs）中的 PS1 望远镜发现了首个风险小行星，直径约 46 米，当时距地球约 3200 万千米，这是 Pan-Starrs 通过搜寻发现的第一个“潜在风险目标”（PHO）。2010 年 12 月，美国国家航空航天局的斯皮策太空望远镜详细观测到连接两个巨大星系团的“宇宙沙洲”（由宇宙射线组成的网架状结构），密度约是宇宙平均密度的 100 倍，而该“宇宙沙洲”内部还藏有回旋镖形状的罕见星系，该成果对了解宇宙的整个演化过程相当重要[35]。

2. 月球探测

（1）月球探测器开发。2010 年 10 月，我国“嫦娥二号”卫星发射升空，112 小时后飞入预定轨道，在离月球表面 100 千米的圆轨道上工作。“嫦娥二号”卫星将开展多项实验，如 X 频段深空探测技术试验、紫外导航试验、CCD 相机高分辨率成像试验、月壤特性探测试验等。为获得着陆区的精细地形数据，“嫦娥二号”激光高度计在月面上留下的“激光足印”间距更小，激光测距精度也可达 5 米，从而获得月球上几个重点区域的高密度高程测量数据；月球探测二期工程要求新增 X 频段的测控，由此我国深空测控通信能力将扩展到“地球—火星”间的距离。2010 年 8 月，印度空间研究组织（ISRO）选定了月球“月球航行-2 号”任务搭载的有效载荷，将执行月面着陆任务并进行化学、矿物学实验以及月球水资源勘察，计划于 2013 年发往月球。2010 年 9 月，欧洲空间局宣布研制一颗大型月面着陆器，对预定月球南极环形山区域进行勘察，研究未来宇航员可能遇到的辐射和月球尘埃问题，并探测月面土壤与可用资源，测试用于未来载人登月的新技术，计划于 2018 年送往月球。

（2）月球环境研究。2010 年 3 月，美国国家航空航天局科学家利用 Mini-SAR 雷达发现月球北极 40 多个陨石坑，每个陨石坑都充满水冰，估计总量达到 6 亿吨。2010 年 8 月，美国新墨西哥大学对月岩样本中氯同位素进行分析，结果表明月球内部一直极其干燥，其中的水含量不到地球内部含水量的万分之一到十万分之一，从而否定了两周之前另一项研究得出的“月球内部有水”的结论。2010 年 10 月，美国国家航空航天局透露，月球土壤不仅含有水冰，还有汞、银、氨和碳氢化合物，让“银色月光”的说法找到了科学根据，而科学家认为这些物质数十亿年的经历可能埋藏着地球、太阳系甚至银河系历史的线索。

3. 运载技术

（1）空间站和宇宙飞船。2010 年，抒写人类航天史重要篇章的美国三大航天飞机——“奋进”号、“发现”号和“阿特兰蒂斯”号——全部退役，在结束历史使命前，三架航天飞机密集执行飞行任务，为国际空间站送去了必要的人员和物资。2010 年 2 月，美国“奋进”号航天飞机历经两天的太空飞行后抵达国际空间站，与之成功对接，为空间站送去了“宁静”号节点舱以及一个半球形的观测台。2010 年 4 月，美国“发现”号航天飞机搭载 7 名宇航员升空，并成功与国际空间站实现对接，它为空间站送去重约 8 吨的物资。2010 年 5 月，“阿特兰蒂斯”号航天飞机前往国际空间站，为国际空间站送去俄罗斯制造的“黎明”号小型试验舱和 6 块太阳能电池板及 Ku 波段天线等关键部件和货物。俄罗斯飞船也在紧张地执行着国际空间站的运送任务。2010 年 4 月，搭载 3 名俄美宇航员的俄罗斯“联盟 TMA-18”飞船与国际空间站“探索”号小型试验舱成功对接，送去 3 名宇航员。2010 年 5 月，俄“进步 M-05M”货运飞船与国际空间站“码头”号对接舱成功对接，飞船为国际空间站送去重约 2.5 吨的食品、水、燃料和科研设备等。2010 年 7 月，俄罗斯“进步 M-06M”货运飞船与国际空间站的“星辰”号服务舱成功完成自动对接，飞船载有为国际空间站输送的 2.6 吨食品、水等必需品，维持空间站运行所需的燃料以及科研设备等。2010 年 10 月，俄罗斯发射的“进步 M-08M”货运飞船与国际空间站对接，为国际空间站送去约 2.5 吨物资。我国的空间站建设也正在紧锣密鼓的筹备之中。2010 年 10 月，我国载人空间站工程已正式启动实施，分为空间实验室和空间站两个阶段实施，2016 年前研制并发射空间实验室，2020 年前后研制并发射核心舱和实验舱，将建成规模较大、长期有人参与的国家级太空实验室。

（2）运载火箭。在三架航天飞机将全部退役之前，美国积极开发新的国际空间站运送工具。2010 年 6 月，美国太空探索技术公司成功试射一枚“猎鹰 9 号”运载火箭，高 55 米，以液态氢和煤油为燃料，它将“龙”系列飞船的一个模型送至相应轨道。2010 年 8 月，美国国家航空航天局在美西部犹他州的地面试验场，成功测试了为新一代载人飞船服务的火箭发动机，该发动机长约 47 米，在测试中启动并工作了约两分钟，技术专家对已初步掌握的测试结果感到满意。这种发动机将装在研发中的美国“战神”火箭的第一级上，这一火箭将由 4 个或 5 个火箭级组成。2010

年3月，我国新型运载火箭“长征五号”已顺利转入初样研制阶段，全箭总长60.5米，起飞重量675吨，起飞推力835吨，整流罩直径5.2米，地球同步转移轨道运载能力达10吨，具备高可靠、低成本、无毒无污染、适应性强、安全性好、数字化设计等众多优势，综合性能指标达到国际主流运载火箭水平，预计2014年前实现首飞。2010年6月，在经历了一次发射失败之后，韩国和俄罗斯共同建造的新的“罗老号”运载火箭在韩国全罗南道罗老太空基地发射升空，137秒后，火箭在距地70千米处爆炸坠毁，这次事故使得韩国宇航计划再次受挫。2010年8月，日本宇宙航空研究开发机构在日本南部的内之浦宇宙空间观测所发射了一枚小型固体燃料运载火箭，该火箭全长8米，发射时总重量为2.2吨，在上升到309千米高度的过程中，载有实验装置的子机分离，研究人员用连接火箭和子机的一根长约300米的导线进行了通电实验，该技术有望用于在轨卫星姿态和速度控制。

4. 人造卫星

（1）通信卫星。2010年12月，俄罗斯赫鲁尼切夫国家航天科研生产中心成功发射了一颗欧洲通信卫星“KA-SAT”。卫星发射重量6150千克，在轨寿命15年。该卫星由欧洲通信卫星公司所属，法国阿斯特里姆公司生产，用于向欧洲及地中海的某些至今未能铺设地面光缆的地区提供高速宽带上网服务。2010年10月，“阿丽亚娜5型”火箭搭载欧洲通信卫星公司的W3B通信卫星和日本广播卫星系统公司的BSAT-3B卫星，从法属圭亚那库鲁航天发射中心发射升空。W3B通信卫星重5.37吨，设计寿命为15年，它的目标是为欧洲中部地区和部分印度洋岛屿提供数字电视服务，同时为非洲地区的宽带和电话服务提供更多便利，但发射升空后即发生“丢失”。BSAT-3B卫星是由洛克希德马丁公司为日本广播卫星系统公司（B-SAT）设计和制造的，该卫星发射升空后运行正常，将在15年内为日本家庭和企业提供高清晰度电视（HDTV）服务。2010年1～9月，俄罗斯相继发射了3颗军用通信卫星，即“彩虹-1M2”卫星、“宇宙-2467”卫星、“宇宙-2468”卫星，其中“彩虹-1M2”卫星是军用通信中继卫星，搭载了多个厘米波段和分米波段的转发器，设计寿命为5年。

（2）导航卫星。美国全球定位系统（GPS）、欧洲“伽利略”、俄罗斯“格洛纳斯”和我国“北斗”是全球正在运行或正在开发的四大卫星导航定位系统。目前，GPS是运用最为广泛的全球卫星导航定位系统。2010年5月，首颗GPS-2F卫星成功发射，3个月测试后进入服务状态，使GPS系统的在轨卫星数量达到32颗。2010年，我国连续成功发射5颗“北斗”导航系统组网卫星，表明“北斗”卫星导航系统组网建设正按计划顺利推进。“北斗”卫星导航系统是我国独立发展、自主运行的全球卫星导航系统，按照“三步走”的发展战略，“北斗”卫星导航系统将于2012年前具备亚太地区区域服务能力，2020年左右，建成由30余颗卫星、地面段和各类用户终端构成的、覆盖全球的大型航天系统。2010年，欧洲“伽利略”计划在强大的资金压力下艰难前行，欧盟委员会最终授出6个“伽利略”系统初始运行能力采购合同中的4份，德国OHB公司获得14颗卫星制造合同，法国阿里安太空公司赢得卫星发射服务项目合同，Spaceopal公司争取到运行阶段的空间和地面设施管理项目合同。2010年，俄罗斯对“格洛纳斯”系统卫星进行了三次发射，其中12月发射的3颗“格洛纳斯-M”型卫星全部坠入太平洋。目前“格洛纳斯”导航系统在轨卫星总数为26颗，其中20颗正常工作，4颗正接受技术维护，另有2颗处于“预备役”状态。2010年9月，日本“准天顶”导航系统首颗卫星“指路”号成功进入轨道，作为GPS的一个辅助和增强系统，准天顶卫星导航系统有望提高日本及其周边的GPS定位的性能。

（3）气象卫星和测地卫星。2010年2月，法国和德国开始联合研制大气甲烷远程监测卫星（CHARME），该卫星计划在650千米的太阳极轨同步轨道运行3年，测量大气甲烷浓度，重180千克，预计在2013年或2014年使用欧洲“织女星”小卫星发射火箭发射。2010年4月，欧洲空间局成功发射极地冰层探测卫星“克里塞特-2”，并于11月结束试运行，它主要用途是探测地球极地冰层状况，将不断发回有关冰层厚度的重要数据，帮助人们深入了解气候变化对极地环境的影响。2010年4月，欧洲空间局委托Eurockot卫星发射服务公司将“Swarm”计划的三颗卫星发射升空，“Swarm”计划是欧洲空间局实施的第四个地球探测项目，主要用于研究地球磁场变化规律，为研究气候变化和地球内部演变过程提供新的突破点。2010年5月，巴西与阿根廷开始共同开发“歌鸫-海洋”监测卫星，服务于海洋颜色观测、石油勘探监测、海岸地区管理等。2010年6月，德国“陆地合成孔径雷达-数字高程模型”（TanDEM-X）卫星发射升空，它是“TerraSAR-X”的姊妹卫星，重1.3吨，飞行高度为514千米，“TanDEM-X”和“TerraSAR-X”组成双星雷达干涉系统，在未来3年内将反复扫描整个地球表面，最终绘制出高精度的3D地球数字模型。2010年11月，欧洲空间局与法国和意大利合资的泰雷兹阿莱尼亚宇航公司签署合同，开始研制第三代气象卫星，包括4颗成像卫星和2颗大气探测卫星，它们将被置于同一经度，围绕地球同步轨道运行，其目标是要提高气象预报准确性，计划从2017年底开始发射。

5. 航空技术

2010年，新支线飞机开发和新型燃料飞机制造成为航空工业的热点。2010年1

月，中国商用飞机有限责任公司研制的 ARJ21-700 新型喷气支线客机顺利完成高寒地面试验和高寒飞行试验，适航取证迈出重要步伐。2010 年 1 月，俄罗斯第五代歼击机 T－50 首次成功试航，能保持长时间超音速飞行，同时还将配备新的机载导航系统和高度自动化防御系统。2010 年 2 月，瑞士设计的太阳能飞机在瑞士沃州帕耶那机场进行了夜航试飞，这架飞机名为“太阳驱动”，飞机机翼上装有 1.2 万对太阳能电池板，为机上 4 台电动机供电，由超轻碳纤维材料制成，翼展达 63.4 米，相当于空客 A340 型飞机，而重量却仅相当于一辆家用轿车，是世界上第一架设计为可昼夜飞行的太阳能环保飞机，其最终目标是进行 36 小时无燃料连续飞行。2010 年 5 月，波音公司制造的高压喷气动力驱动的高超音速 X-51A “波行者”飞行器首飞成功，飞行器在空中离开 B-52 轰炸机后，以 5 倍音速飞行了大约 3 分半钟，创下了同类发动机驱动的飞行器航行距离最长纪录。2010 年 6 月，由空中客车公司制造的世界首架纯生物燃料驱动飞机——“新一代钻石 DA42”，在柏林国际航空航天展览会上完成首飞，其采用海藻生物燃料作为动力，首次证明了生物燃料技术完全可以独立为飞机的飞行提供能量；废气排放测量结果显示，海藻生物燃料所排放的废气中所含的碳氢化合物，比传统航空煤油少 8 倍，所含氮氧化合物少 40%。2010 年 9 月，一架以合成燃料为动力的波音 737 客机在南非海滨城市开普敦安全降落。该飞机使用的是由南非萨索尔公司以煤中提取物和煤油为原料制成的合成燃料，南非因此成为世界上第一个使用合成燃料成功进行商业飞行的国家。2010 年 11 月，俄罗斯苏霍伊民用飞机公司制造的苏霍伊超级喷气-100 飞机完成了持续 3 小时的首次飞行，该机长约 30 米，可以容纳 78～93 名乘客，持续飞行距离约 4550 千米。

参 考 文 献

[1] Bergeal N，Schackert F，Metcalfe M，et al. Phase-preserving amplification near the quantum limit with a Josephson ring modulator. Nature，2010，465：64～68

[2] Peruzzo A，Lobino M，Matthews J C F，et al. Quantum walks of correlated photons. Science，2010，329（5998）：1500～1503

[3] Wei B G，Chao Y L，Yao X C，et al. Experimental demonstration of a hyper-entangled ten-qubit Schrödinger cat state. Nature Physics，2010，6：331～335

[4] Jin X M，Ren J G，Yang B，et al. Experimental free-space quantum teleportation. Nature Photonics，2010，4：376～381

[5] Adrian C. Quantum Cryptography Hits the Fast Lane. Science，2010. http：//news. sciencemag. org/sciencenow/2010/04/quantum-cryptography-hits-the-fa. html［2010-3-19］

[6] Matthew T R, Ma L, Slattery O, et al. Quantum transduction of telecommunications-band single photons from a quantum dot by frequency upconversion . Nature Photonics, 2010. doi: 10.1038/nphoton. 2010. 221

[7] Wu S, Duan S Y, Lei Z Y, et al. Supramolecular bisazopolymers exhibiting enhanced photoinduced birefringence and enhanced stability of birefringence for four-dimensional optical recording. Journal of Materials Chemistry, 2010, 20: 5202 ~ 5209

[8] David M T, Christoph D W, Gregory D F, et al. Chip-scale nanofabrication of single spins and spin arrays in diamond. Nano Letters, 2010, 10 (8): 3168 ~ 3172

[9] Konstantinos I, Oksana K, Denis G, et al. Reversible two-photon optical data storage in coumarin-based copolymers. Journal of the American Chemical Society, 2010, 132 (41): 14343 ~ 14345

[10] Morgan P H, Jevon J L, Li Y M, et al. Efficient quantum memory for light. Nature, 2010, 465: 1052 ~ 1056

[11] Holt N, Wang J, Kim K, et al. Human hematopoietic stem/progenitor cells modified by zinc-finger nucleases targeted to CCR5 control HIV-1 in vivo. Nature Biotechnology, 2010, 28: 839 ~ 847

[12] Stadtfeld M, Apostolou E, Akutsu H, et al. Aberrant silencing of imprinted genes on chromosome 12qF1 in mouse induced pluripotent stem cells. Nature, 2010, 465: 175 ~ 181

[13] Kim K, Doi A, Wen B, et al. Epigenetic memory in induced pluripotent stem cells. Nature, 2010, 467: 285 ~ 290

[14] Wolfrum K, Wang Y, Prigione A, et al. The Large principle of cellular reprogramming: Lost, acquired and retained gene expression in foreskin and amniotic fluid-derived human iPS cells. PLoS ONE. 2010. 5 (10): e13703

[15] Wyattl M A, Wang W L, Roux C M, et al. Staphylococcus aureus nonribosomal peptide secondary metabolites regulate virulence. Science, 2010, 329 (5989): 294 ~ 296

[16] Kumarasamy K K, Toleman M A, Walsh T R. Emergence of a new antibiotic resistance mechanism in India, Pakistan, and the UK: a molecular, biological, and epidemiological study. The Lancet Infectious Diseases, 2010, 10 (9): 597 ~ 602

[17] Maury S, Lemoine F M, Hicheri Y, et al. $CD4^+$ $CD25^+$ regulatory T cell depletion improves the graft-versus-tumor effect of donor lymphocytes after allogeneic hematopoietic stem cell transplantation. Science Translational Medicine, 2010, 2 (41): 41 ~ 52

[18] Filippakopoulos P, Qi J, Picaud S. Selective inhibition of BET bromodomains. Nature, 2010, 468: 1067 ~ 1073

[19] Jiao Y Q, Wang Y H, Xue D W, et al. Regulation of OsSPL14 by OsmiR156 defines ideal plant architecture in rice. Nature Genetics, 2010, 42: 541 ~ 544

[20] Lam H M, Xu X, Liu X. Resequencing of 31 wild and cultivated soybean genomes identifies patterns of genetic diversity and selection. Nature Genetics, 2010, 42: 1053 ~ 1059

[21] Gibson D G, Glass J I, Lartigue C, et al. Creation of a bacterial cell controlled by a chemically synthesized genome. Science, 2010, 329 (5987): 52～56

[22] Green R E, Krause J, Briggs A W, et al. A draft sequence of the neandertal genome. Science, 2010, 328 (5979): 710～722

[23] Hysi P G, Young T L, Mackey D A, et al. A genome-wide association study for myopia and refractive error identifies a susceptibility locus at 15q25. Nature Genetics, 2010, 42: 902～905

[24] Neely G G, Hess A, Costigan M, et al. A genome-wide drosophila screen for heat nociception identifies α23 as an evolutionarily conserved pain gene. Cell, 2010, 143 (4): 628～638

[25] Huang S J, Artyukhin A B, Misra N. Carbon nanotube transistor controlled by a biological ion pump gate. Nano Letters, 2010, 10 (5): 1812～1816

[26] Schoen D T, Schoen A P, Hu L B. High speed water sterilization using one-dimensional nanostructures. Nano Letters, 2010, 10 (9): 3628～3632

[27] Chen M T, Lu M P, Wu Y J, et al. Near UV LEDs made with in situ doped p-n homojunction ZnO nanowire arrays. Nano Letters, 2010, 10 (11): 4387～4393

[28] Lin Y M, Dimitrakopoulos C, Jenkins K A, et al. 100-GHz transistors from wafer-scale epitaxial graphene. Science, 2010, 327 (5966): 662

[29] Miller J R, Outlaw R A, Holloway B C. Graphene double-layer capacitor with ac line-filtering performance. Science, 2010, 329 (5999): 1637～1639

[30] Xu M, Futab D N, Yamada T, et al. Carbon nanotubes with temperature-invariant viscoelasticity from －196° to 1000℃. Science, 2010, 330 (6009): 1364～1368

[31] Wang T S, Chen N, Xiang J F. Russian-doll-type metal carbide endofullerene: Synthesis, isolation, and characterization of $Sc_4C_2@C_{80}$. Journal of American Chemistry Soc, 2009, 131 (46): 16646, 16647

[32] Yang H, Beavers C M, Wang Z, et al. Isolation of a small carbon nanotube: The surprising appearance of D5h (1) -C_{90}. Angewandte Chemie International Edition, 2010, 49 (5): 886～890

[33] Jan C, Jeronimo B S, Els P, et al. Detection of C_{60} and C_{70} in a young planetary nebula. Science, 2010, 329 (5996): 1180～1182

[34] Zheng Y M, Bai H, Huang Z B. Directional water collection on wetted spider silk. Nature, 2010, 463: 640～643

[35] Edwards O V, Fadda D, Frayer D T. The first bent double lobe radio source in a known cluster filament: Constraints on the intrafilament medium. The Astrophysical Journal Letters, 2010, 724: 143

Overview of the Hi-tech Development in 2010

Ren Zhongbao

(Institute of Policy and Management, Chinese Academy of Sciences)

2010 is an extraordinary year for China's high technology development. Major developed countries have refined their hi-tech development strategy, and increased the R&D investment on strategic fields dramatically including next-generation information technology, biotechnology, new materials, new energy, space technology and marine research. China has also presented the new strategy of emerging industries guiding forward the the direction for future hi-tech R&D. In a word, the hi-tech development is profoundly affecting the economy and society in the world.

Information technology has been changing the production and human life. Recalling the development of information technology in 2010, supercomputers refreshed the records of speed, a number of mechanisms and key technologies about quantum computer and communication network have been created, the speed of optical communication continued to increase, the surging wave of Internet of Things increased, new storage materials of information have been found, microelectronic chips and bio-chips have been developed, et al. All this shows that the information technology revolution does not end, but turn into a new stage of development.

The significant achievements in embryonic stem cell, induced pluripotent stem cells (iPS), cancer and AIDS have brought great encouragement for treatment of major human diseases. However, "superbugs" proliferation and ethical debate about embryonic stem cell have also touched a sensitive nerve for people. Strong public demand and the huge market potential have driven the biotechnology to forge ahead in the noise and debate. Anyway, biotechnology has become the most active high-tech research area.

A variety of results have emerged in new materials in 2010. The achievements of R&D in nano-materials have brought endless reverie for the information industry, new energy industry and space industry and so on. The latest research results in graphene, carbon nanotubes and fullerenes attracting attention of the world, which reveals that the world will enter a "carbon age" . The field of traditional materials is also moving in the direction of environmental friendliness.

The United States, European Union, Japan and China have defined the new energy and new energy automotive industry as the most important directions of economic development, and also put out many initiatives for this emerging industry. Under the strong incentives of R&D policies, the progress of solar, wind, nuclear and other new energy to enter human life is being accelerated. The achievements of new energy have created great wealth for human, and also accelerated to resolve the energy crisis and environmental crisis.

The aerospace industry is thriving in 2010. The United States has extended deep-space exploration to more distant areas, and the space telescopes and space probes have continued boosting. Russia and the United States have devoted a great effort for maintaining the International Space Station, and developing the next generation of spacecraft. China, Japan and India are increasing efforts to develop space resources. These countries became the emerging powers of space. The four global satellite navigation system development made positive progress, which has became the strategic areas for great nation. Environmental aircraft industry has gained a sudden surge of enthusiasm, and new aviation products are emerging in the world continuously.

第二章 航空技术新进展

2.1 粉末高温合金新进展

田世藩　赵振业[*]

（北京航空材料研究院）

粉末高温合金主要用于制造先进航空发动机的涡轮盘。涡轮盘是航空发动机的核心构件，发动机的可靠性、寿命、性能水平及经济性主要取决于涡轮盘。粉末高温合金是先进航空发动机高性能涡轮盘研制和生产的物质基础和保障。美国、英国、法国、俄罗斯等国家都已将粉末高温合金用于制造航空发动机的涡轮盘。因此，我国要想在航空发动机上取得突破，就必须首先突破粉末高温合金及其粉末制备技术这一关键环节。本文将介绍粉末高温合金及其粉末制备技术的内涵、国内外新进展，并对我国发展粉末高温合金及其粉末制备技术提出政策建议。

一、科学技术概念和内涵

粉末高温合金是一类采用不同于传统的铸锭冶金工艺（ingot metallurgy，IM）的方法生产的高强度难变形合金，主要用于制造先进航空发动机的涡轮盘。涡轮盘

＊ 中国工程院院士。

所用的高温合金是采用固溶强化、沉淀强化、晶界强化等综合强化手段制造的，其包含的合金化元素多达十几种（如 Cr、Co、Mo、W、Ta、Al、Ti、Nb、Hf、Zr、C、B、Re 等）。多组元复杂合金虽然可以实现合金的高强度，但同时会增加合金的变形抗力，使其热塑性降低。而且由于存在严重的合金元素偏析现象，因此用传统的铸锭冶金工艺（IM）制造合金得不到均匀的铸锭，更无法使之加工成型，而粉末高温合金则成为解决这些问题的唯一可选材料。

雾化制粉是一项制备粉末高温合金的高新技术，是将液态高温合金熔体首先在高速气流冲击下破碎分散、雾化为不同尺寸的细小熔滴，随即冷却、球化、凝固为粉末颗粒的技术。粉末颗粒的尺寸在几个微米（μm）到几百个微米之间，并具有一定的分布特性。其分布特性取决于所用的雾化方法和具体条件，其原理如图 1 所示。目前主要有两种雾化方法可以批量生产高温合金粉末：氩气雾化（A-A）法和等离子旋转电极雾化（PREP）法。雾化制粉技术要求：①合金高纯净度、低氧含量；②球形颗粒尺寸与分布可控；③颗粒中微观成分偏析限制在亚微米尺度等。合金成分和组织的高度均匀化将极大地改善合金热塑性和力学性能。要达到以上要求，必须采用先进的工艺。

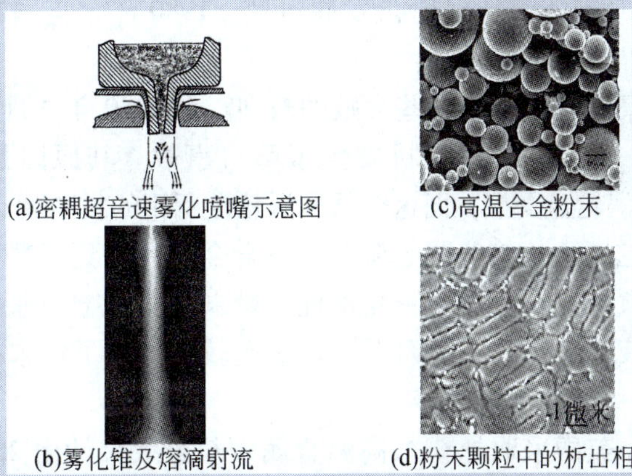

(a)密耦超音速雾化喷嘴示意图　(c)高温合金粉末

(b)雾化锥及熔滴射流　(d)粉末颗粒中的析出相

图 1　雾化制粉原理

理论上，液态金属的气体雾化属于气体动力学两相流（动）范畴，其科学基础是流体动力学和冶金过程传输学、凝固学的交叉。“雾化是一个极其复杂的过程，目前还不能从理论方面进行预测”[1]。其技术的难度和复杂性在于：它是在几毫米至几百毫米狭小空间内发生时间非常短暂（$<10^{-3}$秒）的动态过程，同时伴随着强烈的流动和换热，而冷却速度能达到 $10^3 \sim 10^5$℃/秒。只有借助先进的专门仪器和装置，才能对雾化过程进行图像观测、记录和分析，弄清其变化规律，找到影响其变

化的关键因素，以实现有效控制。这些仪器和装置的研究国外已取得初步的应用成果。科学家正在努力确定过程参数与熔滴尺寸和分布特性之间的定量关系。

快速凝固为实现粉末高温合金成分、组织的高度均匀化与高性能提供了巨大的可能。而这种效果的实现，取决于雾化技术达到的水平与过程有效控制的程度。美国用了二三十年时间取得了这一技术的领先优势，并将其作为关系到国家安全的战略产业，对其实行严格保密。

二、国外技术新发展

从20世纪60年代开始，美国对已有的高强度铸/锻叶片用镍基高温合金1N-100（铸造合金）和Astraloy（变形合金）以及Rene′95（第一代粉末合金）进行成分改型设计，最终使之成为粉末高温合金。美国通过把传统的气体雾化技术与高温合金真空纯净熔炼结合，发展了雾化制粉装备和技术，保证了粉末高温合金的生产供应。70年代，美国采用“挤压+超塑性等温锻造”工艺，将粉末高温合金1N-100用于F100发动机。通用公司则采用热等静压工艺生产Rene′95。热等静压工艺能实现近净型制坯（NNS），使热等静压涡轮盘发展迅速。1980年，美国粉末高温合金年产达到600吨量级。

美国发展粉末高温合金也有一些失败的教训。在1980年9月英国举行的范堡罗国际航展中，美国一架F/A-18飞机发生了坠机事故。其原因是通用公司生产的F-404发动机的低压涡轮盘受损，而这个低压涡轮盘所用的材料就是热等静压Rene′95粉末高温合金[2]。这次事故使美国的粉末高温合金发展遭到了严重的挫折，热等静压制坯从此被搁置。研究人员经过研究发现，粉末高温合金中非金属陶瓷夹杂物是导致涡轮盘低循环疲劳寿命的关键因素[3]。这次教训导致了粉末高温合金发展史上的历史性转折。

为了解决问题，美国采取把粉末高温金属颗粒最大尺寸由250微米降低到106微米的措施，目的是从根本上限制可能带入的非金属陶瓷夹杂物。这是保证涡轮盘可靠性的一项关键措施。然而，这一措施导致大约50%的较粗粉末不能使用。这就对发展雾化制粉技术提出了巨大挑战。1992年，国际粉末宇航材料会议承认：除非雾化制粉技术取得根本性的突破，使细粉收得率达到足够高，否则经济上可承受的粉末高温合金是无法实现的。

在美国政府和空军的支持下，纯净制粉工艺呈现出不断改进的趋势。在强烈的经济可承受性需求（affordability）的推动下，粉末高温合金和制粉技术水平在整体上发展到一个更高的阶段，其技术水平与发展动向如下。

（1）高性能粉末高温合金。粉末高温合金已发展了三代。20 世纪 80 年代中后期，出现了使用温度超过 650℃ 的第二代损伤容限粉末高温合金，如美国的 Rene′88DT 合金（1988 年），法国的 N-18 合金（1990 年）。进入 21 世纪以来，能用于 700℃ 以上的第三代损伤容限抗蠕变粉末高温合金相继研制成功，如美国的 ME3 合金（2004 年），法国的 NR3 合金（2000 年）以及英国的 RR1000 合金（2000 年）。严格控制知识产权成为当前世界各国发展粉末高温合金的突出特点。

（2）雾化细粉技术。20 世纪 90 年代中期以后，美国雾化制粉技术取得了重大突破，细粉收得率大幅度提高，粉末高温合金的经济可承受性得到进一步的改善。现在粉末颗粒的最大尺寸不超过 106 微米，重要构件用粉末颗粒尺寸不超过 53 微米，甚至不超过 45 微米[4]，今后还会进一步减小。高纯净和细颗粒雾化 A-A 粉末已经成为美国先进航空发动机涡轮盘的制坯工艺（热等静压—热挤压超细晶锻造—等温超塑性锻造）的基础。美国 90% 以上的涡轮盘使用这一主流工艺生产。法国 SNECMA 公司和英国 RR 公司的涡轮盘所用的粉末颗粒尺寸都不超过 53 微米。值得注意的是，各国对于细粉关键工艺的细节都是保密的，即使在美国与其盟国之间我们也看不到任何形式的交流。牢牢控制住先进的粉末雾化制备技术，是各国发展制粉技术的大趋势。

三、国内研究新进展

我国粉末高温合金 A-A 法制粉技术起步较早。1977 ~ 1980 年，我国引进了 65 千克 A-A 制粉系统成套装置[5]，进行了包括筛分、除气、除夹杂、包套等技术的研究；曾经购买少量的 Rene′95 合金 A-A 粉末，进行了涡轮盘的研制；1995 年，引进了一台制粉设备，用于生产 PREP 粉末。

经过多年的努力，我国在粉末高温合金制备技术的以下两方面还是取得了一些成就。

1. 粉末高温合金

我国对粉末高温合金的研究工作主要包括熔炼合金、PREP 粉末制备、制坯、测试力学和其他性能，以及加工制造用于航空发动机的涡轮盘。经过一段时间的工作，我国对第一代粉末高温合金有了一定的认识和了解，也积累了一定的经验。

2. 雾化制粉技术

几十年来，我国开展了 A-A 粉末制备技术和 PREP 粉末制备技术的研究工作，所研制的 PREP 粉末的球形度与表面状态良好，经静电除夹杂后，可达到每千克粉末中不多于 20 颗非金属陶瓷夹杂物。但因方法限制，PREP 粉末颗粒较粗，进一步细化受到限制。

“九五”规划以来，我国自主研制了小型雾化装置，努力研究二代粉末高温合金氩气雾化 A-A 粉末制备技术。研究人员在合金高纯净熔炼、低氧含量控制、非金属陶瓷夹杂物控制、粉末颗粒尺寸及分布控制、细粉高收得率等技术方向开展研究，取得了初步成果。2008 年，新建的一台扩大容量的氩气雾化 A-A 粉末制备设备（图 2）已试生产运行。我们必须在粉末制备技术的自主创新方面下大决心，潜心研制，努力追赶国外先进水平。

图 2　A-A 粉末制备装置

四、发展建议

目前，我国高温合金粉末制备技术尚不能满足我国涡轮盘研制和航空发动机研发的需求，而且 A-A 粉末已被禁运不能外购，PREP 粉末也面临着价格飞涨的困难。显然，这一核心技术只有通过自主创新才能掌握。因此，我们提出如下建议。

1. 凝聚目标，重点突破

国内外的粉末高温合金的发展现状和经验均表明，我国解决粉末高温合金问题的关键在于凝聚目标。即应该从第二代合金起步，重点突破氩气雾化 A-A 粉末制备技术；研究高纯净熔炼、低氧含量控制、非金属陶瓷夹杂物控制、粉末颗粒尺寸及分布控制、细粉高收得率等技术，并建立相应的技术体系和工程化生产平台，以满足先进航空发动机涡轮盘的迫切需求，为自主研究第三代合金奠定坚实的基础。

2. 遵循科学规律，实践两个“全过程”研究，形成可用可靠的技术

研究发展粉末高温合金必须坚持科学发展观，实现合金研制和合金应用两个“全过程”的研究，形成可用、可靠的粉末高温合金技术。这两个“全过程”包括应用基础理论、合金技术（合金研制）/合金应用技术（应用研究）、工程化生产、失效反馈等。合金研制“全过程”赋予合金先天（固有）性能，应用研究“全过程”赋予合金后天（特种）性能，两个“全过程”研究赋予合金满足涡轮盘要求的服役性能。

3. 转变观念，加大经费投入，形成生产力

粉末高温合金涉及一个综合的技术体系。它既包括两个“全过程”建立的各种技术体系，又包括在“合金技术/合金应用技术”中“四要素”（成分组织与结构、制备与加工、性质、服役行为）研究建立的各种技术体系。必须转变观念，加大经费投入，使之形成技术体系。完整的技术体系才是生产力。

4. 经济可承受性发展

研制粉末高温合金的目的在于应用。粉末高温合金要为用户接受必须同时具备两种属性：一是要满足涡轮盘服役要求的高性能，二是要满足经济可承受性要求的有价值形式，二者缺一不可。几十年的教训是，在“解决有无”理念的指导下，我们急于求成，最终没有研制出高性能的材料，也没有掌握先进技术。其后果是构件出现层出不穷的故障，需要没完没了的维修和无休止的投入，使构件的全寿命期成本不断高涨。经济可承受性不只是一个经济命题，而且是一个技术体系和创新的命题。只有按照经济可承受性理念来研制粉末高温合金才可能达到高性能且用得起的目的。

参 考 文 献

[1] Yule A J, Dunkley J J. Liquid metal Atomization. London: Oxford University Publishing house, 1994: 11

[2] McGraw-Hill Companies. TF/A- 18 crushes in England. Aviation Week & Space Technology, 1980, 113: 20

[3] Chang D R, el al. Superalloy powder processing, properties & turbine disk applications. Superalloys. Proceeding of the fifth international superalloy symposium, 1984: 245 ~ 273

[4] Eisen W B. P/M superalloy: past, present and future. Euro PM, 1995: 265 ~ 272

[5] 张义文．我国粉末高温合金的研究现状．材料导报，2002，16（5）：1 ~ 4

The Advance in Modern PM Superalloy

Tian Shifan, Zhao Zhenye
(Beijing Institute of Aeronautical Materials)

It is the powder metallurgy (PM) superalloy and its super clean prealloyed powder that have laid a solid foundation for the high performance turbine disks. The forty years of alloy evolution showed that the PM superalloys had gone through three generations of alloy developments, namely: the high strength alloys; the damage tolerant alloys; the damage tolerant and creep resistant alloys. Many advanced countries, including the US, UK, France and Russia have developed their own patented PM superalloys. In order to produce the advanced high performance turbine engines, we must develop superalloy powders which has consistent metallurgical quality and is super clean in terms of very few nonmetallic (ceramic) inclusion, low oxygen content and high yield of spherical prealloyed fine powders. The mass production of this kind of superalloy powders at a low cost has been the most critical challenge and the key issue for the development and production of advanced high performance turbine engines with high reliability, long lifespan and affordability. The only way to alter the situation that we are left behind is to follow the scientific development by our own efforts independently for the consolidation and strengthening the foundation.

2.2 航空动力技术新进展

陈懋章* 李其汉 陶 智
(北京航空航天大学)

航空动力技术是发达国家基础性战略产业的支撑。航空发动机是高温、高压、高转速、重量轻、可靠性高、寿命长、可重复使用、经济性好的高科技产品，研制难度很大。航空发动机是以材料和机械制造等为基础的多学科交叉融合的结晶，它因其先进性和复杂性而成为一个国家科技水平、军事实力和综合国力的重要标志之一，被誉为工业皇冠上的明珠。从图 1 中可以看出，航空发动机创造的相对价值是

* 中国工程院院士。

船舶的1400倍。鉴于其重要的战略地位和对国民经济和科技发展的推动作用，本文将重点介绍国内外发动机本身技术的新进展，并对我国发展发动机技术提出建议。

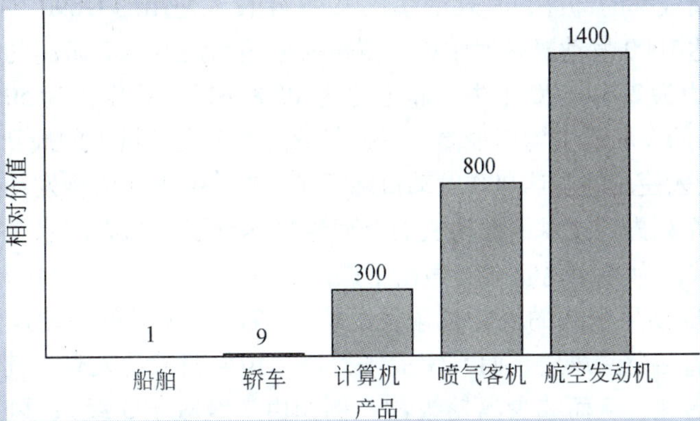

图1　产品单位重量创造的相对价值

一、国外航空动力技术的新进展

（一）传统航空动力技术

在21世纪前半叶，喷气发动机仍将处于航空动力的主要地位，并根据飞行器的不同需求，分别以高推重比、高超声速、高适应性、高经济性和环境友好为主要发展目标[1]。传统的航空发动机在未来将出现如下主要进展：飞行器具有超高速（5～10马赫）、超高空（海拔30～50千米或更高）飞行能力；具备短距/垂直起飞/降落和超声速（2.0～2.5马赫）飞行能力；推重比达到20～25或更高，耗油率下降20%～30%；经济、环保的民用“绿色”发动机；可实现天地往返机动飞行。喷气发动机的发展将使人类进入更加经济、安全、快速、便捷的超高声速及大气层－外层空间自由往返航行时代，开辟人类航空史上的新纪元。

1. 民用航空动力

民用航空动力的主要诉求是绿色、低碳[2]，即在保证安全可靠的前提下，提高经济性、降低污染排放、降低噪声、增长寿命，实现性能更加优化、控制更加智能和对环境更加友好。为了提高运行经济性、降低耗油率，基本的技术途径是提高发动机的涵道比，提高总压比及间冷回热技术。这方面技术已有以下重要进展。

（1）即将投入使用的 GEnx“绿色”与遄达 1000 发动机。GEnx[3] 发动机主要用于即将投入使用的波音 787“梦幻飞机”。由于采用了高涵道比（≥10）、高总压比（≥45）及提高效率的部件，其耗油率比 1999 年投入使用的 GE90-94B 发动机降低了 6.9%。遄达 1000 发动机是罗尔斯·罗伊斯公司为波音 787 研制的三转子涡轮风扇发动机，推力为 236～370 千牛，涵道比为 10.8～11，总压比为 50～52。两者性能在 2010 年前的发动机中均属最高水平，是遄达系列发动机中的最新型号，其耗油率比 2007 年投入使用的遄达 900 发动机降低了 4%。由于这两型发动机采用了高的循环参数和一系列先进技术，发动机的全面性能达到了相当高的水平，能满足波音 787 飞机的要求，为“绿色航空”做出了杰出贡献。

（2）齿轮驱动风扇式的涡轮风扇发动机（GTF）。现役的涡轮风扇发动机是通过低压涡轮轴直接驱动风扇，而 GTF 是通过减速齿轮箱带动风扇。其优点是低压涡轮可采用更高转速，从而减少涡轮级数（例如由 7 级减至 3 级）；风扇可采用更低的转速，以得到更大的涵道比和更低的叶尖切线速度，同时降低了噪声。GTF 发动机主要由普惠公司研发。

（3）开式转子（open rotor）发动机。所谓开式转子发动机，就是桨扇发动机，又称无涵道风扇发动机。其主要优点是涵道比可大幅度增大，从而有效降低耗油率。开式转子发动机的推进效率明显高于通常的涡轮风扇发动机，但其最高巡航速度略低。普惠公司认为，开式转子发动机可能会在以下几个方面限制自身的应用：增加飞机重量；影响飞机气动外形，且使飞机结构做较大改变，抬高短舱以适应直径更大的桨扇；使飞行速度降低到 0.75 马赫；增大座舱噪声和环境噪声；对机身保护及乘客心理承受能力等提出了更高的要求。

（4）间冷回热技术。间冷回热发动机（IRA）是在普通的涡轮发动机高压压气机和低压压气机之间设置一台间冷器，用于带走压气机之间的热量，降低高压压气机的进口温度，使其易于压缩，间冷器用外涵道空气作为冷源；而在尾喷管排气中设置一台回热器，回热器将排气中的部分热量送回到燃烧室进口的高压排气中，使从压气机出来后的空气温度提高 200℃。目前，由欧洲多国参与发展的 IRA 技术正在开发中。间冷回热循环核心机热效率比常规循环可高出 14%～16%。使用间冷回热发动机的飞机可以节省燃油达 17%，减轻飞机重量 6%。

2. 军用航空动力

关键技术的突破使军用燃气涡轮发动机仍具有巨大的发展潜力。预计 2030 年后有可能研制出推重比为 15～20 的军用涡轮风扇发动机（图 2），以满足美国第六代战斗机的需求。以推重比为 15～20 的发动机核心机及其所突破的关键技术为基础，研制出的不同推力等级和循环参数的系列化发动机，将用于21世纪前半叶各种用途的军用飞机和导弹。

也有专家认为，对于有旋转部件的燃气涡轮发动机，由于结构和材料强度的限制，推重比达到20已是其技术的极限，要进一步提高推重比，就必须发展新的设计概念和技术。

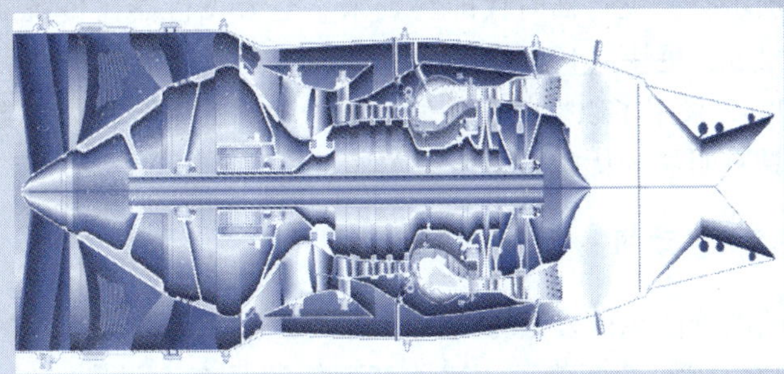

图2　推重比15～20的军用涡轮风扇发动机

虽然在21世纪初，已提出前述的推重比15～20的发动机的设想，但在近期（未来20～30年）还不会进入型号研制。目前美国军方公布的未来30年的飞机投资计划中，并未提出新型号的战斗机。在此期间，军用航空动力基本采用在成熟发动机的基础上进行改进的发展方式。

3. 超声速短距/垂直起飞/降落战斗机动力装置

现役的短距/垂直起飞/降落战斗机均为亚声速战斗机，如英国的“鹞”式战斗机和美国海军陆战队的AV-8B战斗机等。世界上第一种超声速短距/垂直起飞/降落战斗机——美国的F-35B联合攻击机（JSF）已进入试飞阶段，使用的发动机有两种，一种是F-35的主动力——普惠公司的F135发动机；另一种是F-35的备选动力——通用电气公司与罗尔斯·罗伊斯公司联合研制的F136-GE-600发动机。F135是F-22战斗机的F119发动机改型；F136-GE-600是YF120发动机改型。

4. 直升机动力

2009年，美军启动了ITEP项目，计划用更为先进的发动机替代用于AH-64“阿帕奇”和UH-60“黑鹰”直升机的T700发动机。ATEC公司和通用公司分别提出了HPW3000和GE3000的研究计划。

（二）非传统航空动力技术

1. 高空高速飞行器动力

2010 年，美国先后发射了 3 个高空高速飞行器：X-37B、X-51、HTV-2。这 3 个飞行器的发射，预示空天飞行器时代即将到来。空天飞行器比传统航空飞行器飞得更高（20 千米以上）、更快（10 马赫以上）。这 3 个飞行器的前两者未采用燃气涡轮发动机，而 HTV-2 采用了以燃气涡轮发动机为基础的组合动力装置（TBCC），技术更为复杂，但具有明显的优越性，值得关注。

2. 新型能源喷气发动机

航空发动机的新型能源的发展方向主要有两个：一是利用高能燃料替代传统的航空煤油；二是利用核能等新能源。这些新型能源具有无污染、储量充足等优点。现正大力研制的新型能源有氢燃料、天然气燃料、生物燃料和太阳能。新型能源喷气发动机的研制在未来航空动力发展中必将占据重要的一席之地。

3. 多电发动机

多电发动机是在传统航空发动机的基础上，用主动磁浮轴承系统代替传统的滚动轴承系统，用安装在主轴上的大功率内置式起动/发电机为发动机，为飞机提供所需电源，用全电气化传动附件取代机械液压式传动附件，以实现发动机和飞机的全电气化传动。

4. 系统及部件技术

航空动力装置综合性能的巨大进步是以系统和部件关键技术的突破为基础，整体而言具有多学科交叉、相互渗透、融合的性质。设计技术发展的主要趋势是精细化。下面将对主要关键技术作简要评述。

（1）结构完整性。航空发动机结构完整性涉及结构强度、振动、寿命及可靠性等方面，与气动热力学问题交叉，与材料和制造工艺密切相关。航空发动机结构完整性的作用和意义是要充分适应和满足发动机提高综合性能（推重比/功重比）以及提高安全性和可靠性的双重需求，既要保证和提高发动机的使用功能和有效性，又要保证和提高发动机的战备完好率和出勤率，并降低全寿命费用。通过实施“发动机结构完整性大纲”（Engine Structure Integrity Program，ENSIP）和一系列相关计划，美国取得了重要成果，大幅度降低了发动机各类事故的发生率，提高了战备完好率和出勤率，提高了发动机寿命，取得了显著的军事、经济和社会效益。

(2) 风扇、压气机。民用涡轮风扇发动机的风扇设计主要考虑两方面，即涵道比的不断增大和对噪声水平日益严格的限制。当然，高效率始终是人们追求的目标。其主要特点是大涵道比、小轮毂比、低叶尖切线速度，包括复合弯掠的全三维叶片造型、复合材料空心叶片、宽弦叶片和气动声学一体化设计。高推重比是军用涡轮风扇发动机重要的指标之一，小涵道比、高负荷、高风扇叶尖切线速度、低展弦比、高稠度、新的结构形式和材料（如大小叶片、整体叶盘结构）等是其基本特点。与风扇的情况不同，民用发动机和军用发动机的高压压气机没有本质的区别。

(3) 低污染排放燃烧室。民航飞行中排放的污染物是指航空发动机排放的 NO_x（氮氧化物）、CO（一氧化碳）、HC（未燃碳氢）和 smoke（冒烟）。其危害主要分为两大类：一类是对局部空气质量的影响，另一类是对全球气候变化的影响。在长期的（50 年以上）全球气候变化中，NO_x 对气候的影响与 CO_2 类似。因此航空发动机排放有适航（air worthiness）和国际标准予以强制约束。国际民用航空组织（ICAO）已经公布了关于排放标准的 4 个版本，现在执行的是 ICAO 的 CAEP/6 标准。但是这些标准仅仅是发动机能够取得市场准入的最低标准，而市场接纳的标准远高于上述规定。

(4) 涡轮叶片冷却技术。提高涡轮前燃气温度不仅可提高发动机的推重比，而且配合增压比的提高也可提高发动机的热效率。在过去的 60 年里，涡轮前燃气温度升高了约 880 开尔文，而在研的军用发动机的涡轮前燃气温度将会处在超过 2000 开尔文的恶劣环境中。目前最好的单晶镍基合金的耐温极限也只有 1144 ~ 1366 开尔文。为了解决这个矛盾，两项技术被开发出来，即叶片冷却技术和叶片表面热障涂层技术。在过去涡轮前燃气温度显著提升的过程中，材料和加工制造技术的贡献约占 30%，而约 70% 的贡献来自先进的叶片冷却技术和叶片表面热障涂层技术。其中，叶片冷却技术的贡献尤为显著。

(5) 涡轮。航空燃气涡轮发动机涡轮部件在气动、冷却、寿命和可靠性、经济可承受性等指标方面不断取得突破。其主要技术有对转、三维复杂造型技术、计及（寂）平静效应（calming）和时序效应（clocking）的非定常设计方法、先进热斑管理，以及主动间隙控制等。超单晶合金和耐高温复合材料，整体叶盘的高效加工和复杂冷却叶片精密制造，以及单元体紧凑结构设计等相关技术的发展保障了先进涡轮性能的实现，并为经济可承受的涡轮部件的产品化打下坚实的基础。

(6) 控制系统。航空发动机有效、可靠、健康地工作，是依靠控制系统来实现的。现代航空发动机控制系统已是一个多变量、时变、非线性以及多功能的复杂系统，要求控制的参数越来越多。目前，最先进的PW-JSF、F-119（F-135）发动机上采用了先进的多变量控制技术，可靠的故障诊断、隔离、重构的解析余度技术和健康管理技术，由全权限数字电子控制（FADEC）技术来实现。FADEC技术因具有极为突出的优势，已经成为国内外第四代军用发动机的标准控制技术。

（7）发动机降噪技术。不断降低噪声、实现环境友好飞行，是国际民航组织的一项基本宗旨。航空风扇发动机声学设计主要包括声源本身及声波的传播途径的控制。美国国家航空航天局（NASA）于1993年提出了“AST计划”，其主要目标是广泛应用目前正在发展的计算气动声学成果和主动控制技术，使新一代发动机的噪声在2012年之前再降低14分贝。

（8）航空发动机数值仿真技术。随着计算流体力学、计算结构力学和计算机科学技术的迅速发展，用数值方法模拟发动机真实工作情况的多项计划已取得巨大进展。美国建立和实施的“推进系统数值仿真计划”（NPSS）已基本具备全三维、非定常、多组分化学反应和多学科耦合计算的能力。数值仿真技术的发展有效提高了发动机基础研究的水平，深化了对关键技术物理本质的认识，逐步降低了研制过程对大量试验的依赖，降低了研制成本和风险，对提升发动机研发能力有着非常重要的意义。但是，必须强调指出，由于某些基础科学问题（如湍流等）至今未得到根本性解决，加之发动机工作情况和多学科耦合的极端复杂性，纯数值仿真技术仍不能作为独立使用的设计工具。设计技术仍在很大程度上依靠试验和经验，并以这些试验和经验数据为基础校验和发展设计软件，不能过分依靠数值计算。

（9）试验和测量技术。试验和测量技术对于航空发动机的发展具有基础性的作用。低速大尺寸试验模拟技术对多级核心压气机和涡轮技术的发展都起了极其重要的作用。测量技术也有很大发展，高频压力传感器、高速转子内的微型无线信号传送技术、粒子成像测速（PIV）技术、液晶和热像仪等测试技术的采用，以及大量非定常、三维场信息的获得，为发动机综合性能的提高提供了必不可少的试验数据支持。

二、中国航空动力技术的新进展及发展建议

1. 民用航空动力技术

《国家中长期科学和技术发展规划纲要（2006～2020年）》和“十一五”规划纲要已经把大型飞机的研制列为重大专项工程。为保证按飞机研制进度提供所需的发动机，我国采取分两步走的安排：第一步，购买国外的发动机；第二步，与此同

时，开展相应的研究和研制工作，最终用国产发动机取代国外发动机。2009 年 12 月，中国商用飞机有限责任公司（COMAC）已选定 LEAP-XIC 为 C919 客机的发动机。该发动机由美国通用公司与法国 SNECMA 公司联合组建的 CFMI 公司研制，计划于 2014 年取证，2016 年随 C919 客机投入使用。LEAP-XIC 发动机采用了高循环参数，涵道比为 10～11，总压比为 40，同时采用了多项新技术，燃油消耗比 CFM56-7B 发动机低 16%。“第二步”也已开始了相应的工作，并取得了重要进展。

2. 军用航空涡轮发动机

我国军用航空涡轮发动机新机研制取得了丰硕成果[4]，先后有“昆仑”、“秦岭”、“太行”和“玉龙”等发动机设计定型，装备部队，为新中国成立 60 周年空中受检机群提供了动力装置。2010 年在珠海举行的第八届中国国际航空航天博览会也展示了我国日益增强的自主研发能力，标志着我国军用涡喷、涡扇发动机实现了从涡喷到涡扇、从中推力到大推力、从第二代到第三代的三步跨越；涡轴发动机实现了从测绘仿制到完全自主设计研制的跨越。

3. 系统和部件技术的研究

我国已开展了航空推进技术验证等计划，并针对关键技术系统地进行了预先研究，取得了丰硕成果，显著提升了航空发动机自行设计研制的能力，为航空发动机的研制提供了有力的技术支持，部分成果已用于现役发动机的改进、改型，提高了发动机的技术水平。

4. 发展建议

新中国成立 60 多年来，我国航空动力行业取得了很大成绩，为国防和经济建设做出了重要贡献；同时培养锻炼了一支队伍，积累了宝贵的经验，建成了一批试验、生产设备和研究手段，为航空动力的发展打下了较坚实的物质和技术基础。然而，我们仍应清醒地认识到，由于对航空动力研制发展规律认识不够、体制机制不适应、经费投入不足、技术和工业基础薄弱等多方面原因，我国航空动力领域仍处于相当落后的状态，不能满足军队装备建设和国民经济可持续发展的需求，已成为严重制约航空事业发展的“瓶颈”，飞机的“心脏病”已经到了必须彻底根治的地步。为此，我们提出以下建议。

（1）认真总结新中国成立 60 多年来我国航空动力发展的经验、教训，提高对航空动力研制发展规律的认识，实现向发动机性能、适用性、可靠性、耐久性、经济性均衡发展的设计观念的根本转变，从我国国情出发，深入落实和贯彻科学发展观，以指导航空动力发展的各项工作。

(2) 将航空动力列为构成国家实力基础和军事战略的核心技术，从国家层面的高度，更高、更远、更全面地规划航空动力技术和产业的发展。

(3) 在发动机预研、研制、使用和发展的整个过程中，将突破和掌握关键技术及提高技术成熟度放在更重要、更核心的地位，将型号的研制和发展建立在更坚实深厚的技术基础上。这是提高我国航空动力整体科学技术水平、改变我国航空动力落后局面的关键。

(4) 大力加强预先研究，在具有前瞻性和重大应用前景的领域加大前期基础科研的投入。在西方传统优势领域，尤其在以大型涡轮风扇发动机技术为核心的发动机上，我们通往成功的道路还很漫长。因此，我国需要统筹规划、及早布局，通过加大基础研究投入，推动技术的发展，走出一条中国航空动力的发展道路。

(5) 我国航空动力技术的落后体现在发动机（含控制系统）设计技术、材料与制造技术的全面落后。在关注发动机（含控制系统）设计技术发展和提高的同时，要充分重视材料与制造技术的发展和提高。

(6) 航空动力人才短缺，尤其是高端人才极为匮乏。目前，航空动力领域各研究所、工厂和大学的高端人才不过寥寥数百人，而他们面对的却是众多的型号任务和大量的预研工作。要扭转这一局面，一方面学校和用人单位要加大航空创新型人才的培养力度，着重创新能力的培养，用人单位也要为创新型人才的发展营造良好的环境；另一方面要制定有吸引力的政策，以引导和吸引国内外优秀人才进入航空动力行业，做到“进得来，用得好，留得住”。

参 考 文 献

[1] Koff B L. Gas turbine technology evolution：a designer's perspective. Journal of Propulsion and Power，2004，20（4）：577～595

[2] Krammer P，Rued K，Truebenbach J. Technology preparation for green aero engines. AIAA，2003：2790

[3] 陈光．用于波音 787 客机的 GEnx 发动机．航空发动机，2010，(1)：32，33

[4] 刘大响，彭友梅．航空动力技术新进展//中国科学院．高技术发展报告．北京：科学出版社，2007：42

Recent Progress in Aero Engine Technology

Chen Maozhang, Li Qihan, Tao Zhi
(Beijing University of Aeronautics & Astronautics)

Aero engine technology is the foundation of strategy industry for developed nations. In the first half of 21st century, the traditional turbofan-engine will still play the leading role in aviation industry with application of constantly improved technologies. Futural requirements of flight-vehicles are aiming at higher trust/weight ratio, more hypersonic flight, higher adaptability, lower cost and environment-friendly. The main technique progresses of both commercial and military aero engines are summarized and evaluated. Suggestions are proposed to promote technique progress for aero engines.

2.3 大型飞机制造技术新进展

范玉青
(北京航空航天大学)

现代大型飞机是先进的喷气技术和计算机技术密切结合的产物。大型飞机的制造体现了一个国家科技和工业发展水平及综合国力，目前，世界上只有美国、欧盟及俄罗斯能自主研制大型飞机，他们把大型飞机制造业作为经济发展的支柱性垄断行业，并作为对外施加政治、经济和军事影响的重要筹码。因此，大型飞机不仅是大众的空中通勤工具，更是维护国家利益、捍卫大国地位、带动国民经济发展、保证国家安全、促进科技发展的重大战略装备。本文将首先介绍大型飞机的新发展及其特点，然后重点介绍基于模型定义的数字化全球协同研制平台、整体复合材料部件的制造装配，以及阵列式精确装配和移动式总装配线三大新型制造技术的新进展，最后指出我国大型飞机发展的技术困难并简略地展望未来。

一、大型飞机的新发展及其特点

正在服务的主要大型民用运输机如图 1 所示，图的左上半部为波音公司的波音

747、波音 777、波音 767、波音 757 和波音 737 系列客机，图 1 右上半部分是欧洲空中客车公司（简称空客公司）的 A320、A300、A330、A340 和 A380 系列客机，图 1 的下半部分是支线客机。

图 1　主要大型民用运输机

世界上大型民用运输机市场由欧洲空客公司和美国波音公司主宰，其他国家（如俄罗斯等）已被边缘化。空客公司的 A380 客机和波音公司的波音 787 客机的研发竞争十分激烈，充分体现了各个国家的战略利益和民族意志，也使大型民用运输机的制造技术达到了一个新的高度，进一步拉大了我国与他们的差距。

空客公司的 A380 双层超大型客机最大载客量可达 900 人，2005 年 4 月首飞。第一架 A380 客机于 2007 年 12 月交付新加坡航空公司正式投入商业运营，比原计划推迟近 2 年。空客公司的新型中型 A350 客机的研制正在进行中，整个研制计划已推迟 3 年。空客公司的 A400M 军用运输机于 2009 年 12 月在西班牙塞维利亚成功首飞。A400M 军用运输机将于 2012 年年底交付使用，交付时间推迟近 3 年。波音公司为了与空客公司的 A380 超大型客机竞争，把波音 747-400F 大型客机延长了约 5.6 米，改型为波音 747-8F，货舱容积增加了 16%，有效载重量达到了 1400 吨[1]。该机于 2010 年 2 月首飞，比原计划推迟了 1 年。新型的中型波音 787 客机于 2009 年 12 月首飞成功，比原计划推迟了 2 年半。

以上是近几年来波音和空客两大公司大型飞机研制情况的简单介绍。在双方大型飞机的激烈竞争中，大型飞机制造技术在向着突破技术趋同、扩大产品差异性的方向发展。

空客公司经过30多年的艰辛努力，实现了由A320到A340再到A380的三个跨越式发展，并通过研制A380、A350客机和A400M军用运输机，形成了对世界飞机制造巨头波音公司的全面挑战。从2003年开始，空客公司飞机的销售数量超过波音公司。波音公司为了扭转这一被动局面，赢得未来，提出了新的发展战略[2]。根据多年的市场跟踪调研和分析，针对空客公司推出的由“中心”城市到“中心”城市飞行的A380超大型客机，波音公司提出了研发更受市场欢迎的“点”对“点”飞行的中型客机波音787。空客公司随即提出研发A350中型客机与波音787客机进行竞争。波音公司的产业分析师指出，这些年来大型飞机市场已经成熟，“越来越难区分空中客车和波音飞机了”，即大型飞机的产品结构、使用性能、服务范围和制造技术趋同。为突破研制技术的趋同，扩大飞机产品的差异，以击败空客公司，波音公司经过长期的研究和精心的策划，提出了基于模型定义的数字化全球协同研制平台（Global Collaboration Environment，GCE）、整体复合材料部件的制造装配，以及阵列式精确装配（DA）和移动式总装配线三大新型制造技术。

通过采用这种发展战略，波音公司再次取得竞争优势。波音公司宣布已取得全球48家航空公司价值超过1400亿美元的840架波音787客机的订单。也就是说今后10年，波音公司开足马力装配波音787客机才有可能完成这些订单。空客公司对这三大制造技术也做了大量的工作，但与波音公司仍有差距。

二、基于模型定义的数字化全球协同研制平台

1. 数字化全球协同研制平台

波音公司早在20世纪90年代初，在研制波音777和波音737NG客机的过程中就全面采用了并行工程和数字化技术，即飞机构型定义与控制/制造资源管理（define and control of aircraft configuration/manufacturing resource management，DCAC/MRM）系统。该系统支持整个波音公司分布在72个不同场所的45 000名员工在40 000多个各种工作站上同时进行工作。此外，该系统还通过网络支持全球供应商的有关产品数据管理工作。波音公司在研制波音787客机中应用了GCE，使波音787客机的协同研制工作顺利进行，取得了巨大的经济效益和社会效益。

波音787客机的研制单位分布在世界的25个国家，共有135处工作场所。波音公司采用了全新的、高度协同的理念，在概念设计阶段，波音公司与来自各方面的合作伙伴组成研发团队，共同进行早期的各种设计和试验工作；在详细设计阶段，由于波音787客机零部件的生产是由分布在世界各地的合作伙伴完成的，因此可由

合作伙伴内部协同各自进行详细设计，独立完成其设计和制造工作；波音 787 客机的最后装配工作在波音公司内协同完成。

GCE 是在数字化协同研制波音 777 客机和新一代波音 737 客机的扎实基础上进行的，技术上实现一元化领导，应用同一版本软件，有着一整套严格的模式、制度、方法、规范和各种手册，真正实现了产品的并行协同设计与制造，并保证了在全世界制造的波音 787 客机部件在波音商用飞机总部西雅图的顺利总装。

GCE 为波音公司和它的合作伙伴建立了全新的工作模式，使工作人员能够基于全球的虚拟工作环境，在地理上跨越许多不同时区，实现全年一天 24 小时的协同工作。图 2 为波音公司的 DCAC/MRM 系统向 GCE 发展的情况[3]。

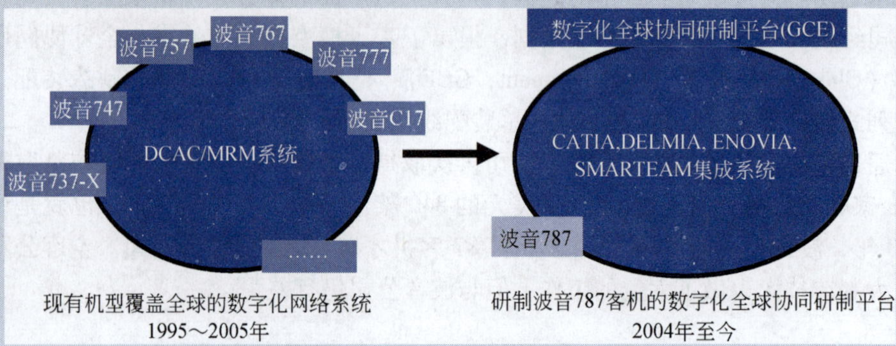

图 2　波音公司的 DCAC/MRM 系统向 GCE 发展的情况

波音公司数字化技术的应用方面远远领先其他公司，其数字化信息技术与制造技术已完全融合，正在被世界各大飞机制造厂商积极效仿。

2. 基于模型定义的数字化技术

2004 年，波音公司在研制装配波音 787 客机中，首次采用了全新的基于模型定义（model based definition，MBD）的数字化技术。该技术真正体现了数字化技术贯穿于整个产品研制过程的特点。

美国机械工程师协会于 1997 年在波音公司的协助下开始有关 MBD 标准的研究和制定工作，并于 2003 年使其成为美国国家标准。随后 CAD 软件公司把此标准设计到软件中。基于 MBD 的数字化新技术，使三维制造信息（3D product manufacturing information）与三维设计信息共同应用到产品的三维数字化模型中，使 CAD 和 CAM（加工、装配、测量和检验）等实现真正的高度集成[4]。该技术不只是简单地将二维图纸的信息反映到三维数据中，而是要充分利用三维模型所具备的表现力，去寻找便于用户理解、更具效率的设计信息表达方式。其中最困难的部分是“要从二维图纸文化这种现有概念中跳出来，从零开始研究新的信息表达方式”。零件由三维加二维定义转变为基于模型定义，如图3所示。图4左面为装配件MBD的表达方式，右面为全机对接总装的数字化仿真。波音787客机总装配线数字化仿真如图5所示。波音公司还同时对波音787客机的装配过程进行人机工程和虚拟现实的数字仿真。

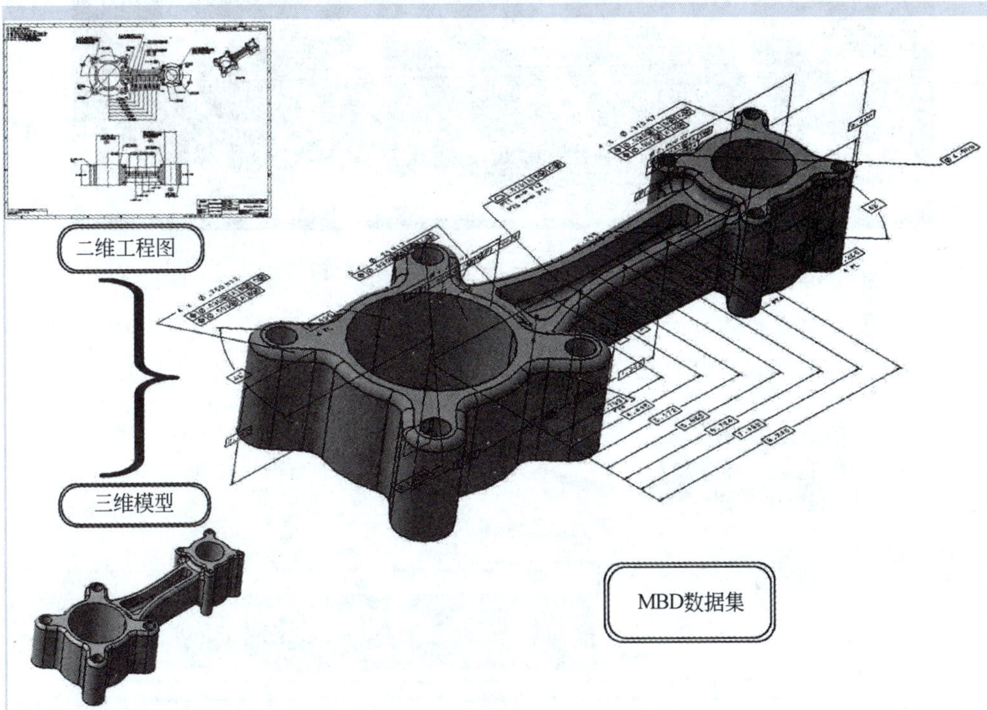

图3　由三维加二维定义转变为MBD

图4　装配件MBD的表达方式及数字化全机对接总装的数字化仿真

图 5 波音 787 客机总装配线数字化仿真

MBD 数字化技术全面深入的应用，使大型飞机的研制模式发生了根本性的变化，主要体现在全新的 MBD 数字化制造协调体系中，如图 6 所示。

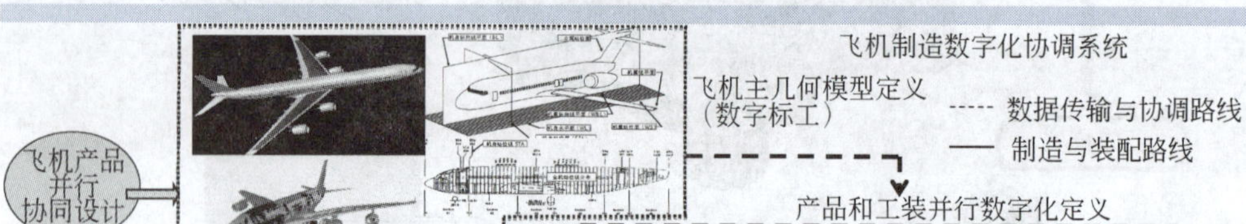

图 6 MBD 数字化制造协调体系

三、整体复合材料部件的制造装配技术

1. 大型复合材料部件在波音 787 和 A350 客机上的应用

复合材料有着许多众所周知的优点。波音公司决定，波音 787 客机机体主要结构大量地采用复合材料。复合材料用量由波音 777 客机的 12% 一步跨越到波音 787 客机的 50%，即机身和机翼外壳几乎都由碳纤维增强复合材料制成，仅有少数机体部位采用铝合金或其他材料，如图 7（a）所示。而在空客公司的 A350 客机原来的设计方案中机身仍是以铝合金的铆接结构为主，复合材料用量仅为 35%。这样，波音公司的客机就大幅度地拉大了与空客公司 A350 客机复合材料用量的差距。对空客公司来说，客机的超大型机身复合材料部件的制造技术是一个巨大的挑战。由复合材料组成机身的波音 787 客机，是波音公司 13 年来的第一种全新研制的机型，它的维修成本可节省 30%，飞行的舒适性有很大提高，受到很多航空公司的欢迎。国际上各航空公司期望着这一“绿色”客机能给空中旅行带来革命性的变化。

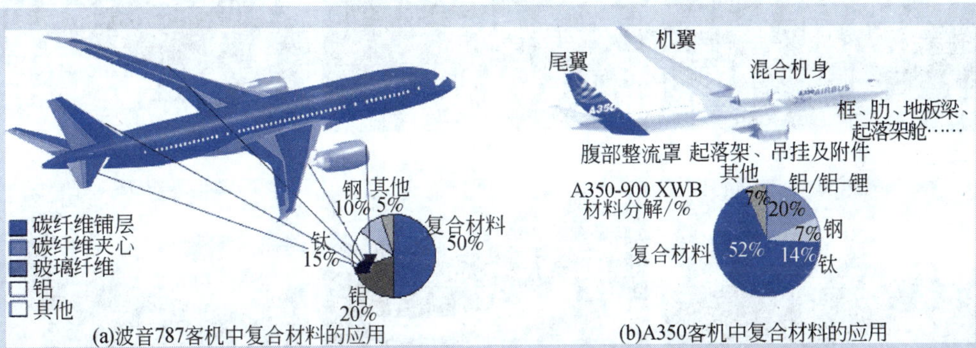

图 7　波音 787 客机和 A350 客机复合材料的应用

空客公司提出四点理由来批评波音公司使用复合材料机身：其一，波音公司采用两倍于 A380 客机复合材料用量的做法在技术上是冒进的；其二，复合材料技术现在还不成熟；其三，在引进新材料和新工艺的过程中应采取循序渐进的方式；其四，目前碳纤维增强复合材料原材料价格上涨了 500%，经济上的合理性值得商榷。空客公司一直坚持 A350 客机的复合材料用量为 35%，这个用量远远低于波音 787 客机的 50% 的复合材料用量。

在这场大西洋两岸间的激烈争论中，波音公司和空客公司的用户——国际上的主要航空公司——很明显地倾向波音 787 客机的设计方案。这就迫使空客公司一次次地修改 A350 客机的总体方案。2008 年，空客公司宣布了 A350XWB（extra wide-body）客机的最终设计方案，即 A350 客机的机身也大量使用复合材料，其复合材料总用量达 52%，如图 7（b）所示。A350 客机的研制计划也被推迟整整三年。波音 787 客机的复合材料应用方案与 A350 客机的巨大差异性，使空客公司处于严重的被动局面。

2. 复合材料机身部件的制造和装配技术

本文以波音 787 客机的机头部件 41 段部件为例，说明其制造和装配过程。

（1）41 段部件的制造。首先构建复合材料部件壁板（包括长桁）的成型模具（型胎），该型胎是组合式的，便于装拆，如图 8（a）~（c）所示；其上有长桁内槽，先把预制好的复合材料长桁放到内槽里，然后进行缠绕操作，再进固化炉成型；成型后再进行切边钻孔等机械加工，最后喷漆，如图 8（d）~（f）所示。

图 8　波音 787 客机的 41 段部件的制造过程

（2）41 段部件的装配。上述工作仅完成了此部件复合材料壳体的制造，壳体内还需安装机身隔框等其他组件。装配中有一个机械臂在内部进行自动化的钻铆工作；工人首先对部件结构做补充性的装配工作，然后在部件壳体内安装电缆及其接头，以及各种飞行仪表及相关航电设备。

可见，部件装配不仅完成了机体结构的安装工作，而且还把机体内的各种仪表、电缆和管路等航电设备也都安装好了，体现了模块化装配思想。

四、阵列式精确装配技术和移动式总装配线

1. 阵列式精确装配技术

现代大型飞机的结构尺寸大，刚性差，对定位精度和装配速率要求高，对制造成本要求低。这就造成飞机装配工艺及其工装设计和制造的难度大，装配协调困难。传统的装配工艺及其工装难以胜任，需要用新的方法和技术来满足部件之间的精确装配要求。基于产品三维数字化定义和精确数控加工技术的数字化协调方法，导致阵列式精确装配（determinate assembly，DA）技术应运而生[5]。DA 技术是基于数字化协调的阵列式装配方法。它首先在描述实际零部件的预先定义的界面上设置 DA 孔（通称协调孔），然后利用 DA 孔把这些零部件精确地装配在一起。这样就不需要实物标准样件或其他复杂的测量和调整技术，因而 DA 技术可以大幅度地减少工装的设计和制造，这实质上是数字化协调方法的具体体现。空客 A340-600 客机的壁板制造单元就是一个典型的实例。空客公司还把它应用到 A380 大型客机机翼的主要工装设计和制造中。

波音公司在新的大型飞机波音 747 客机的制造中，实施了机身装配改进团队（fuselage assembly improvement team，FAIT）项目，同时在机身的装配中也采用了先进的 DA 技术，如图 9 所示。其原理是：飞机机身在飞机坐标系中进行数字化定义，机身壁板的定位点也在飞机坐标系中定义，在壁板的装配型架上装有使用数字化方法安装的定位器；在飞机坐标系中，用激光跟踪仪确定壁板定位器（图 10）的位置。这就保证了多块机身壁板在机身坐标系里相互协调，使壁板能准确地装配到机身上。

图 9 波音 747 客机机身的阵列式精确装配

图 10　波音 747 客机阵列式精确装配中的定位器

在研制波音 787 客机中，基于数字化协调的 DA 技术用于部件装配和全机的对接总装。例如，DA 孔的定位方法已应用在部件装配中。

2. 室内 GPS 系统在大型飞机总装中的应用

我国在飞机装配工装的制造和安装中已广泛使用激光跟踪仪，但对室内 GPS 系统（也称作局域 GPS 精密测量系统）在飞机装配中的应用还比较陌生。室内 GPS 系统实际上是数字化装配技术最重要的技术手段之一。图 11 是波音 787 客机在集成的室内 GPS 系统环境中进行总装配的情况。与激光跟踪仪相比，室内 GPS 系统具有明显的优点，这也是波音公司在波音 787 客机的总装配过程中使用该系统的主要原因。

图 11　波音 787 客机在室内 GPS 系统环境中总装配

该装配技术的优点是：总体上具有柔性，装配厂房内空间利用率高、方便通达。它具有自动化定位机构，可减少出错率和缩短装配周期。

其装配过程的关键点是：14 个数字化定位系统移动到各自的支架移动车附近，并按预定方案举起和移动飞机部件，一旦装配工装被刚性地连接到一起，室内 GPS 系统就可以测出数据；这些数据信息被输入到系统的应用软件中后，系统可计算出飞机各部件（前后机身、左右机翼等）需要移动的距离，使飞机相邻部件能够准确地对接装配，保证飞机装配顺畅地进行。

利用这种技术的突出优点之一是，它能使波音 787 客机机翼对接装配到机身上的工作在几小时内完成，而不是通常的几天。波音公司宣称，一旦进入批量生产阶段，波音 787 客机的组装速度是令人惊奇的，一架平均造价高达 1. 62 亿美元的波音 787 客机只需要 3 个工作日就可组装完成。

3. 移动式总装配线

波音公司在 DA 技术和室内 GPS 系统的基础上，采取精益生产的原则，利用以往的实践经验，消除了制造过程和支持过程中的一切浪费现象，取消了无用的环节。即本着每个人员和岗位的安排必须增值的原则，重新安排和改进工作区域，以保证连续的工作流，使有效性最大化。

波音公司原来在装配工作中一般把飞机部件固定在站位上进行装配，当完成一定的装配工作后，再由起重机吊起移动到下一个站位进行装配。这样，每个月要使用 8000 次起吊设备。由于新一代波音 737NG 客机订单很多，为了加快生产进度、提高工作效益、进一步降低成本，波音公司在近几年将上述的装配过程改造成移动式总装配线，即飞机的总装在按一定节奏移动的过程中完成，如图 12 所示。这种总装方式真正体现了现代大型飞机制造过程的模式、技术和规模。

图 12　波音 737NG 客机移动式总装配线

五、结 束 语

事实上，我国也在积极开展上述三大新型制造技术的研究和应用工作，并取得了较大的进展，已把数字化制造、复合材料部件和新的装配技术大量应用在飞机制造技术方面，形成了传统制造方法和新型制造技术并用的局面。但遗憾的是，我国的飞机制造技术至今尚未形成完整的集成系统，这种状况严重地影响着我国飞机制造技术的发展。飞机数字化制造和装配技术涉及飞机设计、零部件制造、装配工艺规划、互换协调技术、数字化测量系统、自动控制和计算机软件等众多先进技术，因此它的发展难度较大。较好地解决这些技术难题，将从根本上改变我国传统的飞机制造及装配技术，实现飞机制造技术一次革命性的变革[6]。

我国是大型飞机制造的“后来者”。相信在党和政府的正确领导和支持下，充分吸取国外的先进经验，经过多年的不懈努力，我国一定能成为大型飞机的制造强国。

参 考 文 献

[1] 赵秀丽．市场竞争的新筹码——波音最新发起 747-8 系列飞机计划，国际航空杂志，2006，(1)：61～63

[2] 范平，范玉青．突破技术趋同，波音再现竞争优势．航空学报，2008，(3)：707～715

[3] 范玉青．现代飞机制造技术新进展//中国科学院．2007 高技术发展报告．北京：科学出版社，2007

[4] 周秋忠．MBD 技术在大型飞机数字化装配中的应用研究．北京航空航天大学博士学位论文，2009

[5] Hartmann J，Meeker C，Weller M，et al. Determinate assembly of tooling allows concurrent design of airbus wings and major assembly fixtures. Society of Automotive Engineers. 2004

[6] 于勇，陶剑，范玉青．大型飞机数字化设计制造技术应用综述．航空制造技术，2009，(11)：56～60

New Advance in the Manufacturing Technology for Large Aircraft

Fan Yuqing
(Beijing University of Aeronautics & Astronautics)

The large aircraft can only be manufactured by Boeing and Airbus currently, because these two companies possess lots of advance manufacturing technology for large aircraft . There are three new manufacturing technologies, including model based definition for global collaboration environment, composite manufacturing technology of large aircraft section, determinate Assembly and moving aircraft assembly line, which are researched and applied in both companies. These three new manufacturing technologies are very important for new large aircraft manufacturing companies in China. This is the reason why these new manufacturing technologies are introduced in detail in this paper.

2.4 空管航空电子技术新进展

张 军[1] 张彦仲[2]*
([1] 北京航空航天大学;[2] 中国工程院)

1903 年，莱特兄弟发明了飞机，标志着交通运输系统有了新方式；1919 年，第一条国际民航航线开通；2010 年，全球民用运输飞机达 1.8 万架，通用飞机达 32 万架。随着飞机数量、飞行高度、飞行距离的增长，空中交通管理（简称空管）任务日益繁重。快速发展的航空运输促进了空管系统的发展，进而带动了空管航电技术的进步。本文将依次介绍空管系统的发展历程、空管技术与航空电子技术融合发展的趋势、国内外新一代空管系统的最新发展，以及空管航空电子技术的新进展，最后提出发展我国空管航空电子技术的建议。

---

* 中国工程院院士。

一、空中交通管理发展历程

空管系统是保证飞行安全、维护空中交通秩序、实施空域资源管理、提高航空运行效率的核心系统。随着天空中飞机数量的增长，空管系统管理手段不断进步。从历史看，空管系统发展历程可分四个阶段，如表 1 所示。

表 1　空管系统发展阶段

<table>
<tr><th colspan="2">发展阶段
空管系统</th><th>第一代
（1930～1945 年）</th><th>第二代
（1945～1983 年）</th><th>第三代
（1983 年至今）</th><th>下一代</th></tr>
<tr><td colspan="2">管制方式</td><td>程序管制[1]</td><td>雷达管制[1]</td><td>空地协同[1]</td><td>向“自由飞行”发展</td></tr>
<tr><td rowspan="3">空管设备[2,3]</td><td>导航</td><td>无方向性信标（NDB）、四航道信标</td><td>测距器（DME）+甚高频全向信标（VOR）、塔康（TACAN）、罗兰-C、仪表着陆系统（ILS）、微波着陆系统（MLS）、惯性导航系统（INS）</td><td>卫星导航（GNSS）、陆基导航、组合导航、多模式接收机（MMR）、增强系统</td><td rowspan="3">网络化导航与监视</td></tr>
<tr><td>通信</td><td>无线电话音</td><td>高频（HF）话音、甚高频（VHF）话音、飞机寻址与报告系统（ACARS）</td><td>甚高频数据链（VDL Mx）、卫星数据链（AMSS）、</td></tr>
<tr><td>监视</td><td>话音位置报告</td><td>雷达监视（PSR、SSR）、信标防撞系统（BCAS）</td><td>合同式自动相关监视技术（ADS-C）、广播式自动相关监视（ADS-B）、多点定位（MLAT）、空中交通警戒与防撞系统（TCAS）</td></tr>
<tr><td colspan="2">飞行运行方式与典型应用</td><td>仪表飞行</td><td>跨洋飞行全飞行阶段仪表飞行</td><td>全球化飞行向基于性能运行转变</td><td>复杂空域密集飞行向基于航迹运行转变</td></tr>
</table>

1. 第一代：程序管制时代（1930～1945 年）

在这个时期，飞机采用仪表飞行规则和陆基导航系统，地面管制采用程序管制和无线电话音。从 30 年代 DC3 型飞机投入民航商业运营到 1945 年，新型民用客机不断出现，航空运输运量不断上升。为保障飞行安全，仪表飞行规则建立，飞机进场使用无方向性信标（NDB，1929 年）和四航道信标，覆盖航路的陆基无线电导航系统出现，航路管制主要采用程序管制和无线电话音，第一代空管系统形成。机载航电设备采用无线电导航和话音通信设备。

2. 第二代：雷达管制时代（1945～1983 年）

在这个时期，空管采用雷达管制方式，集通信、导航和监视为一体的空管系统初步形成。第二次世界大战后，喷气式客机的出现提高了飞行速度，飞机飞行高度跨举到海拔 11 000 米左右的平流层，跨洋飞行开始出现。航空运输飞速发展，航路飞行密度不断提高。在航路飞行中，测距器（DME，1959 年）与甚高频全向信标（VOR，1946 年）配套用于飞机定位。仪表着陆系统（ILS，1947 年）成为进场标准设备，微波着陆系统（MLS，1978 年）开始应用。塔康系统（TACAN，1956 年）研制成功，远程无线电导航罗兰-C 系统应用不断拓展。飞机基本实现全阶段仪表飞行，雷达管制开始出现，集通信、导航和监视为一体的第二代空管系统形成。

空管系统发展对航电设备功能和性能提出了新要求。机载导航采用了惯性导航系统（INS，1960 年）和陆基无线电导航系统（VOR、DME、ILS 等）接收机。机载通信采用了高频（HF）话音、甚高频（VHF）话音、飞机寻址与报告系统（ACARS，1977 年）。机载监视系统中，二次雷达系统（SSR）、信标防撞系统（BCAS），以及空中交通警戒与防撞系统（TCAS）开始研究和使用，机载雷达进入数字化、模块化新时代。

3. 第三代：空地协同管制时代（1983 年至今）

在这个时期，基于卫星的通信、导航、监视技术得到广泛应用，空管航电技术进一步融合，进入了空地协同管制新纪元。20 世纪 80 年代，民航飞机数量高速增长，到 1990 年底，全球 550 多家航空公司共拥有 1.5 万架客机，比 1975 年增加一倍，航线密度增加，跨洋飞行和远距离飞行频繁，极地飞行出现。为满足飞行更安全、更密集、更灵活的需求，结合卫星导航（GNSS）、卫星通信和空地协同监视技术的发展，国际民航组织（ICAO）认识到空管须从单纯地面指挥向空地协同发展，于是在 1983 年成立了未来航行系统（FANS）特别委员会。1991 年，ICAO 通过新航行系统方案（CNS/ATM），在卫星和数字信息技术的支持下，利用先进通信（communication）、导航（navigation）、监视（surveillance）技术和空中交通管理（air traffic management，ATM）系统，来解决飞行安全性不良、容量低、效率低等问题，空管系统进入了空地协同管制新纪元。2005 年 6 月，北京至纽约首条飞越北极的直航航线开通，比以往经东京或其他城市中转节省约 5 个小时。

在这个时期，空管航电也开始出现。20 世纪 90 年代初，波音公司和空中客机公司提出了新一代空管航电设备解决方案。机载导航采用了陆基导航、卫星导航、组合导航、导航增强的多模式导航接收机。机载通信采用了甚高频数据链（VDL Mx）、卫星数据链（AMSS）等。机载监视采用了自动相关监视（ADS）、空地协同监视和多点定位监视（MLAT）等，空中交通警戒与防撞系统（TCAS）开始使用。相关国际技术标准也开始制定。1995 年，ARINC 660 CNS/ATM Avionics[4] 标准发布；2001 年，ARINC 660A[5] 标准发布。为支持新一代航空运输系统计划（SESAR、NextGen，2005 年），欧洲和美国发布了航电系统发展路线图[6,7]，给出了空管航电系统功能、性能和使用时间表。

二、空管系统未来发展方向及技术需求

在未来的 20 年，全球航空客运量预计将以平均每年 4.2% 的速度增长，民航飞机总量将达到 3.6 万架。目前，空地协同空管系统正在实施，由于尚未实现全球覆盖，因此难以满足航路灵活选择和复杂空域安全飞行的需求，导致航班延误屡有发生，而现有空管系统容量已趋于饱和。

未来空管系统将采用以星基为主、星基和地基相结合的技术，面向"自由飞行"，采用网络化导航与监视设备，支持四维航迹运行，实现复杂空域内高密度飞行。空管系统正朝着全球化、精细化和绿色环保化方向发展，如图 1 所示。

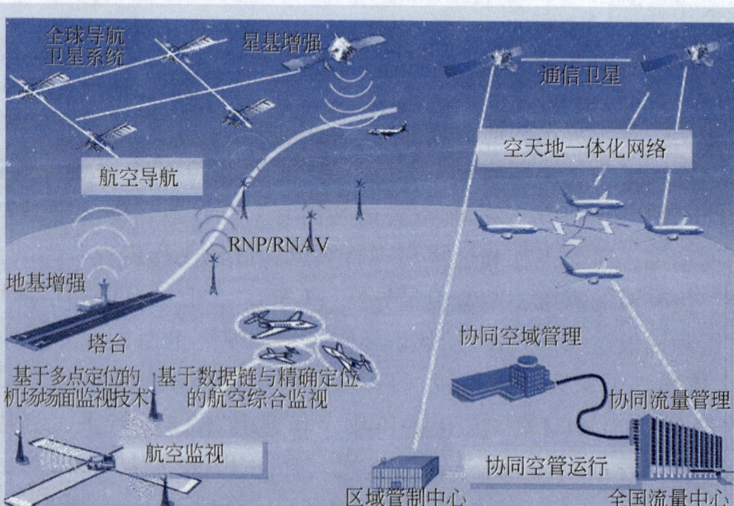

图 1　未来全球化精细绿色空管系统

（1）全球化空管。通过构建全球导航卫星系统（GNSS）、全球通信（空天地一体化网络）、全球监视等设施，实现无缝隙全球空管，为旅客提供安全、便捷“地球村”交通服务。

（2）精细化空管。通过采用基于性能导航（PBN）、广播式自动相关监视（ADS-B）、四维航迹运行（4DT）、飞行自主间隔保持等先进技术，进一步缩小时间和空间间隔，提高飞行灵活性和运行效率，实现航空运输运行的安全精细管理。

（3）绿色环保化空管。通过构建全球化空管设施，实现空管精细化运行，可优化航线、减少延误、节约燃油、减少排放、提高航空运输绿色环保水平。航空运输消耗燃料占运输业消耗燃料总量的12%[8]，由于飞机在万米高空飞行，排放的CO_2、NO_x、CH_x等对大气层影响更大。预计2025年全球飞机的CO_2排放量将增至12.28亿~14.88亿吨，相当于2006年日本全国的CO_2排放量，航空运输节能减排任务十分艰巨。采用空管新技术可优化飞行航线、降低排放，每次连续下降进近（CDA）可减排150~160千克CO_2，每次清洁速度起飞（CAD）可减排600~5000千克CO_2。据预统计，采用空管新技术后，我国每个航班空中飞行和地面等待时间平均减少3分钟，全年可减少20万小时待机浪费。

为适应空管系统发展趋势，空管航电技术将向网络化、综合化和智能化方向发展。

1. 空天地一体网络化

通过空天地一体化航空电信网（ATN）和移动IP技术，集成多种模式的机载数据链，构架航空IPv6移动信息网络，来实现机载子网与空管网络互联，提供高质量航空移动通信服务，支持空管系统全球化发展趋势。

2. CNS性能综合化

集成机载和地基系统的通信（communication）、导航（navigation）、监视（surveillance）性能，综合机载传感器和融合多元传感器信息，来实现多元多尺度威胁物和飞行态势精确监视，支持空管系统精细化运行。

3. 人机交互智能化

智能处理实时气象、地形、交通态势、飞行情报、飞机姿态、位置、状态等信息，通过灵性的人机交互，形成机载三维空中态势可视情景，实现复杂环境自主避险和密集飞行航路优化，提高空管系统绿色环保水平。

以集成模块化为特征的空管航电系统（IMA）在A380和B787飞机上达到了新

水平，B787 的集成监视系统（ISS）和 A380 的飞机环境监视系统（AESS）将地形、交通和气象等监视功能集于一身，紧密结合空地需求，实现了空地一体化无缝隙不间断空管服务。

三、空管航空电子的关键技术

空管与航电技术从独立发展到技术融合，最终形成了空管航电的概念：空管航电是航电系统中为满足空管的运行而存在的设备、系统和功能的总和。空管航电关键技术包括：机载通信网络、机载综合导航、机载综合监视和机载综合信息处理技术。

1. 机载通信网络技术

机载通信网络技术是空天地一体化航空电信网的核心，通过研制机载智能宽频多波束天线系统、基于软件无线电的多制式宽带收发信机系统、百兆级机载卫星通信系统、万兆级机内全光网络系统、IPv6 机载交换设备和集成多链路机载通信管理系统等，为飞机、空管部门、航空公司、机场和个人提供所需的高速、安全可靠的通信服务。

2. 机载综合导航技术

机载综合导航技术利用陆基（VOR/DME、TACAN）、星基（GPS、COMPASS 等卫星系统）和空基（INS、气压高度表等）的航空导航传感器信息实现综合导航，突破抗干扰机载多模导航共形天线、惯导/全球导航卫星系统（GNSS）超紧耦合组件、多模接收机（MMR）、三维视景增强引导等技术，以实现低能见度和复杂飞行环境中的精密导航（三类精密进近导航：精度为垂直 2.9 米，侧向 5 米）和安全引导。

3. 机载综合监视技术

机载综合监视系统通过采集 ADS-B、气象雷达、激光雷达、红外探测等信息，实现空中交通态势舱内综合信息显示，提高飞行员态势感知能力。突破 200 千米范围飞行态势显示、间隔 3 海里密集飞行实时调控、分米级威胁物实时检测和告警、多跑道枢纽机场场面交通监视与全自动引导（5 级，最低能见度条件）、高分辨率增强视景等技术，可实现航路、终端区和机场全飞行过程的精细安全监视。

4. 机载综合信息处理技术

机载综合信息处理技术通过采集实时气象、地形、交通态势、飞行情报、飞机姿态、位置、状态等态势信息，进行融合处理和传感器综合，突破超高速（数百亿次/秒）机载综合核心处理机、机载多线程多核实时系统软件、自适应光照全景态势座舱显示器等技术，可提高飞机自主间隔保持和综合避险能力，在复杂空域（区域、气象）环境下，能实现高密度运行的安全管理与智能决策。

四、我国空管航电技术及发展策略建议

1. 我国航空运输及空管技术发展需求

2009 年，我国航空旅客周转量达到 3374.9 亿人 · 千米，居世界第二位。2010 年，我国机队规模达到 1500 余架，通航飞机 900 余架。据波音公司预测[9]，2020 年我国机队规模将达到 4330 架，年航班飞行总量将达到 400 余万架次，通航飞机将达到 5800 架。

目前，我国东部沿海空域十分拥挤，主要干线航路繁忙，枢纽机场航班延误状况不断加剧，空管系统面临巨大压力[10]。我国空管系统主要面临以下两方面的问题。

（1）空管基础设施严重不足。我国目前的雷达监视、导航、气象服务系统仅达到美国 21 世纪初的 1/6～1/4 的水平，西部存在大量监视盲区（图 2 给出了我国海拔 8400 米高度雷达覆盖情况）；陆基导航设备数量不足；通信网络仍以话音通信为主，空地数据通信带宽窄，还未完全覆盖西部高原地区。

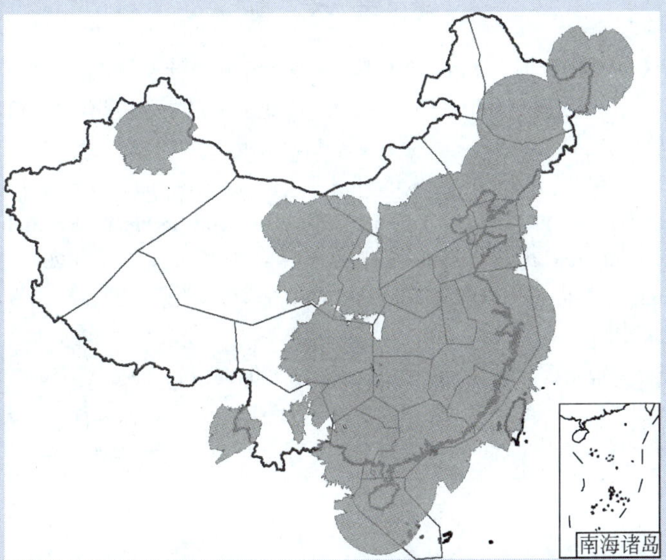

图 2　我国海拔 8400 米高度雷达覆盖情况

（2）亟须采用新技术实现跨越式发展。在有限的国家空域资源条件下，只有加强空管技术，才能不断提高空域和航线容量，减少拥塞和飞行冲突，提高航班正点率。我国应当密切结合国际空管技术发展，规划、设计、研发和建设新一代空管系统，实现空管系统的跨越发展。

2. 我国空管航电技术发展策略建议

我国空管航电技术发展应以建设航空强国为奋斗目标，全面支撑民用航空运输业和航空制造业可持续发展，为国家经济建设和社会发展提供优质航空交通服务。

（1）加强领导和统筹。加强空管的国家统一领导，统筹规划国家空域资源，协调军航与民航、国际航空与国内航空关系，统一规划空管基础设施，促进航空运输和航空制造发展。

（2）加强核心技术体系研究和应用。提高自主创新能力，加强空管航电核心技术攻关，摆脱受制于人的困境，建立政府、产、学、研、用结合的空管航电科技创新体系，推动空管航电技术及产业发展。

（3）加强国际合作与适航工作，提高标准化水平。加强空管航电技术国际交流和合作，推进适航审定能力建设，积极参与国际标准制定工作，提高我国空管航电技术标准化水平。

参 考 文 献

［1］张军．现代空中交通管理．北京：北京航空航天大学出版社，2005：1～8

［2］Iran M，Allan S. 民用航空电子系统．范秋丽译．北京：航空工业出版社，2009：300～320

［3］霍曼等．飞速发展的航空电子．北京：航空工业出版社，2007：1～8，17，18，21，41

［4］ARINC. 660 CNS/ATM Avionics，Functional Allocation and Recommended Architectures. 1995

［5］ARINC. 660A CNS/ATM Avionics，Functional Allocation and Recommended Architectures，2001

［6］Euro-Control. Study Report on Avionics Systems for the Time Frame 2011～2020. 2007

［7］Joint Planning Development Office. NextGen Avionics Roadmap. 2008. http：//www. jpdo. gov［2008-10-24］

［8］张彦仲．航空环境工程与科学．中国工程科学，2001，(7)：1～6

［9］Boeing. Current market outlook 2010～2029. 2010. http：//www. boeing. com/cmo［2010-12-1］

［10］中国民用航空局．基于性能的导航实施路线图．2009. http：//www. caac. gov. cn［2009-10-27］

Development in CNS/ATM Avionics

Zhang Jun, Zhang Yanzhong
(Beijing University of Aeronautics & Astronautics; Chinese Academy of Engineering)

The invention of the airplane in 1903 laid the foundation of the new transportation era. In 1919, the first international civil airline was established. With the growing number of aircrafts and increasing flying distance and height, the workload of air traffic management has become heavier. In 2010, the number of global civil transport aircrafts reached 18, 000 and there were up to 320, 000 general aircrafts in the world. The rapid development of air transport promoted the advance of air traffic control technology, and thereby drove the avionics technology progress. In this paper, the development process of Air Traffic Management (ATM) is divided into four stages by the different air traffic demands and ATM methods. In each stage, different avionics systems have been developed according to ATM developing requirements. The integrating development trends between ATM and avionics is also analyzed in the paper. The future ATM system will be global, delicate and green. Therefore, the future avionics will be an integrated and intelligent network system which will merge into ATM system. In addition, this paper introduces the latest development of next-generation ATM systems and new progress in avionics technology. The key technology of avionics system is summarized including airborne communication network, airborne integrated navigation, airborne surveillance and airborne integrated information processing. Finally, Chinese avionics strategy is put forward based on the development of CNS/ATM Avionics.

2.5 近空间飞行器技术新进展

吴宏鑫*[1] 孟 斌[1] 李 勇[2]
([1]北京控制工程研究所空间智能控制技术国家级重点实验室;
[2]中国空间技术研究院研究发展部)

近空间（near space）是指海拔20~100千米的空域，它既不属于航空范畴，也

* 中国科学院院士。

不属于航天范畴。近空间的概念是在20世纪60年代提出的，但由于技术和认识上的原因，其战略价值直到最近几年才受到各国的重视。美国、俄罗斯、欧洲、韩国、英国、日本、以色列等国家和地区正在积极开展近空间飞行器技术的研究。2005年，美国空军在“施里弗-3”太空战模拟军事演习中，首次引入了近空间飞行器。2010年，美国发射了近空间飞行器HTV-2和X-51A，实现了大气层内20马赫以上的高超声速可控飞行，向工程化、实用化迈出了重要的一步。本文将主要介绍近空间飞行器的发展现状，以及我国在发展近空间飞行器方面需要突破的关键技术，并对我国未来近空间飞行器的发展提出几点建议。

一、近空间飞行器概述

按照大气热力结构随高度的分布，可把地球大气层划分为对流层、平流层、中间层、热层和散逸层5个区域。近空间包括大部分平流层区域（海拔20～50千米）、全部中间层区域（海拔50～80千米）和部分热层区域（海拔60～100千米）。近空间大气环境中的温度、密度、气压和大气风场等参数与其他空间环境不同，近空间辐射环境也与其他空间环境有较大差别，如图1～图4所示。

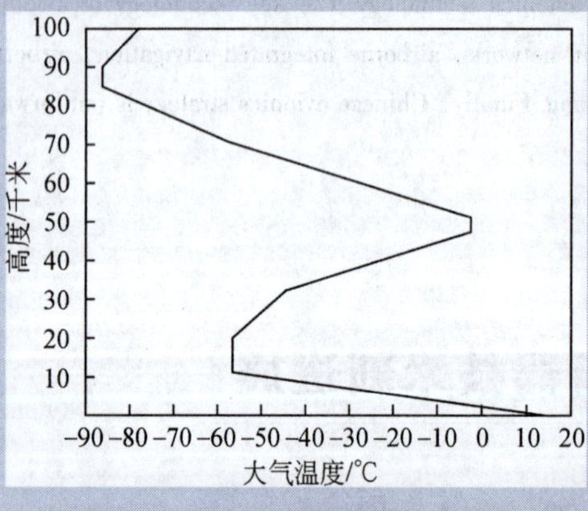

图1　近空间平均温度变化图

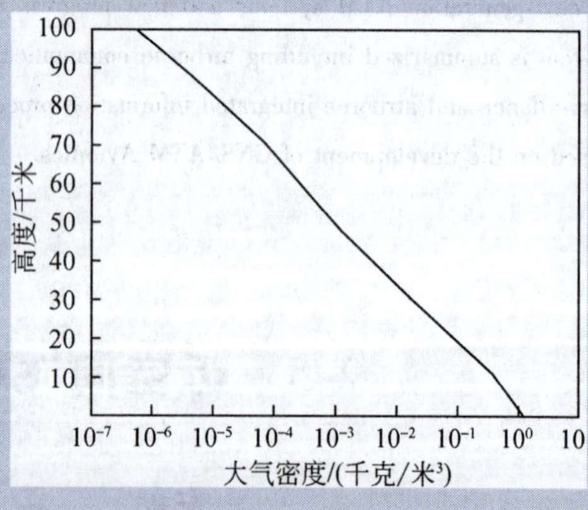

图2　近空间大气密度变化图

近空间飞行器指的是能够在近空间飞行，并执行特定任务的飞行器。按其飞行速度可分为两类：低速近空间飞行器和高速近空间飞行器。低速近空间飞行器飞行速度小于1马赫，包括平流层飞艇、高空气球、高空无人机等。高速近空间飞行器飞行速度大于1马赫，包括高空侦察机、高超声速飞行器、亚轨道飞行器等。

近空间飞行器有别于一般的飞机和航天器，有其显著的自身特点。低速近空间飞行器留空时间长，可达几天到几十天，易于长期、不间断地获取情报和数据。近空间飞行器飞行高度比传统飞机高，覆盖范围也比传统飞机更宽广。此外，由于气球、飞艇以及一些低速无人机的主要部件由非金属材料制成，因此雷达反射截面很小，传统的雷达难以跟踪和发现。与卫星相比，近空间飞行器运行高度低，一般只有低轨卫星运行高度的1/20～1/10，且可悬停驻空，这是飞机和卫星做不到的，容易实现高分辨率对地观测，可有效弥补卫星观测局部盲点。由于近空间大气密度低，近空间飞行器根据轨道动力学和空气动力学原理工作，因此还可实现高速机动飞行，是人们实现“空天往返”和追求“全球及时到达”理想目标的一种较为现实的选择。

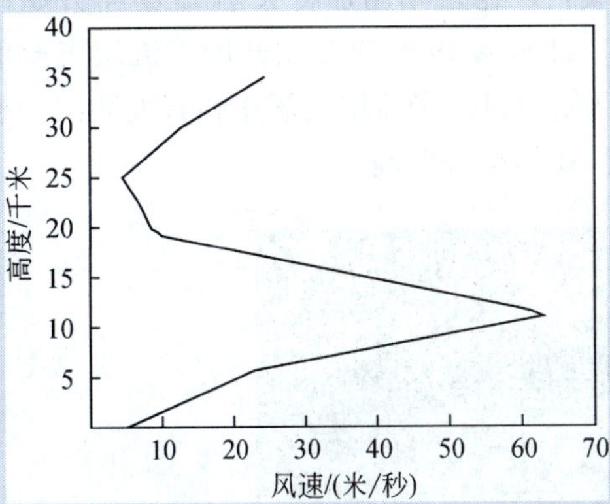

图3　近空间风速变化图

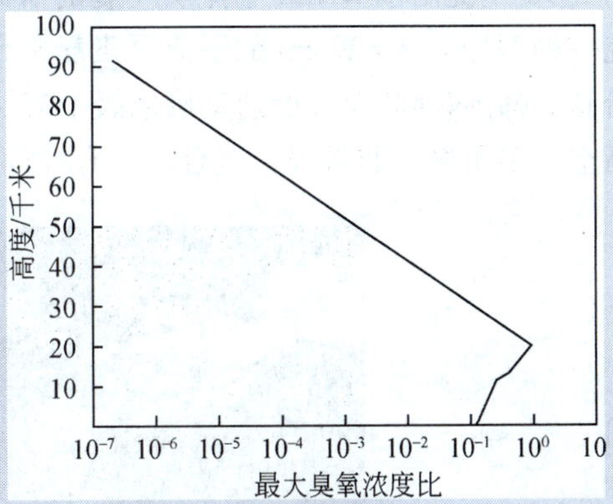

图4　近空间臭氧浓度变化图

近空间飞行器的用途非常广阔。军事上可用于情报搜集、通信保障、侦查监控、武器装备系统的远程战略投送，做到“全球即时到达”。近空间飞行器对于增强陆、海、空、天武器装备的无缝连接，扩展信息优势，提高联合作战能力，具有十分重要的应用潜力，并且有可能进一步发展成为空基作战武器。民用上可用于环境变化和气象数据探测，交通及环境污染监控，洪水、火灾或地震等灾害监视和指挥救援，局域通信，数据传输中继，移动通信等，还可以发展成为未来高速空中交通运输平台。下文将主要讨论平流层飞艇和高超声速飞行器的发展现状和关键技术。

二、平流层飞艇发展现状及关键技术

平流层飞艇是一种轻于空气的可控飞行器，运行在海拔20千米上下的高度范围，依靠空气浮力来平衡飞行器的重力，依靠螺旋桨的推力来克服阻力。由于平流层大气上下无对流，所以平流层飞艇可实现平稳驻空。

20 世纪 60 年代，国外开始进行平流层飞艇的研究。20 世纪 90 年代后，随着非刚性结构材料、柔性太阳能薄膜电池、再生式燃料电池和电推进等技术的突破，平流层飞艇的研究进入了一个新的阶段。2002 年，美国导弹防御局在“先进概念技术演示”计划中提出建造军用“高空飞艇”（HAA）；2005 年 8 月美国国防部公布的《2005～2030 年无人机系统路线图》首次将无人飞艇列入无人飞行器系统范畴；2009 年年底，美国完成了 HAA 缩比验证艇 HALE-D 的研制；2005 年美国“高空哨兵”（Hisentinel 20，图 5）完成了 5 小时近空间有动力飞行验证。此外，欧洲空间局 1998 年提出了 HALE 平流层飞艇的研究项目。德国斯图加特大学 1999 年开始研究一种型号为 Air-Worm 的平流层飞艇平台。日本从 1998 年开始开展平流层飞艇的研制。韩国 2000 年开始启动国家级平流层飞艇项目。平流层飞艇正朝着大装载、超高空、多用途、非常规、组合式、升/浮混合式的趋势发展。

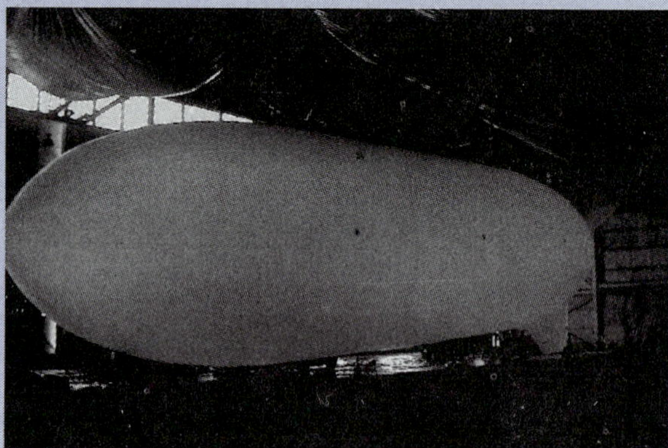

图 5　美国 Hisentinel 20 飞艇囊体结构

平流层飞艇平台与低空飞艇不同，该平台的研制被认为是 21 世纪的技术难题。只有在材料、结构、动力、导航和控制等领域提出创造性的技术解决方案，才能研制出可为人们提供长期、稳定服务的平流层飞艇平台。为此，许多国家针对平流层飞艇平台技术研究制定了长期的发展规划。例如，美国导弹防御局的“先进概念技术演示计划”、欧盟的“面向特殊航空航天应用的高空飞机和高空飞艇研究项目”，以及日本的“千年计划”等。

我国平流层飞艇技术研究起步较晚。2000 年，国家启动了平流层飞艇平台的科研项目，在信息产业部组织下，多家国内知名高校和科研院所对飞艇平台进行了全面的可行性预研和方案论证，取得了标志性的研究成果。目前，我国发展平流层飞艇需要克服的关键技术主要包括如下4个方面。

（1）总体设计与优化技术。需要综合考虑气动性能、结构重量、运行稳定性、机动性、可操纵性、抗风性能，以及太阳能电池板和动力/推进系统布局等方面，通过多学科、多目标优化方法，获得总体最佳设计效果。

（2）囊体材料与结构。外蒙皮多采用轻质、柔韧、高强度的多层纤维，要求高强度/质量比，抗雨、雪、雷电、温差、压力等环境的侵蚀而不降解，高热阻和低温度变形效应，低氦气渗漏性，高连接强度和抗滑移蠕变等。龙骨骨架多采用轻质合金和碳纤维复合材料。目前，国内研制生产的材料尚不能满足要求。

（3）动力推进和能量管理。飞艇主要动力系统是靠太阳能、燃料电池推动的电动机和靠燃油推动的发动机，以及组合式动力装置。飞艇要求动力系统质量轻、效率高、方便调节、可靠性高、空间环境适应性强、使用寿命长，为此必须开发新的动力系统。

（4）平衡和控制。这方面的关键技术包括压力控制技术，姿态控制技术，推进动力控制技术，放飞、定点和回收控制技术等。

三、近空间高超声速飞行器发展现状及关键技术

近空间高超声速飞行器指飞行速度大于5马赫、飞行高度在海拔30～60千米的飞行器。美国高超声速联合技术办公室（JTOH）指出，近空间高超声速飞行器可以为国防领域提供打击长距离目标，做出快速、决策性响应的能力。

近空间高超声速飞行器包括以火箭为动力的高超声速飞行器、以吸气式发动机为动力的高超声速飞行器和高超声速再入的无动力滑翔飞行器三种类型。20世纪60年代以来，以吸气式发动机为动力的高超声速飞行器受到广泛关注。到20世纪90年代中期，超燃发动机的关键技术取得突破性进展，目前已进入飞行演示验证阶段。

从近年来国外的发展来看，近空间高超声速飞行器已成为世界航天大国研究的热点，相关技术发展很快，如美国的X-30、X-33、X-34、X-43、X-51、CAV、HTV等飞行器，俄罗斯的“冷计划”、“针计划”、“鹰计划”，法国的PREPHA、JAPHAR、LEA计划，德国的SANGER计划，欧洲的SKYLON计划，英国的HOTOL计划、澳大利亚的HyShot计划和日本的TSTO计划等。从国外近空间高超声速技术发展来看，除美国在整个技术领域开展了广泛研究外，其他国家受自身能力及物力、财力等方面的限制，均将其研究重点集中于某些特定领域。美国的高超声速技术发展经历了从“国家空天飞机计划”（NASP）到“猎鹰计划”（FALCON）（从美国本

土发射和力量应用）的高超声速技术验证计划的历程。技术发展初期的 NASP 计划，是单级入轨飞行器计划，由于技术难度大，许多关键技术短期内无法实现，不得不终止。之后，美国总结 NASP 计划的研究经验，制订了较为严谨的分步研究计划。例如，“高超声速技术计划”（HyTech）、FALCON 计划等。2010 年 4 月 22 日，美国发射了 HTV-2 验证机，HTV-2 验证机是一种一次性使用的近空间高超声速再入无动力滑翔飞行器。据报道，HTV-2 验证机（图 6）实现了在大气层内 20 马赫以上速度的可控飞行，并成功实施了机动，但运行一段时间后失控。2010 年 5 月 26 日，美国 X-51A 飞行器首次飞行，超燃发动机工作了 200 秒，美国空军称取得了 95% 的成功，研究向工程化迈进了重要的一步。美国在航天飞机百余次飞行和众多 X 计划中获得了大量经验，对于发展高超声速技术提出了分三步走的发展战略：近期致力于研发用于打击关键目标的超声速/高超声速巡航导弹；中期集中发展能够实现全球即时到达的高超声速轰炸机；远期目标则瞄准经济上可承受的和能即时进入太空的可重复使用的运载器。

图 6　HTV-2 验证机

高超声速技术发展的起起伏伏，使人们充分认识到基础研究在关键技术突破中的作用。为此许多国家实施了一系列基础研究计划，例如美国国家航空航天局（NASA）的“高超声速基础宇航项目”和美国国防部的“国家高超声速基础研究项目”等。

在“863”等相关计划的牵引下，我国开展了近空间高超声速飞行器探索和研发工作，并取得了明显的进展。21 世纪，在国家对发展空天能力的要求下，我国将面临一系列极富挑战性、基础性的研究课题。近空间高超声速飞行器的相关基础科学和关键技术主要包括如下 5 个方面。

（1）飞行器总体技术。包括对高升阻比外形和防隔热，飞行器总体与动力、控制等进行多学科一体化设计。

(2) 飞行器气动力/热特性技术。包括进行近空间环境研究，在此基础上进行的高升阻比气动布局技术，复杂气动外形气动力/热特性预示技术，飞行器气动/飞行性能一体化技术，气动稳定性、操作性分析与匹配技术，飞行试验气动力热环境辨识技术等的研究。

(3) 飞行器热结构、热防护及材料技术。包括热结构、热防护及材料技术，防热承力结构一体化技术、长时间飞行内部温控及热管理技术、易维护防隔热材料与工艺技术等。

(4) 飞行器导航、制导与控制技术。由于近空间高超声速飞行器及其环境存在很大的不确定性和复杂性，因此需要进行智能自适应控制理论和方法的研究。

(5) 先进动力技术。包括发动机形状、结构和进气道，先进控制和燃料供给技术，以及先进组合动力技术等。此问题难度大，要分步有计划进行。

四、展望和建议

鉴于近空间高超声速飞行器技术的重要意义和发展趋势，我们提出如下建议。

(1) 近空间高超声速飞行器技术具有重要的战略意义，应予以高度重视。近空间高超声速飞行器具有重要的军用和民用前景。几十年的发展和应用已经对人类社会的经济、政治、国防、科学技术及人们的生活产生了巨大影响，是提升综合国力的牵引性技术，是一种国家战略。

(2) 从国外发展道路中总结经验，制定适合我国国情的可持续发展规划。美国和其他国家的近空间高超声速飞行器计划遭遇了种种困难，我们必须认真总结经验，吸取教训，结合我国的具体情况，统筹国家近空间高超声速飞行器技术的发展，对现有技术能力和发展潜力做出全面、切实的评估，制定符合我国国情的发展近空间高超声速飞行器的正确道路。

(3) 根据现有技术基础，梳理关键技术，逐步进行基础理论研究、关键技术攻关和飞行验证。我国自 20 世纪 80 年代一直在开展近空间高超声速飞行器的研究，取得了一定的研究成果，但没有制定系统的发展规划和确立明确的发展目标，缺乏总体牵引，研发力度较小，因此与世界先进水平相比还有很大差距。需要重点进行气动特性、材料结构和控制问题研究，要有长期埋头苦干的精神。在基础研究方面，切勿急躁、浮躁和急功近利。

(4) 融合航空航天，创新关键技术，振兴宇航工业。近空间这一新空域既不属于航天的范畴，也不属于航空的范畴，是空天过渡区。空天飞行器技术的发展将不断推动航空、航天技术的交叉和融合。

（5）培养近空间高超声速飞行器方向的高水平人才，提高原始创新能力。基础研究和原始性创新对我国近空间高超声速飞行器可持续发展乃至跨越式发展具有决定性的作用。人才是实现近空间高超声速飞行器领域突破的根本要素，没有一定规模的、固定的、稳定的研究队伍，将难以保障近空间高超声速飞行器领域的可持续发展。

参 考 文 献

[1] 崔尔杰.2009. 近空间飞行器研究发展现状及关键技术问题. 力学进展，39（6）：658～673

[2] 段峰.2007. 临近空间飞行器现状与发展. 航空科学技术，1（6）：22～25

[3] 郭雷.2010-10-18. 科研管理体制改革三建议. 人民日报，20版

[4] 王彦广，李健全，李勇等.2007. 近空间飞行器的特点及其应用前景. 航天器工程，16（1）：50～57

[5] 吴宏鑫，孟斌.2009. 高超声速飞行器控制研究综述. 力学进展，39（6）：756～765

[6] 张建民，杜新，尘军.2009. 临近空间高超声速飞行器技术发展与展望. 临近空间科学与工程，1（1）：1～6

[7] Fidan B，Mirmirani M，Ioannou P A. 2003. Flight dynamics and control of air-breathing hypersonic vehicles：review and new directions. AIAA：7081

[8] Lee M，Smith S，Androulakakis S. 2009. The high altitude lighter than air airship efforts at the US army space and missile defense command/army forces strategic command. AIAA：2852

Progress in the Near Space Flying Vehicles

Wu Hongxin[1]，Meng Bin[1]，Li Yong[2]

([1] National Laboratory of Space Intelligent Control，Beijing Institute of Control Engineering；[2] Research and Development Center，Academy of Chinese Space Technology)

"Near space" refers to the airspace between 20km and 100km from ground，which belongs to neither the field of aviation nor aerospace. The near space flying vehicles are those that can fly in near space with specific tasks. They can be divided into two categories according to their speed：low-speed and high-speed near space flying vehicles. The former flies at a speed of less than 1 Mach. It includes stratospheric airships，high-altitude balloons，ultra-altitude UAVs，etc. The latter flies at a speed of more than 1 Mach. It includes high-altitude reconnaissance planes，hypersonic flight vehicle，ultra-altitude UAVs，etc. The US air force introduced the near space flying vehicles for the first time in the Schrieffer-3 space station simulating military exercise in 2005. In 2010, US launched HTV-2 and X-51A, realizing the controllable aviation at the hypersonic speed of more than 20 Mach, which was a significant step towards the engineering and practical applications. The strategic value of the near space has not been paid much attention until recently, due to technology and understanding reasons. Many countries are currently performing considerable research in near space aircraft technology, including, for example, US, Russia, Europe, South Korea, UK, Japan, Israel, and so forth. This paper will introduce the state-of-the-art of stratospheric airships and hypersonic flight vehicle, point out the key technologies China needs to break through in developing near space flying vehicles and, finally, make useful suggestions on the future developments of near space aircrafts of China.

第二章 航天技术新进展

3.1 中国探月工程及深空探测

李　明　饶　炜
（中国空间技术研究院）

深空探测是指对月球及月球以远天体的探索活动。它直接关系到人类对地球环境、宇宙演化规律的了解与认识，关系到人类的长久生存与发展，是航天技术与现代天文学、天体物理学等学科的密切结合，也是科学创新的最前沿领域。大规模深空探测已成为21世纪重要的航天活动之一。本文将简要评述深空探测领域的国际前沿热点和趋势，以及中国探月工程和深空探测活动当前的进展与成就，分析中国与世界主要航天国家在深空探测领域的差距。最后，本文结合我国的发展需求和实际基础，对未来一段时间内我国深空探测领域的发展思路、技术路线和实施途径给出建议。

一、深空探测的国际前沿热点及进展

进入21世纪，大规模深空探测已成为重要航天活动之一，而且目标更明确、规模更宏大、参与国家更多。

美国是迄今为止唯一一个对太阳系八大行星均进行过探测的国家。自1997年开始，美国国家航空航天局（NASA）每三年左右发布一次空间探索规划，致力于巩固其在深空探测领域的领导地位，并且将月球和火星作为两个最重要的深空探测目标。2010 年 6 月，美国政府对规划再次进行政策调整，强调将深空探测作为提高创新能力、巩固航天绝对优势的发展重点；削减了创新性相对较弱的重返月球计划，将目标转向更具挑战性的火星；宣布将在 2030 年实现“载人登火”。在未来 30 年内，美国将开展大量月球和火星探测任务，同时继续开展其他深空探测活动。

欧洲空间局（ESA）早期的深空探测也已取得了丰富的探测成果。2004 年，欧洲空间局正式宣布了其规模宏大的“曙光”空间探索计划，计划在 2020 年前完成一系列无人登月、火星探测；在 2020～2035 年实现载人登月，建立月球基地；2035 年后，实现载人火星探测。进入 21 世纪，ESA 先后完成了“火星快车”、“金星快车”、“Smart-1”等任务。近期欧洲空间局的深空探测计划主要有两个。

（1）2013 年发射与日本合作的“水星行星探测器”（MPO）。

（2）2016 年发射火星环绕探测器（ExoMars）。

日本于 2005 年公布了未来 20 年航天发展规划，重点是开展月球探测，并进行其他旨在提高其空间技术和能力的深空探测活动。目前，日本已按既定规划完成了“隼鸟号”小行星无人取样返回、“月亮女神”月球环绕探测任务，并发射了“拂晓号”金星气候轨道器。特别是“隼鸟号”实现了人类首次直接获取月球以外天体物质的样本，使日本在深空探测领域占有了重要的地位。日本近期的计划主要有两个。

（1）2013 年发射与欧洲合作的“水星行星探测器”。

（2）2015 年前后发射“月亮女神 2”月球着陆器。

俄罗斯联邦宇航局也制定了《俄罗斯 2006～2015 年太空探测计划》，近期比较明确的计划主要有三个。

（1）2011 年发射“火卫一”采样返回探测器 Phobos-Grunt。

（2）2012 年前后发射月球撞击器 Luna-Glob。

（3）2015 年前后研制发射金星-D 探测器。

印度在追求成为世界大国的道路上，一直把开发空间技术视为接近和赶上发达国家的捷径，航天工业在印度整体发展战略中占据重要位置，其近期的计划主要有三个。

（1）2012 年完成发射 Chandrayaan-1 的后续任务，以及可能的月球探测任务。

（2）2013 年发射火星轨道器。

（3）2017 年前实施小行星轨道器研制及飞越彗星的任务。

纵观国际上的月球及深空探测发展，我们发现其呈现如下特点。

（1）世界各主要航天国家越来越重视深空探测领域的发展，将其视为显示国家综合国力和国际地位的重要战略性领域。

(2) 世界各国未来深空探测规划涵盖整个太阳系，既有以增强科学认知为主的科学探测活动，又有以扩大人类活动空间为最终目标的探索活动。

(3) 在世界各国未来的探测规划中，较为集中的探测目标是月球、火星、金星和小行星。

(4) 世界各国在深空探测方面的投入呈快速增长趋势。

二、国内探月及深空探测技术现状

我国的深空探测活动起步于月球，到目前为止，我国共实施了两次月球探测。到2020年，我国将按既定规划实现无人月球探测的“绕、落、回”的三期发展战略。

（一）我国探月及深空探测工程研制进展

“探月一期”工程已经圆满完成，标志着我国突破了地球外天体环绕探测的关键技术。我国已研制了轨道器、地面深空站、深空运载火箭等一系列功能单元，建立了基本配套的月球探测工程体系，为后续任务和深空探测奠定了坚实的物质和技术基础。

“探月二期”工程目前正处于工程实施阶段，包含 CE-2、CE-3、CE-4 三次任务。“探月二期”工程技术先导星 CE-2 已于 2010 年 10 月 1 日成功发射。截至目前，所有工程均取得了圆满成功，正在开展科学探测。CE-3 探测器计划于 2013 年左右发射，将使我国首次实现月球软着陆/巡视探测，突破月球“软着陆”自动巡视勘察等关键技术，形成月球“软着陆”探测的基本能力。

“探月三期”工程目前处于立项准备阶段，已开始关键技术攻关。预计在 2017 年左右实现月球表面的着陆、采样、月面上升、月球轨道交会对接，并最终将样品安全带回地球。

在火星探测方面，除 2011 年将由俄罗斯“福布斯”火星探测器搭载我国“萤火一号”火星探测器升空外，为独立掌握深空探测的核心关键技术，我国已先期启动了基于“探月一期”、“探月二期”工程技术的自主火星探测器研制，目前正在申请立项。与此同时，并行开展关键技术攻关工作。我国自主研制的火星探测器计划于 2013 年发射。

在科学探测方面，我国正在推进“夸父计划”工程立项。计划由三颗小卫星组成空间天气监测系统，其中夸父-A 卫星位于第一拉格朗日点附近，夸父-B1/B2 两颗卫星在地球极轨上共轭飞行，监测太阳活动及其对近地空间环境的影响。

在载人登月方面，我国已组织专门力量论证和分析我国载人登月的发展战略和技术途径。

（二）我国探月及深空探测工程的成就与差距

1. 已具备的技术能力

（1）探测器设计方面，我国已经具备了多目标多约束轨道设计等多项轨道设计能力；突破了 40 万千米距离的测控通信、多次复杂轨道和姿态机动、三体定向、复杂环境温度控制等相关关键技术。

（2）地面测控方面，我国已经通过 USB + VLBI① 解决了地月距离测控及高精度测定轨的技术难点，初步验证了适应深空任务的 X 波段测控体制。

（3）运载火箭发射方面，我国具备了地月转移轨道直接发射能力，并采取了多项新技术提高其可靠性和入轨精度。

（4）地面应用方面，我国研制了集有效载荷在轨业务运行管理，探测数据的接收、管理、处理、应用与研究等功能于一体的技术系统；创立了适应月球探测任务的数据处理方法、反演模型和处理规范。

2. 存在的差距及亟待发展的高技术

迄今为止，国外已完成深空探测器的研制和发射超过 229 次，而我国仅完成了两次月球探测器的研制和发射。我国在深空探测的技术能力和储备方面与先进航天国家之间仍有相当的差距，主要表现在以下三个方面。

（1）亟须发展探测器技术。由于深空探测飞行距离遥远、任务周期长、资源相对紧张等原因，探测器的设计难度很大，既要采用先进技术，又要保证任务的可靠性。目前我国亟须突破的技术有深空测控与通信、自主导航与控制、低能耗小型化电子设备、高效能源、先进推进、有效载荷等技术。

（2）缺乏用于长远深空探测的重型运载火箭。我国现有的运载火箭中运载能力最强的是 CZ-3B，但其在发射能力、发射弹道快速装订、低温推进剂长时间管理等技术方面还需进一步完善。到 2015 年前后，我国的新型大运载火箭 CZ-5 系列将具备发射能力，能够与国际上现有的深空探测运载火箭能力和水平基本持平。但如果考虑后续中型深空探测器或载人登月等任务，还需发展更大能力的重型运载火箭。

（3）地面测控通信能力不足。到 2013 年前后，我国将建成直径分别为 35 米和

---

① USB，unified S-band，S 波段统一测控系统；VLBL，very long baseline interferometry，甚长基线干涉测量。

64 米的 S/X 深空站。但我国的地面深空站的性能，包括天线口径、天线有效全向辐射功率（EIRP）值、发射机功率等很多指标都落后于国外，短期内地面测控通信也无法实现全时段覆盖。为了更好地开展后续深空探测任务，我国的地面测控通信能力亟待提高。

三、中国未来探月及深空探测的途径和前景

在《国家中长期科学和技术发展规划纲要（2006～2020 年）》[1]中，探月工程和载人航天工程已被列入 16 个重大专项。随着我国综合国力的不断增强，逐步开展覆盖整个太阳系的深空探测活动将是我国未来航天领域发展的必然选择。

1. 未来探月和深空探测发展思路

在科学探测方面，应满足我国未来 30 年深空探测的主要科学目标。这些科学活动包括探索空间和地面的重要生命过程及其本质、空间环境对生命过程的影响，开展太阳活动与行星际空间环境研究，研究太阳系的起源与演化历史，开展生命及相关物质的起源和演化、深空可利用资源的开发利用前景评估等方面的研究[2]。

在工程技术方面，应首先突破月球探测的关键技术，并积极实施我国首次自主火星环绕探测任务，初步建立我国深空探测技术研究体系；开展火星、金星、小天体、巨行星和太阳的系列探测活动，形成进行太阳系无人探测的能力；跟踪国际载人登月的发展状况，根据国家的发展需求，适时开展载人登月的总体方案研究和关键技术攻关。

2. 未来深空探测发展方向及实施建议

未来我国深空探测领域的发展路线既要结合国际的发展趋势，也要符合我国的发展需求和实际基础[3]。通过综合分析和研究，我国未来一段时间的深空探测领域可在两个方向进行。

（1）以月球为探测目标，以完善月球探测技术和体系、开展月球资源利用为宗旨的月球探测主线。

（2）以火星为主要探测目标，以科学探索和技术推动为宗旨的行星际探测主线。

在科学方面，无人/载人月球探测是对单一目标（月球）的精细探测，以火星探测为代表的行星际探测是偏重于不同类型天体的多样性探测；在技术方面，两条主线项目技术互补但各有侧重。因此两条主线的项目交替安排，分阶段提升空间探

索的能力，实现技术和科研地由月系探测向太阳系大尺度探测、由探索型探测向开发型探测、由无人深空探测向有人深空探测的稳步发展。未来20年我国深空探测的分阶段发展目标如下。

（1）2015年以前：以40万千米（月球）的着陆巡视探测和4亿千米（火星）的环绕探测为标志，基本建立无人深空探测技术、研究和应用体系；

（2）2020年以前：以40万千米（月球）的采样返回探测和4亿千米（火星）的着陆巡视探测为标志，建立完善的无人深空探测技术、研究和应用体系；

（3）2030年以前：以10亿千米天体的环绕探测为标志，基本具备太阳系内主要天体的探测能力；以载人登月为标志，基本具备载人深空探测的能力。

四、意见和建议

我国未来的深空探测发展正处在规划论证过程中。兼顾《国家中长期科学和技术发展规划纲要（2006~2020年）》中载人航天工程和月球探测重大专项的进展情况，我们对未来我国深空探测领域发展的建议如下。

（1）鉴于国外深空探测的历史和态势，以及我国“嫦娥一号”、“嫦娥二号”奠定的技术基础，我们应该抓住时机，尽快开展以火星探测为代表的行星际探测活动。

（2）我国已突破载人航天技术，月球探测工程在完成“绕、落、回”后，将与载人航天工程相结合，实施“探、登、驻”，这符合世界航天未来发展的大趋势。随着我国探月工程的实施，应开展载人登月的战略研究，并适时将其提到议事日程。

（3）尽快实现我国首次自主火星探测任务立项。通过我国首次自主火星探测任务的开展，促进深空探测领域共性关键技术的攻关工作，为我国未来深空探测的发展奠定坚实的基础。

（4）充分尊重技术本身的规律性，在进行有较大技术跨越的深空探测任务时，要先进行关键技术的演示验证任务，然后再实施以科学探测为主要目标的探测任务。

参考文献

[1] 中华人民共和国国务院．国家中长期科学和技术发展规划纲要（2006~2020年）．2006. http://www.gov.cn/jrzg/2006-02/09/content_183787_4.htm [2006-02-09]

[2] 中国科学院空间领域战略研究组．中国至2050年空间科技发展路线图．北京：科学出版社，2009：72~77

[3] 叶培建，彭兢．深空探测与我国深空探测展望．中国工程科学，2006，8（10）：17，18

The Recent Status and Prospect of China's Lunar Exploration Program and Deep Space Exploration

Li Ming, Rao Wei
(China Academy of Space Technology)

Deep space exploration is the one of lunar and objects beyond. It is directly related to understanding and awareness of human to earth environment and cosmic evolution, survival and development of human. It is not only a close combination of space technology and modern astronomy, astrophysics and other discipline, but also the most cutting edge areas of scientific innovation. In the new millennium, the full blast deep space exploration has become one of the most important space activities. This article reviews above existing circumstances and future trend not only globally but also specific to the China's Lunar Exploration Program. Based on that and the combination with China's developing demand and its infrastructure, the author analyzed the difference between the world's leading countries and China and also proposed the directions of technology roadmap and ways of implementation for the future China deep space missions.

3.2 卫星通信技术新进展

汪春霆 翟立君
(中国电子科技集团公司54所)

卫星通信以其覆盖区域广、通信距离远、传输容量大、通信质量高、组网灵活，以及费用与通信距离无关等优点，已成为国家信息基础设施中不可缺少的重要组成部分，并在应急通信、移动通信及边远山区通信等领域发挥着不可替代的作用。卫星通信技术的发展建立在诸多学科基础上，主要涉及通信和航天技术领域，是未来我国需要重点发展的一个战略性新兴产业。本文首先从星座通信系统、地球同步轨道（GEO）卫星移动通信系统、数字直播卫星系统，以及宽带多媒体卫星系统等几个方面介绍卫星通信技术的发展现状，接着指出未来卫星通信技术演进的趋势，最后对国内该领域的发展提出了几点建议。

一、卫星通信技术的研究进展

1. 星座通信系统

星座通信系统是由按照某种规则分布在若干预定轨道上的多颗卫星组成的卫星通信系统。这些卫星功能相同或相似，协同完成特定功能[1]。

相比 GEO 卫星移动通信系统，低轨卫星星座通信系统具有以下几个突出的优点：①能够对高纬度尤其是两极地区实现有效的覆盖；②通信时延小；③信号传播损耗小，有利于终端的小型化；④多星系统，互为备份，抗毁能力强。20 世纪 90 年代，星座通信系统曾经历了一个短暂的发展高潮，全世界陆续提出了 20 多个系统方案。后来，由于全球移动通信系统（GSM）、3G（第三代移动通信技术）等地面移动系统的迅猛发展，再加上自身的技术限制及运营问题，星座通信系统的发展受到了一定的挫折，目前仅有 Iridium、Globalstar 和 Orbcomm 系统投入实际运营[2]。

Iridium 系统[3]采用近极轨星座方案，包含 66 颗具有星上处理能力的卫星，全网容量高达 72 000 条话路，能够为移动用户提供 2.4/4.8kbps 语音或者 2.4kbps 数据的窄带移动通信服务。Globalstar[4]系统采用了倾斜轨道设计，由 48 颗卫星构成，全网容量达 134 400 条双工线路，能够为用户提供 2.4/4.8/9.6kbps 语音或者 7.2kbps 数据的窄带移动通信服务。相比之下，Orbcomm 系统的业务能力较弱，仅能够提供较为简单的双向短消息和数据服务，且报文长度通常不超过 100 个字节[5]。

星座通信系统的关键技术主要包括轨道设计、移动性管理、业务的路由和交换处理。轨道设计既可以采用单星覆盖区域比较规则的近极轨道方案，也可以采用星间链路连接关系相对稳定的倾斜轨道方案[6]。由于星座卫星之间、卫星和地球之间的相对运动，使得用户在不同“卫星服务小区”之间漫游，因此如何保证移动切换过程中通信的畅通是星座通信系统研究的一个重要问题[7]。此外，卫星运动导致的网络拓扑关系的不稳定使系统内业务的路由、交换过程变得异常困难，目前，以语音业务为主的电路交换系统通常首先利用星座通信系统运转所具有的周期性对时间进行分段，保证每个时段内网络拓扑结构稳定，然后根据预先计算好的路由变化在时段切换时进行电路的拆除和重建[8]。

当前，我国在卫星星座通信领域的工作以理论研究和系统仿真为主，取得了一些研究成果[6,9,10]，在星上处理及交换等领域也开展了部分预先研究工作，为下一步开展演示验证及试验系统的开发打下了基础。

2. GEO 卫星移动通信系统

近年来，随着星上大口径多波束天线、功放，以及星上处理技术的发展，GEO 卫星移动通信系统逐渐具备了提供高质量移动通信服务的能力，Thuraya、Inmarsat、MUOS，以及 MSV 等 GEO 卫星移动通信系统相继投入了运营。

从架构上看，GEO 卫星移动通信系统除了空中接口部分外，在系统功能实体定义、接口规范及信令体制等方面均参考了地面系统方案。阿联酋卫星通信公司运营的 Thuraya 卫星提供的是与地面 GSM 标准相兼容的卫星移动通信服务[11]。第四代国际海事卫星通信系统 Inmarsat[12]及通用动力公司研制的 MUOS[13]系统则采用了与地面 3G/WCDMA 系统类似的设计方案。美国移动卫星投资公司的新一代移动卫星通信系统 MSV 采用了一种新颖的天地一体卫星蜂窝式移动通信网络设计方法[14]，系统采用了一种专利技术——辅助地面组件（ATC），其特点是卫星网络和地面网络共用同一频段，传输同样的信号格式，用户无需专门的卫星终端或多模终端，直接使用现有 GSM、WCMDA 手机就可以在卫星网络和地面网络中实现无缝自由漫游，极大地增强了无线通信的覆盖能力。

GEO 卫星移动通信系统设计的关键是保证足够的有效全向辐射功率（EIRP）及设计合理的空中接口方案。在卫星上搭载交换设备，实现星上处理、交换，也是改善通信质量的一种重要手段。现有卫星移动通信系统大部分没有星上交换单元，必须借助地面关口站进行数据交换，这种“两跳”通信产生了很大的传输延时，降低了用户获得的服务质量。

我国在 GEO 卫星移动通信领域的研究基础较好，在近 10 年间先后解决了大型卫星平台、星上可展开大口径多波束天线、星上处理交换与移动环境传输等关键技术，为开展实用卫星移动通信系统的研制打下了较好的技术基础。然而，我国与国际先进水平相比仍有近 20 年的差距，仍需要加大投入，开展进一步的研究工作。

3. 数字直播卫星系统

视、音频直播是卫星通信系统的传统业务。美国的 EchoStar、DirectTV 系列，欧洲的 Hot Bird 系列及日本 Super Bird 系列卫星是具有代表性的数字直播卫星系统。我国于 2008 年发射了第一颗专门用于直播业务的“中星九号”卫星，它的运营为我国“村村通”工程提供了有力的支撑，极大地满足了偏远、不发达地区群众对信息获取的需求。

数字直播卫星系统的关键技术包括高功率、大容量卫星平台设计及高效、可靠的传输方案。欧洲 ETSI 机构发布的 DVB-S2 标准[15]是当前最为先进的一种卫星广播传输标准，它采用了星座点16或32的幅度相位联合调制方案，提升了单位赫兹带宽资源能够传输的信息量；使用了先进的低密度奇偶校验码（LDPC）[16]编码方案，改善了低信噪比条件下的误码率；采用了自适应编码调制技术，使系统可以根据传输信道的状态来选择合适的调制和编码方案，从而达到效率和可靠性之间的平衡。参考DVB-S2标准，我国自主研发了先进广播系统卫星（ABS-S）传输标准（“中星九号”系统采用了该标准）[17]。相比于DVB-S2标准，ABS-S的编码方案采用了BCH[16]与LDPC组合的级联编码，进一步改善了系统对信噪比的要求；采用更为合理、更为高效的数据包结构设计，使接收机具备了更好的同步搜索性能、编码方案适应性，以及业务配置上的灵活性。

4. 宽带多媒体卫星系统

宽带多媒体卫星系统是要保证用户“能在任何时间和任何地点使用交互的非对称多媒体业务”。甚小口径天线卫星地球站（VSAT）系统能很方便地组成不同规模、不同速率、不同用途的灵活、经济的网络系统，已广泛用于宽带多媒体卫星应用。

高效的多址技术是VSAT系统设计的关键。早期的VSAT系统大多采用了频分多址（FDMA）、时分多址（TDMA），以及码分多址（CDMA）方式，其共同的特点是通过为用户分配固定的时隙（如TDMA）、载波频率（如FDMA）或者扩频码（如CMDA）资源，建立稳定、持续的数据通路，传输用户的业务[18]。随着IP分组数据技术的兴起，考虑到分组业务具有的突发特性，VSAT系统又增添了不少新型多址方案，如随机多址（RA）[19]、按需分配多址（DAMA）[20]，以及多载波时分多址（MF-TDMA）[21]等。RA体制[19]是指在传输前由多个小站自主随机发射探测信号，然后由系统根据该探测信号传输过程中的信道占用冲突检测结果来决定由哪个小站进行数据传输的一种竞争接入方式，主要用于时分复用系统。DAMA体制[20]是由主站根据各个终端提交的资源申请集中统一地分配资源，可用于时分复用、频分复用等多种系统，相对RA体制具有较高的资源利用率。MF-TDMA体制[21]提供“频率－时隙”二维资源空间上的联合分配能力，小站既可以通过随机竞争占据特定频率上的一个特定时隙资源，也可以由主站对资源进行统一分配。目前最为先进、基于卫星回传上行数据的IP多媒体业务接入标准DVB-RCS[22]就是根据MF-TDMA体制进行设计的。

目前我国的VSAT系统建设已经取得了一些成绩，比较典型的系统包括中国电信的IP Star系统、中国教育电视台“公益性教育卫星”计划，以及应急卫星通信系统等，这些项目的实施为偏远地区通信、行业用户及特种通信应用提供了可靠的保障。目前我国这类系统除个别特殊应用场合之外，大部分仍是从国外进口的，我国具有自主知识产权的系统和设备在市场竞争中可以说是举步维艰、发展缓慢。

二、卫星通信技术发展趋势

当前，卫星通信系统的技术发展出现以下几个重要的趋势。

1. 基于 IP 分组技术卫星星座通信系统

在地面通信网络中，基本实现了“everything over IP”（使用 IP 协议承载所有业务）。IP 技术已经成为事实上的技术标准。为了实现卫星网络与地面网络的有机融合，支持 IP 组网是卫星星座通信系统发展的必然趋势。但在卫星星座通信系统中完全使用 IP 进行路由、转发和移动性管理仍然面临着一定的困难。因此，如何解决卫星星座通信系统内 IP 的路由与交换问题，是未来卫星星座通信系统研究的一个重要方向[23]。

2. 基于 3G LTE 及兼容技术的 GEO 卫星移动通信系统

在该通信系统方面，未来需要重点研究的问题有提升卫星平台能力、增强卫星 EIRP、突破星上大规模集成电路技术、解决系统无线传输关键技术、研发卫星移动终端芯片等[24]。在此基础上，还需要促进其产业发展与应用推广。

3. 宽带多媒体卫星系统

基于卫星的 IP 多媒体广泛应用在远程教育、远程医疗、应急通信、偏远地区信息化建设等领域。考虑到远程用户可能不具备地面网络的支持，因此，可以通过使用卫星回传 IP 数据并提供优质的服务质量（QoS）保障，宽带多媒体卫星系统将是下一阶段发展的重点[25]。

三、发展建议

根据我国卫星通信技术及其产业发展的现状，为进一步促进卫星通信技术的发展及其应用，我们特提出以下几点建议。

（1）实施政策导向，扶持国内企业。卫星通信作为国家未来新型战略性产业，还远未到市场化运作的程度，因此，国家必须提供相关的政策扶持。

（2）重视核心元部件的研究，突破关键技术，确保核心技术可持续发展。

（3）加强天地一体化设计和应用系统建设，同步发展卫星和地面系统。

（4）提升企业自身的创新能力，有效整合行业内各种资源，加速高新技术产业化以及适用技术的推广。

（5）加强对引进技术的消化、吸收和再创新，加强和扩大国际和地区科技合作与交流。

参 考 文 献

[1] Lloyd W. Internetworking with Satellite Constellations. UK：University of Surrey，2001

[2] 冯少栋，徐志平，张昭等．低轨道星座卫星通信系统发展现状及展望．中国航天，2009，（8）：30～33

[3] Iridium Communications Inc. Iridium reports fourth quarter and full year 2009 results. 2010. http：//investor. iridium. com/releasedetail. cfm Release ID＝452220［2010-12-23］

[4] 邹锐．全球星系统（Globalstar）技术介绍．电子科技导报，1999，（7）：7～12

[5] 余金培，华戌明，李国通等．低轨卫星数据通信系统（ORBCOMM）在我国的应用．电信科学，2000，（12）：42～44

[6] 吴廷勇．非静止轨道卫星星座设计和星际链路研究．电子科技大学博士学位论文，2008

[7] Papapetrou E，Pavlidou F-N. QoS handover management in LEO/MEO satellite systems. Wireless Personal Communication，2003，24（2）：189～204

[8] 孙利民，卢泽新，吴志美．LEO 卫星网络的路由技术．计算机学报，2004，27（5）：659～667

[9] 石东海．基于 NEMO 的军事卫星星座通信网络体系结构与关键技术研究．国防科学技术大学博士学位论文，2006

[10] 王桂华．军用通信卫星星座设计与仿真研究．国防科学技术大学硕士学位论文，2006

[11] Kota S L，Giambene G，Chini P. A mobile satellite systems frame work for network centric applications. IEEE Military Communications Conference Proceedings. CA：IEEE Press，2008：1～8

[12] Reekie Hugh. Spot-beam Inmarsat-4 satellite shows its stuff. IEEE Aerospace and Electronic Systems Magazine，2010，25（3）：44

[13] Cheah J Y，Browne P J. Analysis of the operation and design of handheld terminals（HHT）within MUOS network. IEEE Military Communications Conference Proceedings. MA：IEEE Press，2009：1～6

[14] 焦现军，曹桂兴．MSV-ATC 卫星移动通信技术研究．航天器工程，2007，（5）：1～14

[15] Morello A，Mignone V. DVB-S2：The second generation standard for satellite broad-band services. Proceedings of the IEEE，2006，94（1）：210～227

[16] Shu L，Daniel C. 差错控制编码（第二版）．晏坚，潘亚汉，何元智等译．北京：机械工业出版社，2007

[17] 马炬，杨明，于新等．我国新一代卫星广播系统——先进卫星广播系统（ABS-S）．广播与电视技术，2007，（5）：43～45

[18] 庞宗山．VSAT 数据通信网的多址协议．科学技术与工程，2007，7（16）：4167～4169

[19] 李莉，彭云帆，刘丽梅等．VSAT 系统改进隔离型随机 N 叉树形冲突分解算法研究．计算机科学，2003，30（9）：103～105

[20] Adami D, Garroppo R G, Giordano S. Resource management and QoS architectures in DAMA satellite access networks. IEEE International Conference on Communications. Anchorage Alaska: IEEE Press, 2002: 2978～2982

[21] Jung M P, Savagaonkar U, Chong E K P, et al. Allocation of QoS connections in MF-TDMA satellite systems: a two- phase approach. IEEE Transactions on Vehicular Technology, 2005, 54 (1): 177～190

[22] Skinnemoen H, Leirvik R, Hetland J, at el. Interactive IP-network via satellite DVB-RCS. IEEE Journal on Selected Areas in Communications, 2004, 22 (3): 508～517

[23] W Junfeng, X Fanjiang, S Fuchun. Benchmarking of routing protocols for layered satellite networks. IMACS. Multiconference on Computational Engineering in Systems Applications (CESA), Beijing: Computer Society Press, 2006: 1087～1094

[24] Ibnkahla M, Rahman Q M, Sulyman A I, et al. High- speed satellite mobile communications: technologies and challenges. Proceedings of the IEEE, 2004, 92 (2): 312～339

[25] Morell A, Seco- Granados G, Vazquez- Castro M A. Cross- Layer Design of Dynamic Bandwidth Allocation in DVB-RCS. IEEE Systems Journal, 2008, 2 (1): 62～73

The Development of Satellite Communication

Wang Chunting, Zhai Lijun

(The 54th Research Institute of China Electronics Technology Group Corporation)

Because satellite communication has significant advantages in coverage area, communication distance, transmission quality, network construction, system capacity and user expanse, it has become an irreplaceable part of national information infrastructure, and plays a very important role in practical applications, such as emergency handling, mobile access and informationization of remote areas.

Satellite communication is a strategic emerging industry that must be developed with top priority. Its progress depends on information, space technology as well as many other basic research area. The reinforcement of research in satellite communication and related areas would not only promote the level of science and technology of the nation, but also produce enormous economic and social benefits.

This article introduces the current situation of satellite communication, summarizes the technique trend, and provides some suggestion about the development in China in the future. Constellation system, GEO mobile communication, direct broadcast satellite and multimedia service have been selected as four major topics for the discussion. Typical systems and prevailing standards are enumerated and compared in details, especially those that have been researched and developed independently in China.

3.3 卫星导航技术新进展

施浒立[1] 景贵飞[2]

([1] 中国科学院国家天文台;[2] 科技部国家遥感中心)

卫星导航技术[1~3]至今已发展了半个世纪。其中，以美国1992年建成的全球定位系统（global position system，GPS）最为成功，它已成为卫星导航发展的里程碑。GPS在许多国家的众多领域得到了广泛应用，已走进亿万家庭的日常生活中。同时，利用其他无线传输技术的定位技术（如地面移动通信网、地面广播网、无线局域通信网、局域传感网，以及利用红外、超声波、射频标签等技术的定位系统和定位技术方法）也悄然崛起，在室内外局域定位方面（特别在解决室内定位问题方面）持续地发挥着作用。本文将论述近年来导航定位技术，特别是卫星导航定位技术的新进展，并提出了尽快构建我国覆盖室内外的时空服务系统框架的建议。

一、多模导航卫星系统的兼容和互操作

1960年4月美国发射了世界上第一颗导航卫星——“子午仪（Transit）IB号”导航卫星，1964年7月建成了美国海军卫星导航系统（navy navigation satellite system，NNSS）。1967年11月27日，苏联发射入轨第一颗导航卫星“宇宙-192”，1979年苏联建成了第一代“蝉”（Tsikada）卫星导航系统。2003年，中国建成了“北斗1代”（BD-1）应答式卫星定位系统[2,4]。21世纪以来，欧盟开始建设Galileo卫星导航系统。2004年，中国开始建设“北斗”中国区域卫星导航定位系统。至2010年12月17日，我国已将7颗北斗导航卫星送入太空。与此同时，我国已开始部署“北斗”全球定位系统，这标志着“北斗”卫星导航系统的组网建设已迈入新的历史时期。2002年，中国天文学家提出了利用赤道上空的同步通信卫星构建转发式卫星定位系统[5~7]的设想。在科技部、中国人民解放军总装备部和中国科学院的领导和支持下，国家天文台、国家授时中心、上海微小卫星工程中心、中国科学院微电子研究所和中国科学院自动化研究所一起攻关，于2005年6月研发成功具有自主知识产权的基于通信卫星的转发式卫星定位系统——中国区域定位系统（Chinese area positioning system，CAPS）。

除了各国独立开发卫星导航定位系统外，在美国 GPS 的基础上，日本计划发射 3 颗高倾斜对地同步轨道（high inclined geodetic satellite orbit，HIGSO）卫星，对 GPS 予以增强，现已发射了一颗 HIGSO 卫星。印度也计划发射 4 颗倾斜对地同步轨道（IGSO）卫星，与 GPS 一起组成区域增强的全球卫星定位系统。

在不久的将来，全球导航卫星系统（GNSS）① 将增至 5 套以上，在轨导航卫星数量将增至 100 多颗，甚至更多。这样就出现了一个问题，即如何综合利用空间的导航卫星资源，使其为大众所用。我国科学家在 2005 年部署“中国二代卫星导航系统”时，根据世界卫星导航的发展趋势，提出了开发多模卫星导航系统的理念。事后陆续有公司研发成功了 GPS 和 GLONASS② 双模导航接收终端，以及 GPS 和“北斗 1 代”（BD-1）、GPS 和 CAPS、GPS 和 Galileo 的双模，甚至三模接收终端，其中有些产品已投放到国内外市场。

多模卫星导航接收终端能提高卫星导航接收的可靠性、完好性和连续性。特别是当一个新的卫星导航系统还处在研发阶段时，可接收的卫星数较少，这时与成熟的 GPS 双模共享，可以使新系统提前进入使用状态，这对新系统的发展十分有利。但是，当新系统成熟以后，如何利用多模就成为一个需要深入思考的问题。例如，当新系统已拥有 20 多颗卫星时，在大多数情况下能接收到 6 至十几颗本系统的卫星。若仍采用现有接收终端的导航算法，单点定位求解时只要选用其中布局最合适的 4 颗卫星就可以，即使接收到更多的卫星，根据常理接收卫星数增加到 6 颗以上后，对改善几何精度衰减因子（geometric dilution of precision，GDOP）的作用已较小，也就是说接收更多的卫星虽对完好性稍稍有益，但对定位精度的提高无补；而且这样会占用较多的接收通道，或要求增加芯片的通道数，增加选星时捕获和跟踪的工作量。因此，如何更好地利用多套卫星系统中更多的卫星数来提高定位精度已成为多模卫星定位接收技术中亟须解决的问题，其中最主要是捕获、跟踪、选星和定位算法的突破。因此，研发适用于提高多模卫星接收终端性能的算法将成为发展多模导航卫星系统接收能力的“门槛”。

当人们接收多套卫星导航系统信号时，不得不面对多套卫星定位系统信号之间的因兼容互用所导致的系统和信号层面上的严峻问题，包括各卫星导航定位系统之间时空基准的转换和信号体制的兼用，GNSS 信号质量的脆弱性分析、评估及缓解技术，传输环境对信号的影响的分析等。目前已建成和在建的导航卫星系统的频段大多处在

---

① GNSS，即全球导航卫星系统，目前包含美国的 GPS、俄罗斯的 GLONASS、中国的“北斗”、欧盟的 Galileo 四大系统。

② GLONASS，即格洛纳斯系统，是俄罗斯的全球卫星导航系统。

L波段，而L波段频带较窄，频率资源又紧缺，已严重制约着新系统的信号设计。欧盟在设计Galileo导航卫星系统时，提出了二进制偏移载波（binary offset carrier，BOC）信号和调制体系设计，可做到与GPS信号相对兼容。现在我国也面临同样的问题，要做到与GPS、Galileo信号的兼用，则更不易。所以，深入研究多模导航卫星系统的兼容互用已成为我国全球卫星定位系统发展中亟须突破的一个关键技术问题。

二、卫星导航定位系统与地面移动通信网的融合和互补

目前，卫星导航定位系统已较好地解决了室外定位问题，但随着无线电网络的普及和普适计算技术的发展，基于位置的服务受到越来越多的关注。卫星导航定位系统在物流管理、紧急救助、设备监测、灾害预防、医疗保健、个性化信息传递等领域已显示出巨大的活力。卫星导航定位系统在这些领域的应用，迫切需要解决无缝覆盖的室内外定位问题。几年前，有一些研究机构试图通过提高接收终端的接收灵敏度（优于-180dBW）来解决卫星导航定位系统在室内的定位问题。而事实上，卫星导航信号经反射、绕射至室内后，信号强度和质量已急剧下降，要保持其接收解调门限值就需要付出非常大的代价来解决其中的技术难题。因此，通过提高接收灵敏度来解决室内定位的问题是不可行的。近年来，随着通信技术的发展，地面移动通信网、无线局域通信网、无线传感网等网络在室内的信号质量和强度方面都远远优于卫星导航定位系统在室内的信号质量和强度，甚至优于卫星导航定位系统在室外的信号质量和强度。所以，卫星导航定位系统与地面移动通信网等网络的结合将成为室内外无缝定位导航技术领域的研究热点。直接利用地面移动通信网定位有一个“瓶颈”问题需要解决，那就是定位精度的问题。因为手机基站信号传输会有较大的非视距（non line of sight，NLOS）误差（约十几米至几百米量级）。这时手机定位精度会停留在50~200米范围内。为了提高定位精度，研究人员正在尝试的办法大致有两类。第一类是特征参数匹配法（指纹匹配法）。特征参数包括电波信号强度、到达时间或时间差、信号入射角等，它可以避免NLOS误差对定位解精度产生的影响，只求对应特征值之间的匹配。这一方法的缺点是测量工作量大，数据存储量也比较大。第二类方法是与GPS相仿的定位方法，它是通过测量距离长交会来获得位置解的。这类方法因为室内信号辐射情况复杂，很难测准距离值，故其定位精度也不高。由此可见，卫星导航定位系统与地面移动通信网定位相结合是解决室内外无缝导航定位的出路之一。美国已发明了A-GPS（Assisted GPS），即用地面移动通信网传输GPS导航电文。这种发明改善了GPS信号的快捕获与快跟踪，使车辆刚出车库就可以定位导航。我国国家天文台、中国电信和北京邮电大学的研究人

员共同提出了卫星辅助地面移动通信网络定位系统[3,7,8]（assisted mobile positioning system，AMPS）的概念和方法。这种方法仅用 1～2 颗直播卫星就可以改善地面移动通信网的定位精度，使定位精度迅速提高。总体来说，定位精度提高的途径主要有两类：第一类是用算法修正 NLOS 误差产生的影响来提高定位精度；第二类是让卫星加入地面移动通信网来定位，这样可以使混合定位系统的定位量测方程系数矩阵的 GDOP 减小到 3 以下，从而使在无差分的情况下定位精度也能提高至米级。

三、导航和通信的一体化技术

卫星定位利用了通信中的广播传输方式，但由于 GPS 没有保留卫星通信功能，造成了位置和时间等信息数据无法进行交换和传输。这就使 GPS 只能实现用户孤立的个体导航定位，而无法实现系统导航和中心导航。当人们发现这一不足以后，就利用其他通信方式传输导航定位和时间信息。（如利用短波通信、地面移动通信网等进行定位和时间信息的回传、交流）CAPS 在利用通信卫星进行导航定位的同时，保留了卫星通信的功能，实现了低信息速率的数据回传和指令下达，以及双向低信息速率数据传输和语音通信[8,9]，从而使导航定位信息可以在一个卫星传输系统内交流和传输，使信息活起来并发挥出更大的作用。2008 年 7 月，美国海军研究室委托波音公司团队实施“高度完善全球定位系统”（HL-GPS 计划）。2009 年 7 月，该团队已完成了铱星星载计算机的增强型窄带软件升级工作，从而使第二代 GPS 辅助信号能够通过铱星系统进行传输。利用这种辅助信号，GPS 的快捕获、快跟踪和实时导航定位等功能将变得更迅速、更精确。

上述的导航与通信的结合，目前还仅仅局限在系统的结合或系统内两种功能的结合，还没有在导航和通信系统中把导航定位和通信两大功能有机地结合在一起。为此，在申请的发明专利[9]中，发明者不仅提出了在信号结构层面上实现导航定位和通信的一体化融合技术的方案，而且还列举了导航定位和通信一体化的 4 种信号结构，这样就做到了定位信号和通信信号的真正融合。该技术会促使导航定位功能融入到通信链路中，而且可以做到不占用通信信道，从而为物流网的定位、交通信息广播、生命救援提供了可实现的技术条件。

四、建　　议

综观导航定位技术，特别是卫星导航定位技术的新进展，以及我国各行各业对时空信息的迫切需求，为迎接普适计算时代的到来，我们提出如下建议。

（1）应该把握好发展我国导航定位事业的节奏，以建设“北斗”卫星导航系统为主线，做到系统建设与应用并举，做到天地系统同时发展，做到导航信号和通信信号相融合。

（2）在未来，无论室外还是室内、天空还是地面，都要有能力为用户提供无所不在、随时随地、快捷自然的实时、连续的自身及周围事物丰富的空间、时间与属性信息。这些信息将以人为本、服务于人。同时，用户获取和使用这些信息的过程将成为潜意识的自然活动。

参 考 文 献

[1] Parkinson B W, Spilker J, Enge P. Global Positioning System: Theory and Applications. Washington DC: AIAA, 1996

[2] 谭述森. 卫星导航定位工程. 北京：国防工业出版社，2007

[3] 施浒立，孙希延，李志刚. 转发式卫星导航原理. 北京：科学出版社，2009：1～5

[4] 中国科学杂志社. 第一届中国导航学术年会（CSNC2010）专题，中国科学（物理学、力学、天文学），2010，46（5）：513～692

[5] Ai G X, Shi H L, Wu H T, et al. A positioning system based on communication satellites and the Chinese Area Positioning System (CAPS). Chin Journal of Astron Astrophys, 2008, 8 (6): 610～630

[6] 崔君霞，施浒立，陈吉斌等. CAPS导航通信系统的传输链路. 中国科学G辑：物理学 力学 天文学，2008，38（12）：1648～1659

[7] 施浒立，吕子平，邓中亮等. 由通信广播卫星信号辅助的地面移动通信网定位方法. 2010. 中国发明专利，申请号：201010143009.2

[8] 施浒立，崔君霞，景贵飞等. 双向卫星导航定位系统. 2010. 中国发明专利，申请号：200910084033.8

[9] 施浒立，崔君霞，韩延本等. 导航和通信一体化的信号结构. 2009. 中国发明专利，申请号：200910084033.8

New Development for the Technology of the Satellite Navigation

Shi Huli[1], Jing Guifei[2]

([1]National Astronomical Observatories, Chinese Academy of Sciences;

[2]National Remote Sensing Center of China)

This paper summarizes the new development of satellite navigation and positioning technologies. It includes the compatibility and interoperability in multi-mode satellite navigations, the complementarities of terrestrial mobile network to satellite navigation, as well as the integration of navigation and communication. Finally, it suggests building a system framework of spatial and time service for indoor and outdoor navigation of seamless coverage as soon as possible.

3.4 对地观测技术新进展

李德仁*1　林宗坚2　胥燕婴3

（1 武汉大学；2 中国测绘科学研究院；3 国家测绘局）

对地观测是指利用航天航空飞行器和地面各类平台所携载的各种传感器，对人类生存所及的地球环境及人类活动本身进行的各种探测活动。其中，以航天航空技术为基础的对地观测活动主要有卫星导航定位、航天航空遥感、航天航空地球物理探测、对地观测数据的加工处理与服务。本文将介绍对地观测技术的新进展，并对中国未来发展对地观测技术提出几点建议。

一、对地观测技术近几年的突出发展

（一）全球观测成为卫星遥感的当前重点

卫星遥感是被世界先进国家和快速发展国家作为国家综合实力标志而争先发展的高技术。经过数十年的努力，卫星遥感已在国土资源调查、环境监测、防灾减灾、城乡规划、农作物估产、军事侦察与打击效果评估等方面得到广泛应用。其中，近几年的发展中特别值得关注的是全球变化研究[1]。

全球变化研究是指全球气候变化、全球海平面变化、全球生物多样性保护、全球重大灾害监测与评估、全球观测等研究。全球变化研究分两大部分：一是全球资源环境变化的综合研究；二是全球气候变化研究，尤其是地表气温变暖的研究。

关于全球气候变化，国际上有两个观点对立的学术派别组织：一个是联合国政府间气候变化专门委员会（IPCC），另一个是由世界多国科学家自发组织的非政府间

---

* 中国科学院院士、中国工程院院士。

气候变化专门委员会（NIPCC）。IPCC认为，“自20世纪中叶以来所观测到的大多数全球平均气温升高的现象，极有可能与人为造成的温室气体浓度的增加有关”，并且断言，“如果未来全球年平均地表气温上升2℃，人类社会将受到重大的损失；如果上升4℃，整个地球的生命将遭到毁灭性打击”。而NIPCC认为：“没有令人信服的科学证据表明，人类排放的二氧化碳（CO_2）、甲烷或其他温室气体正在或在可预见的未来会引起灾难性的地球大气圈变热和地球气候的破坏。此外，有确凿科学证据表明大气中CO_2的增加，对自然界的动植物和地球环境起到了许多有益的效果。”

中国对于全球变化的研究也十分重视。中国学者对全球气候变化也有类同国际上的两派学术观点。但是共同的观点是：应该加强遥感全球观测，用真实数据给出科学结论。

为了能精确定量观测地球大气层中CO_2的含量及其循环变化情况，美国国家航空航天局（NASA）花费8年时间研制了“轨道碳观测”卫星，但是于2009年2月24日发射失败。日本在2009年1月23日发射成功的“呼吸号”卫星，成为全球首颗“嗅碳”卫星。但是，他们至今尚未公布所获取的数据。在“十二五”计划的高技术研究中，我国争取发射自己的碳卫星。

（二）高分辨率遥感的多样化发展

航天航空遥感技术虽然同时向着高空间分辨率、高光谱分辨率和高时间分辨率方向发展，但是，从社会实际需求所驱动的市场销量来看，增长最快的还是高空间分辨率影像。

目前，以高空间分辨率光学遥感影像为主体，配合其他遥感影像的遥感数据市场已经在全世界兴盛起来。从市场和应用需求的角度看，遥感数据市场的发展有如下特点。

1. 高空间分辨率卫星的商业化运作模式在世界范围内获得普遍成功

继美国空间成像公司的IKONOS卫星、美国Digital Globe公司的QuickBird卫星、法国的SPOT卫星之后，英国萨里卫星技术有限公司的RapidEye卫星（业主是德国）、Deimos卫星（业主是西班牙）、NigeriaSat卫星（业主尼日利亚）和UK-DMC卫星，德国OHB公司的SAR-lupe卫星、Enmap卫星、以色列ImageSat International公司的EROS卫星，以及中国21世纪空间技术应用股份有限公司的“北京一号”小卫星等都已投入使用，这些卫星的投入运行充分展现了高分辨率卫星商业化运作的成功。

我国在《国家中长期科学和技术发展纲要（2006～2020年）》中已把高分辨率对地观测系统列入16个重大科技专项中，计划将在未来10年发射自主研制的14颗卫星，使空间分辨率提高到0.3米，同时提高光谱和时间分辨率。

2. 机载成像传感器系统发展迅速

相比起卫星遥感系统，机载成像传感器系统近几年的进步更为突出。在飞机上安装 GPS（全球定位系统），能使成像传感器中心的空中定位精度达到厘米级。同时，安装惯导系统（陀螺仪），可以提高分辨率成像系统的稳定度，并精确测量其姿态角值，达到千分之五度以上的精度。结合上述两者建成的定位与定向（POS）系统，大大提高了空中摄影的质量，尤其是提高了机载合成孔径雷达（SAR）和激光雷达（Lidar）的构象质量，实现了无需地面控制的三维目标测量。

航空数码相机的发展主要表现在机载三线阵相机和组合宽角相机技术的突破。机载三线阵相机采用了 POS 技术，从而实现高分辨率扫描立体成像，以 Leica 公司的 ADS 系列相机为典型代表。组合宽角相机突破了面阵拼接和单个镜头像场角不足的难题，利用组合相机实现了等效单中心投影，因而可以利用大面阵影像实现高精度的相对定向，达到比 POS 系统更高的几何精度，典型产品有卡尔蔡司公司的 DMC、Ultra 公司的 UCX，以及中国测绘科学研究院的 SWDC 等。

机载成像传感器系统中突出的技术进步还表现在合成孔径雷达、激光雷达和低空倾斜摄影三项技术中。

3. 无人飞行器低空遥感很具发展潜力

无人飞行器（unmanned aerial vehicles，UAV）是包括固定翼无人机、无人直升机、无人飞艇在内的一系列无人驾驶的空中飞行机械的总称，有时简称为无人机。UAV 以其机动灵活、无须机场起降、可在阴天或云下获取光学影像、可低空获取甚高分辨率（厘米级）影像、可远距离长航时飞行、可在复杂环境下作复杂航线飞行、可实现指定区域指定时间的日常巡查飞行等一系列优点，成为当代卫星遥感和有人驾驶飞机航空遥感的一种有效补充技术手段[2]。

4. 三维观测体现高分辨率卫星遥感的高技术水平

法国 SPOT 卫星是世界上第一个实现立体观测的卫星。现今，IKONOS、QuickBird、ALOS、EROS、GeoEye、Cartosat 等卫星都拥有获取立体影像的技术。与此同时，相应的卫星遥感立体摄影测量软件也很快得到研发推广。

我国“资源三号”卫星是首颗民用高分辨率光学传输型立体测绘卫星，计划于 2011 年发射。该卫星配置三线阵测绘相机和多光谱相机，能满足比例尺为 1: 50 000 的地形图测绘、国土资源调查，以及向全社会提供 4 米分辨率三维影像模型信息等任务需求[3]。

（三）全球导航卫星系统的竞争发展与协调问题

2010年12月，我国发射了第七颗“北斗”（Compass）导航卫星，预定在2012年完成亚太区域覆盖。在2020年前，只有美国GPS、俄罗斯GLONASS、欧盟Galileo和中国“北斗”四大全球导航卫星系统（GNSS）能形成全球规模，其他系统只能作为区域系统或广域增强系统加入[4]。

GNSS又称天基定位、导航、授时（PNT）系统，其关键作用是提供时间、空间基准及与位置相关的实时动态信息。GNSS已成为国家重大空间信息基础设施，也成为体现现代化大国地位和国家综合实力的重要标志。它是经济安全、国防安全、国土安全和公共安全的重大技术支撑系统和战略威慑基础资源，也是服务工程建设、工农业生产和民众生活的重要工具。GNSS广泛的产业关联度和经济社会的强渗透能力，使其成为继移动通讯和互联网之后，全球第三个发展最快的电子信息产业经济增长点。据国外专业咨询公司统计，2008年全球具备卫星导航功能的移动电话年销量达2.4亿部，预计2011年可达7.2亿部，占全球手机总量的20%。对于卫星导航产业而言，中国最大的优势是具有庞大的内需市场。中国移动通信市场规模已名列全球第一（2007年用户总数为5.47亿），2007年汽车销售量超过880万辆，这两大市场恰恰是导航卫星系统的主流应用市场，预计我国国内在3~5年后将形成年产值超过1000亿元的产业规模。

（四）地理空间信息产业成为极具潜力的新兴产业

相对于复杂的地球系统，任何一项航空航天对地观测手段都只能获取其片面的信息。要把许多单个观测联系起来，经过加工处理，才能获得优于任何单一观测的、比较全面的信息。在此基础上，还要进一步研究社会各方不同形式的需求及适宜的表达、供给方式。这便是地理空间信息的加工与服务。在过去数据获取技术落后的年代，获取技术占主导地位。随着数据获取技术的进步，时至今日，信息加工与服务在整个地理空间信息产业链中所占的比重越来越大，已占到大头份额。由于它能容纳就业、扩展利润、顺应绿色经济的发展潮流，因此有希望成为新兴的战略性产业。但是，如果重视不够，它也有可能成为整个产业链中的中游瓶颈，阻碍上游航空航天对地观测数据获取技术的发展。所以，广义的对地观测概念，不仅包括数据获取，还应包括从数据到信息，再从信息到知识的全过程。

目前很有市场前景的地理空间信息加工与服务技术有以下几个方面。

1. 数据融合与数据挖掘

理论上，没有任何一种传感器可以做到高空间分辨率、高光谱分辨率和高时间分辨率三种影像性能兼得。这也是上述的观测片面性的反映。因此，数据融合与数据挖掘已成为当前航空航天对地观测中很受重视的前沿技术。目前一些航空航天遥感技术，如高光谱技术、微波雷达技术和激光雷达技术，之所以尚未得到应有的广泛推广，其原因可能主要不在于前端技术，而在于后端的融合与挖掘环节中的“瓶颈”问题未得到解决。

2. 政府地理信息系统

无论哪个国家，政府都是航空航天对地观测技术的最大用户。政府的应用包括军用和民用两个方面。政府地理信息系统、空间数据基础设施、数字地球、数字城市等都是由政府牵动的对地观测数据的加工与应用。

我国政府对利用航空航天对地观测技术所获取的空间信息的应用十分重视。中央与地方政府的办公自动化系统、国土资源调查、救灾应急、环境保护、森林防火、城市规划与管理，都大量使用了地理信息系统。

3. 地理信息网络服务

地理信息网络服务是对地观测技术、计算机技术和网络通信技术联合发展的产物。它是在互联网上为全社会用户提供包括遥感影像、地图图形，以及其他各种空间化的统计数据的信息服务模式；可进一步发展成为既把用户作为服务对象，又作为更新数据采集生产者的新一代地理空间信息生产服务模式。

目前国际上大有名气的两家地理信息网络服务提供商是谷歌公司和微软公司。谷歌公司于 2005 年创办 Google Earth，可提供遥感影像和地图服务，至今用户下载量已超过 2 亿次。微软公司于 2006 年构建 Virtual Earth，并将其进一步发展为能提供城市景观的三维模型信息。

中国国家测绘局于 2010 年 10 月 22 日宣布地理信息服务网“天地图”正式开通，提供地图模式、影像模式和三维模式三种服务。该网站提供覆盖全国的交通、水系、境界、居民地、地名、地形等基础信息，已拥有全国 300 多个城市 0.6 米分辨率的遥感影像，是目前为止提供中国境内地理信息最丰富的网站，为各类地理信息增值服务奠定基础。

4. 基于位置的服务和物联网

基于位置的服务（location based service，LBS）是指把无线移动通信定位、GNSS 和网络电子地图三项技术结合起来提供定位、导航及相关地理信息的服务。无线移动通信定位虽然简便，但是定位精度低。GNSS 虽然定位精度高，但是在城市中容易受高层建筑遮挡与反射的干扰，容易间断。把这两项技术结合起来，就实现了精确可靠的定位。然后，把定位坐标显示在电子地图上，根据人们的兴趣点（PoI）将非空间信息与空间信息关联后与网络联系起来，便可得到导航和相关地理信息服务。目前，LBS 主要应用于汽车导航与手机个人定位导航。中国市场位居世界第一。把 LBS 的概念从为人定位转移到为物定位，就进入了物联网的领域。运动物体的联网比静止物体的联网意义更大。时空坐标下的动态技术，其市场前景也更广阔。

二、关于未来发展的策略建议

鉴于最近几年航空航天对地观测技术的发展，以及我国对这些技术的需求，我们提出如下建议。

（1）对地观测市场的总体策划与引导。亟须在国家层面上设立一个部门，全面调研并掌握对地观测市场的总体需求量及层次分布，引导各种技术力量进入各显其能、各应所需的运行轨道。

（2）GNSS 的国际合作。要尽早走上实质性的国际合作之路，如此才能保证技术的发展和长盛不衰。

（3）处理好对地观测数据国家安全保密与社会广泛应用间的关系。对地观测数据涉及国家安全，因此要处理好数据国家安全保密与社会广泛应用之间的关系，否则会成为制约航空航天对地观测技术发展的“瓶颈”环节。美国政府 2005 年发布的《有关安全访问地理信息的指导方针》和印度政府 2006 年发布的《印度国家地图政策实施指南》都是国际上成功的经验[5]。

参 考 文 献

[1] 国家遥感中心发展战略专家组．地理空间信息技术和产业发展年度报告．2009：94～122．内部资料

[2] 徐德明．中国测绘发展研究报告．北京：社会科学文献出版社，2009

[3] 中国测绘学会．中国测绘学科发展蓝皮书．北京：测绘出版社，2007

[4] 国家遥感中心．地球空间信息科学技术进展．北京：电子工业出版社，2009：204～226，228～250

[5] 国家测绘发展研究中心．测绘发展研究动态，2010．（1～4）．内部资料

Progress in Space-to-Earth Observation Technology

Li Deren[1], Lin Zongjian[2], Xu Yanying[3]

([1]Wuhan University; [2]Chinese Academy of Surveying and Mapping;
[3]State Bureau of Surveying and Mapping)

After an introduction to the concept of earth observation technology and its main work modes, significant achievements in earth observation technologies at home and abroad in recent years are reviewed in this paper. satellite remote sensing global observation which is becoming the current main approach because of the changes of global environment and climate resource and the analysis of their negative impact to people's life; diversified development of high-resolution remote sensing technology, such as successful commercial operating mode of high-resolution satellites, the rapid development of airborne sensor systems integrated aviation digital cameras, Synthetic Aperture Radar (SAR), Light Detection And Ranging (LiDAR), GPS and inertial navigation system (INS) and so on; the great development potential of unmanned aerial vehicle systems for remote sensing, and the high-resolution tri-dimensional mapping satellites; competition and co-operation of multiple Global Navigation Satellite Systems (GNSS, including GPS, GLONASS, Galileo and COMPASS) and their considerable market prospects of location services to mobile telephone and traffic; and the promising information processing and services technology in vigorous growth of geospatial information industry, such as data fusion and data mining, governmental geographic information system, geographic information network service, Location Based Service (LBS) and internet of things. Especially, domestic progress and strategy of earth observation technologies are put forward in this paper. Some proposals are made in the end about the future development of earth observation technologies and modes.

3.5 载人航天发展新进展

戚发轫* 张柏楠 杨 宏

(中国空间技术研究院)

载人航天是国际科技发展的重要领域。美国、俄罗斯、欧洲、日本、中国和印

* 中国工程院院士。

度等国家和地区都在积极开展载人航天活动。2000 年，国际空间站（ISS）开始投入使用，2008 年，美国对火星进行了探测。本文将重点介绍国内外载人航天活动的新进展及其发展趋势，并展望中国的载人航天活动。

一、国外载人航天发展现状与趋势

在经历了飞船和航天飞机的天地往返、空间实验室和空间站的在轨中长期驻留和载人登月等发展后，国外载人航天活动目前主要围绕国际空间站进行。针对载人航天的后续发展，2004 年美国提出了重返月球计划“空间探索新构想”[1~3]（现已取消），俄罗斯制订了“环月”计划，欧洲空间局提出了“曙光”计划，日本和印度也制订并成功实施了相关的探月计划。各国还提出了建立月球基地的计划。美国在“空间探索新构想”中提出建立月球基地的设想，并以此为基础，实施载人登火星。2007 年，俄罗斯在航天发展计划中提出了建立永久性月球基地，并进行载人火星考察的设想。2005 年，日本在“太空开发远景规划”中提出建立月球表面探测基地的计划。在探测小行星方面，一些国家也提出了载人小行星探测的设想。

（一）国际空间站的发展现状

经过 10 多年的努力，国际空间站已基本建成，目前人类正利用它开展长期载人飞行和在轨空间应用。俄罗斯的“联盟号”载人飞船、“进步号”货运飞船和美国的航天飞机一直为国际空间站提供乘员运输和货物运输，近年来欧洲的自动转移飞行器（ATV）和日本的空间站转运飞行器（HTV）也加入了国际空间站货物运输的行列。此外，美国和俄罗斯还在持续发展新型的载人和货运天地运输飞行器。

1. 国际空间站组成和试验项目

国际空间站由美国、俄罗斯、11 个欧洲空间局合作国（法国、德国、意大利、英国、比利时、丹麦、荷兰、挪威、西班牙、瑞典、瑞士）、日本、加拿大和巴西共 16 个国家联合建造[4,5]，其中美国和俄罗斯是主力。值得注意的是，执行 STS-134任务的“奋进号”航天飞机按计划将在 2011 年 2 月左右将把中国多家单位参与研制的“α-磁谱仪”（AMS-2）送到国际空间站。

总体上看，国际空间站由两大部分组成（图 1）：核心部分是以俄罗斯制造的多功能货舱为基础，通过对接舱段及节点舱，与俄罗斯的服务舱、研究舱，美国、欧洲、日本的实验舱对接；服务部分是在美国的桁架结构上，安装加拿大的移动服务系统、舱外仪器设备和4对大型太阳能电池板。这两个部分垂直交叉，构成“龙骨架”，可加强空间站的刚度，且有利于各分系统和科研设备工作性能的正常发挥，便于航天员出舱装配与维修。

图1　国际空间站

科学家在国际空间站上的多个实验舱中可进行先进的生物学、化学、物理学及其他学科的研究。这些舱段是人类首次按微重力实验要求设计的，都十分靠近质心，能保证重力接近于零。国际空间站还为人类提供了长期在轨直接参与对地观测和天文观测的机会。作为人类首次在太空进行的大规模装配活动，国际空间站的建造也将为今后人类建设天基太阳能电站和开展载人火星探测等航天活动积累经验和实验技术。截至目前，国际空间站已经完成了600多项科学研究和技术试验，其中许多项目有助于医学的发展，帮助人类进一步了解人体生理系统；此外，众多的研究项目也有助于人类进一步认识宇宙。

2. 美国商业轨道运输服务项目

商业轨道运输服务（COTS）是美国国家航空航天局（NASA）用于向国际空间站运送航天员和货物的商业运输项目[6]。按计划，航天飞机退役后，美国将没有能够往返国际空间站的空间运载器。COTS项目的直接目标就是作为往返国际空间站的备选运输方案。

2008年12月，NASA宣布把COTS项目交给SpaceX公司和轨道科学公司。

SpaceX公司计划使用“法尔肯-9”火箭从肯尼迪航天中心发射12艘“天龙座”载人飞船（图2）；轨道科学公司计划使用“金牛座-2”火箭从瓦勒普斯岛发射场发射8艘“天鹅座”货运飞船（图3）。

图2 “天龙座”载人飞船

图3 “天鹅座”货运飞船

（二）美国载人“登月计划”与“登火计划”

在载人“登月”活动沉寂多年后，美国在2004年1月发布了“太空探索新构想”。该构想所列的未来探索的目的地包括月球、火星和更远的星球。其最初的重点放在载人和机器人月球探测，之后扩展到火星和其他目的地。美国认为，在月球建立可供人类长期驻留的前哨基地，可大大降低未来太空探索的成本，可以积累探索的知识和经验。

1. 载人登月计划

尽管美国早已实现了载人登月，但是在决定重返月球时，美国依然从头开展新一轮的载人登月概念研究，并高度重视概念研究的深度和广度。在美国2004年宣布“重返月球”之后，2005年5~7月NASA组织并完成了“NASA的探索系统体系研究”的顶层概念研究，提出了2020年实现首次载人重返月球任务，2025年完成月球基地建设的宏伟目标。

“重返月球”飞行方案如图4所示，主要包括“猎户座”乘员探索飞行器（CEV，图5、图6）、登月舱（图7）和“战神”系列航天飞机衍生型运载火箭（图8）。在该方案中，乘员探索飞行器和登月舱将分别入轨，在近地轨道对接，其

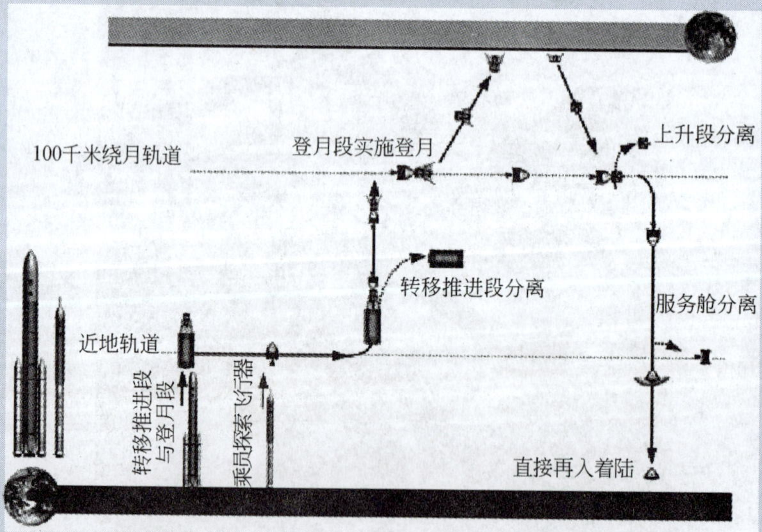

图4 重返月球飞行方案

他飞行步骤与“阿波罗”计划类似。

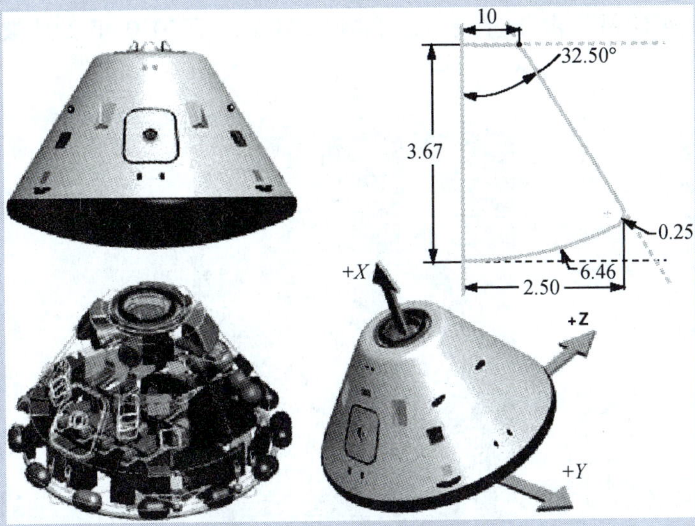

图 5 CEV 乘员舱示意图

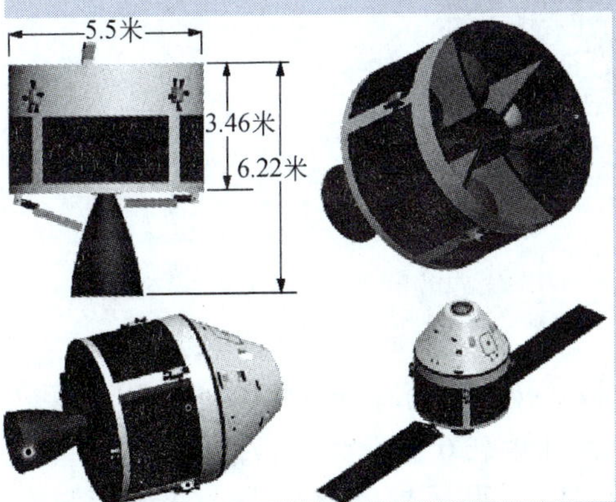

图 6 CEV 服务舱示意图

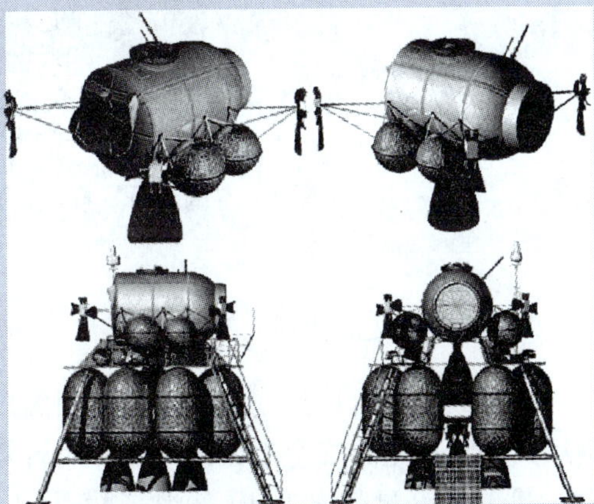

图 7 登月舱示意图

如图 8 所示，“战神-1”为 2 级载人运载火箭，长 94.2 米，起飞重量 907 吨，低轨运载能力为 25 吨。火箭采用串联式设计，逃逸系统安装在“猎户座”乘员探索飞行器的顶部。火箭在发射和上升段的任意位置出现问题时，航天员都可以迅速乘坐逃逸系统与飞船分离并返回地面。

美国“星座计划”由于进展迟缓和预算超支，于2010年2月被奥巴马政府冻结。

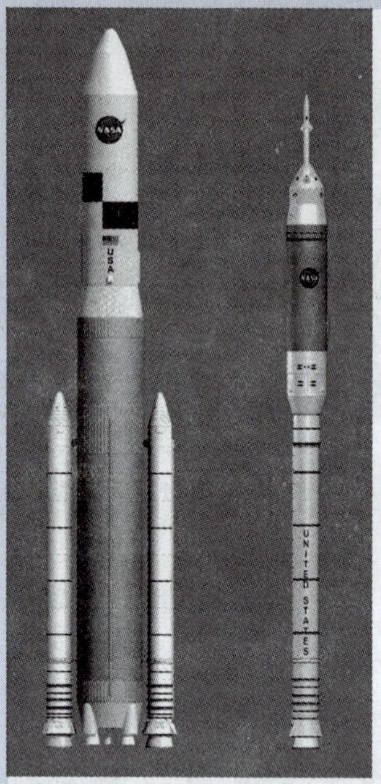

图8 “战神-5”货运火箭和“战神-1”载人火箭

2. 载人登火星计划

美国载人登火星计划正处于方案研究阶段。按照现有计划，美国将在2030年实现载人登陆火星并安全返回地球。整个计划预计承载6名航天员，往返耗时3年左右。载人登火星飞船由应急消耗模块（CCM）、乘员探索飞行器、火星登陆船（DAV）、火星运输居住舱（TransHab）、火星捕获与火地转移推进器（MOI/TEI Module），以及地火转移推进段（EDS）组成（图9）。

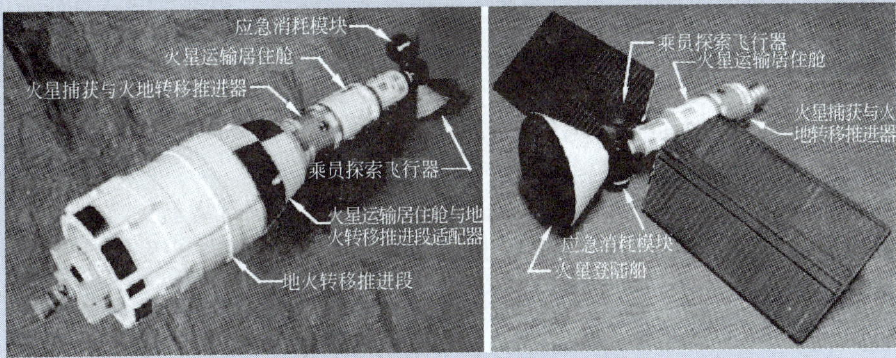

图 9 美国载人登火飞船结构组成图

（三）俄罗斯“快船”计划

美国“哥伦比亚号”航天飞机失事后的一段时间内，俄罗斯的“联盟号”飞船独挑天地之间载人往返运输的大梁，虽然“联盟号”飞船以其可靠性高、稳定性高著称，但也日益显现出不能满足飞行需求的迹象。因此，俄罗斯在 2000 年开始在“联盟号”飞船的基础上，研制一种新型的可载 6 人的航天器——“快船号”（Kliper，图 10）[7, 8]，以替换目前使用的“联盟号”飞船。

图 10 “快船号”飞船外形图

“快船号”载人飞船是俄罗斯科罗廖夫能源火箭航天公司推出的最有前途的项目之一。它既可载人，也可运货到空间站，必要时还可把空间站上的乘员撤回地面。

二、我国载人航天发展现状

1992 年，中央 15 人专门委员会第七次会议确定了我国载人航天“三步走”的发展战略方针：第一步发展载人飞船，突破载人航天技术；第二步发展空间实验室，验证空间站的各项关键技术，为空间站的建设奠定基础；第三步建设空间站，开展空间应用和空间新技术试验。

按照“三步走”的发展战略，“神舟一号”至“神舟四号”飞船（图 11 为“神舟三号”和“神舟四号”飞船）4 次无人飞行试验、“神舟五号”和“神舟六号”两次载人航天飞行的任务已取得成功，这表明我国载人航天已实现了“第一步”的战略任务，突破了载人天地往返运输基本技术，掌握了“多人多天”天地往返飞行技术。“神舟七号”（图 12）载人航天飞行任务的圆满完成，表明我国掌握了航天员空间出舱活动关键技术，是“第二步”战略任务的重要里程碑。目前正在实施的工作是为实施“第三步”战略任务做准备。具体实施方案为：研制并发射 8 吨级规模的“天宫一号”目标飞行器，作为交会对接的目标飞行器；随后相继发射“神舟八号”、“神舟九号”和“神舟十号”飞船，并与“天宫一号”进行空间交会对接试验（图 13），以突破载人飞船和空间飞行器的交会对接技术，掌握组合体控制和管理技术，解决有一定规模的、短期有人照料的空间应用问题，为建造空间站（图 14）奠定技术基础。

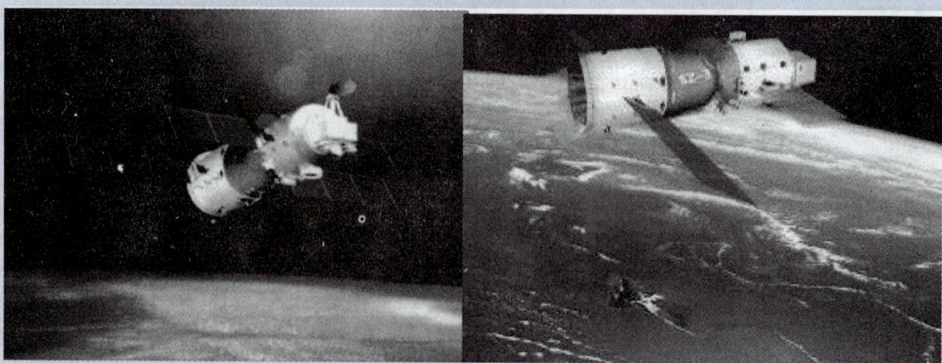

图 11 “神舟三号”和“神舟四号”飞船

图 12　“神舟七号”飞船及宇航员在舱外活动

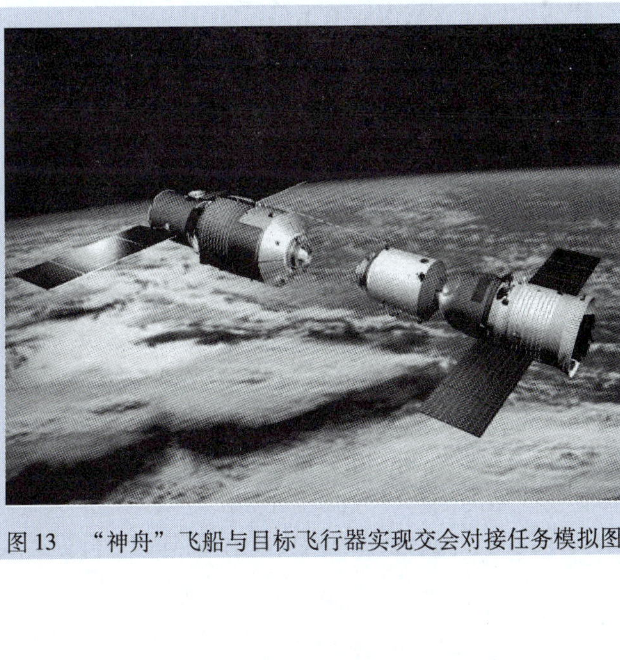

图 13　“神舟”飞船与目标飞行器实现交会对接任务模拟图

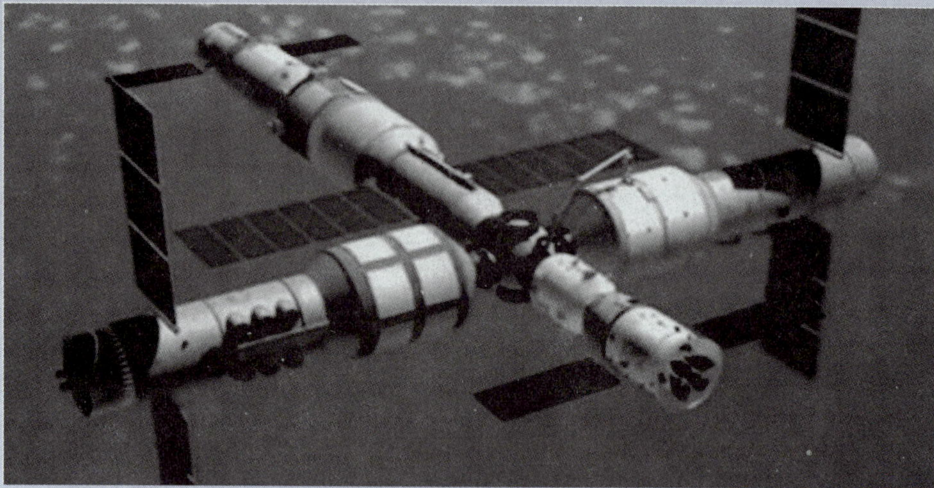

图 14　我国空间站示意图

目标飞行器是空间实验室的雏形，其主体为圆柱形，直径比“神舟”系列飞船更大，采用由实验舱和资源舱组成的两舱构型。实验舱为密封舱，前端安装一个对接机构，以及交会对接用的测量和通信设备，以支持与飞船交会对接。资源舱为轨道机提供动力，为飞行提供能源。

“神舟八号”飞船及后续研制的飞船，将增加交会对接功能及相关设备，并形成标准运输飞船，作为天地往返载人运输工具。

三、我国载人航天发展展望

作为载人航天“第三步”，我国载人空间站工程已正式启动。2020 年前后我国将建成规模较大、长期有人参与的国家级太空实验室。

我国载人空间站工程分为空间实验室和空间站两个阶段实施，即载人航天“第二步”第二阶段和“第三步”。计划在 2016 年前，研制并发射空间实验室和货运飞船，突破和掌握航天员中期驻留等空间站关键技术，开展一定规模的空间应用；在 2020 年前后，研制并发射核心舱和实验舱，在轨组装成载人空间站，突破和掌握近地空间站组合体的建造和运营技术、近地空间长期载人飞行技术，并在空间生命科学、微重力、材料科学、观测、基础物理等方面开展较大规模的空间应用。把载人飞船和货运飞船作为空间站的配套飞行器，可提供空间站乘员天地往返运输服务和空间站推进剂、乘员消耗品、维修维护部件及应用载荷的上行货运服务。

我国载人空间站工程建设将充分继承载人航天工程前期成果，继续使用已有的“神舟”系列飞船、“长征二号”F运载火箭、发射场和着陆场。载人空间站建成后，将全面实现我国载人航天“三步走”发展战略，可进一步推动我国载人航天技术向更高水平发展，将为推动国家科技进步和创新发展、提升综合国力、提高民族威望做出重要贡献。

我国在完成载人航天“三步走”任务后，利用已掌握的天地往返、长期在轨等载人航天技术，可以开展在轨技术服务，为在轨的航天器提供维修、维护、补给和升级换代等操作，提高空间设施的应用效益。

在完成空间站工程和“嫦娥工程”对月球的无人探测后，适时、适度开展载人登月任务，不仅在技术可行，而且在政治、经济和科技发展方面具有十分重要的战略意义。

载人登月一般分为“无人”和“有人”两个阶段的任务。“无人”阶段的任务是，为有人登月进行技术准备，验证有人登月飞行器，探测登月着陆场，为有人登月提前送达月球车、乘员保障等货运物质。“有人”阶段的任务是：在完成无人阶段的任务后，实现有人登月，突破载人登月技术；开展有人参与试验，验证建立长期月球补给基地的技术；开展维修和补给无人探测设备的试验，为月球基地的长期建设奠定基础；建造无人月球站，利用留月的无人和有人设施，试验建立可提供电源、通讯、导航、监视等能力的月球基地的技术。

人类的探索是永无止境的，突破载人登月技术后，可继续建造月球基地，开发月球资源，还可以此为基础，进一步向深空方向发展，探索火星等星体。

参考文献

[1] Baumeister J. NASA's Constellation Program. NASA-CP-2009-215677，2009

[2] Hoppy P，Alisa M H，Torrey O. R. Austere human missions to Mars. AIAA SPECE 2009 Conference & Exposition，2009：6685

[3] 王鸣阳．美国载人航天星座计划的未来．国际太空，2009，3：22～25

[4] 新华军事．揭秘即将建成的宇宙城堡——“国际空间站”．2010. http：//news. xinhuanet. com/mil/2010-12/09/c_ 12861377_ 7. htm［2010-12-09］

[5] 国际空间站庆祝载人飞行10周年．中国新闻网．2010. http：//www. chinanews. com/gj/2010/11-05/2635673. shtml［2010-11-05］

[6] 张蕊．美国“为国际空间站”服务的新选择——商业轨道运输服务．国际太空，2009，8：19～22

[7] 金恂叔．俄罗斯新型载人飞船——快船号．国际太空，2004，11：1～3

[8] 卢漫天．俄罗斯新型载人飞船新鲜出炉．太空探索，2005，3：16～18

The New Development of Manned Space Projects

Qi Faren, Zhang Bainan, Yang Hong
(China Academy of Space Technology)

In this paper, the current situation and developing trend of human space flight projects aboard have been summarized. The latest advancing situation of International Space Station and several noticeable space transportation systems have been analyzed, including the US commercial orbital transportation services (COTS) spacecraft "Dragon", the new spaceship "Cygnus", the "Kliper" of Russia. Then this paper introduces the latest development and planning of manned lunar landing and the current situation of China's manned space project "three-step" development strategy which consists of manned spacecraft, space lab and space station. In the end, the prospect of following Chinese human spaceflight missions, such as orbital services, manned lunar landing, lunar base and manned Mars landing, is presented.

3.6 固体运载火箭技术新进展

彭昆雅　杨毅强　佟艳春
（中国运载火箭技术研究院）

近年来，小卫星市场的蓬勃发展以及军事航天领域对快速进入空间的迫切需求，使具有快速响应、机动性强、成本低等特点的小型固体运载火箭成为世界主要航天大国发展的重点之一。小型固体运载火箭可满足军民两用小卫星的快速、低成本发射需求；可用于发射轨道转移飞行器和高超声速攻击武器等各种军用有效载荷，以支持和保障空间的对抗和作战[1]。本文将重点介绍小型固体运载火箭的新进展，并对中国发展小型固体运载火箭提出建议。

一、国外固体运载火箭发展现状

（一）起源和发展过程

美国在20世纪50年代末开始研制“侦察兵”系列小型固体运载火箭，旨在利用已有的成熟导弹部件，发展一种价廉、可靠的小型运载火箭。该系列火箭1960年首飞，1994 年退役。20 世纪 90 年代，美国一些私营公司相继推出了“大篷车”、“雅典娜”、“飞马座”、“金牛座”等小型固体运载火箭，竞争中小型有效载荷发射市场。其中“飞马座”和“金牛座”充分利用了美国已有的弹道导弹技术。美国在签订《削减战略武器条约》后，也利用退役的洲际弹道导弹技术和产品研制出“米诺陶”小型固体运载火箭，专门用于政府有效载荷的发射。进入 21 世纪，随着新军事变革的迅猛发展，快速进入空间成为实现快速空间作业、快速远程精确打击和空间攻防对抗的基础。在此背景下，美国空军开始实施“作战快速响应空间”（ORS）计划[2]，把发展快速响应、低成本的小型固体运载火箭作为该计划的重要组成部分。美国空军专门订购了具有低成本、快速响应能力的“米诺陶”小型固体运载火箭作为小型有效载荷的主要运载工具。

20 世纪 90 年代初美国和苏联签订了《削减战略武器条约》，后俄罗斯将削减的弹道导弹改造为运载火箭，成功研制出“起跑号”小型固体运载火箭。2005 年，俄罗斯与哈萨克斯坦合作研制“依希姆”空射小型固体运载火箭系统，但两年后该项目由于经费原因被终止。

日本自 20 世纪 60 年代初开始在探空火箭的基础上研制小型固体运载火箭，至今已经研制出 L-4S 型、M 系列和 J-1 小型固体运载火箭。目前，这三型火箭都已退役，日本正在进行三级先进固体运载火箭“Epsilon”（原名为 ASR）的研制，计划 2013 年进行首飞，旨在低成本发射中型科学有效载荷，同时满足快速发射的需求。日本借发展运载火箭之机提高其潜在的导弹攻击能力。

欧洲于 1998 年批准研制以固体推进技术为基础的“织女号”固体运载火箭，作为“阿里安”系列大型火箭和“联盟号”中型火箭的补充，用于发射小型有效载荷，目的是降低发射成本。其一级大型固体火箭发动机经改进后作为“阿里安-5”改进型火箭的固体助推器。

印度自 1973 年开始在探空火箭的基础上研制小型固体运载火箭——“卫星运载火箭-3”（SLV-3）和“加大推力卫星运载火箭”（ASLV），目前均已退役。

以色列曾研制“沙维特”（Shavit）小型三级固体运载火箭，用于发射军事侦察卫星，后来又发展了第二代固体运载火箭“沙维特-1”，这种火箭沿用至今。目前，以色列正在与美国合作研制四级固体运载火箭“LK-1”。

巴西于 1976 年成功发射了两级固体探空火箭 Sonda，在 1995 年加入“导弹技术限制性条约”（MTCR）后，研制基于 Sonda-4 火箭技术的捆绑式三级固体运载火箭 VSL-1。尽管首飞失败，巴西仍积极寻求国际合作，推进“VLS 计划”[3]。

图 1 为国外发展的部分小型固体运载火箭。

"雅典娜"（美国）　"金牛座"（美国）　"米诺陶-1"（美国）　"米诺陶-4"（美国）　"起跑号"（俄罗斯）　"织女号"（欧洲）　"M-5"（日本）

图 1　国外发展的部分固体运载火箭

（二）目前的技术现状

目前，国外在役的固体运载火箭主要有美国的"金牛座"、"米诺陶"、"飞马座"和俄罗斯的"起跑号"等，在研的主要有欧洲的"织女号"和日本的"Epsilon"，这些火箭型号多样，用途广泛。随着固体动力、电子、控制技术的发展，固体运载火箭技术性能逐步提高，主要表现在以下三个方面。

1. 运载能力逐步增大，主力用途是发射中小型有效载荷

美国20世纪50年代末研制的"侦察兵"系列运载火箭的运载能力仅为68千克（海拔483千米的圆轨道）；随着大推力、长时间的固体动力技术日益成熟，20世纪90年代，"雅典娜"、"金牛座"等固体运载火箭已具备一定规模的运载能力，其中标准型"金牛座"的运载能力为454千克（极地轨道）。进入21世纪，美国的主力固体运载火箭"米诺陶-4"的运载能力已经达到了1.107吨（太阳同步轨道），能满足各类中小型有效载荷的发射需求。目前在研的"织女号"的运载能力已经达到1.395吨（太阳同步轨道），"Epsilon"的运载能力也达到了1.2吨（近地轨道）。

2. 快速发射能力达到小时级，满足军事航天需求

美国初期研制的"雅典娜"固体运载火箭不具备快速发射能力，"金牛座"固体运载火箭通过简化操作、优化流程，能够在72小时之内完成火箭的发射。俄罗斯

的“起跑号”固体运载火箭基本按照战略导弹的思路设计，采用发射车地面机动，不依赖于固定的发射场设施即可实施发射。“飞马座”空射运载火箭实现了火箭快速反应能力的跨越，利用军用飞机作为发射平台，能在4小时内完成发射。

目前在研的几种规模较大的固体运载火箭也着力于提高其快速反应能力，以满足军事航天需求，如日本的“Epsilon”固体运载火箭通过大幅简化发射操作，将操作时间降为“M-5”火箭的1/4，可满足快速发射要求。

3. 高可靠、低成本、军民两用

源自固体导弹技术的固体运载火箭具备高可靠性。共用导弹生产设施、借用成熟部件、规模化生产等降低了火箭的生产成本。简便、快速发射降低了发射成本，使这些固体火箭在三个领域得到广泛应用。第一，用于小型有效载荷的低成本、快速机动发射。例如，美国的“飞马座”火箭共进行了40次发射，成功率为92.5%；俄罗斯的“起跑号”火箭共进行了7次发射，6次成功；“米诺陶-4”火箭用于快速响应空间系统的小卫星及星座发射。第二，用于发射政府特定有效载荷。例如，美国的“米诺陶-2”火箭专门用作美国导弹防御局（MDA）进行导弹拦截试验的靶弹，“米诺陶-3”火箭则专门用于发射军用有效载荷。第三，作为其他验证性试验的运载平台。例如，“飞马座”空射运载火箭用于发射X-43高超声速验证飞行器，“米诺陶-4”火箭用于发射高超声速飞行器HTV-2。

二、固体运载火箭技术发展趋势

1. 低成本、高可靠、快速机动发射

固体运载火箭虽然在大型有效载荷的发射上无法与液体运载火箭相媲美，但其主要优势是使用灵活、操作简便，适合作为军事航天领域的快速响应的运载工具。这也是世界军事航天大国均大力发展固体运载火箭的主要原因。因此，固体运载火箭应符合以下要求：第一，应具有低成本的优势，能够大量装备，批量贮存、使用；第二，可靠性高，可在应急条件下快速发射，可发射率高；第三，可不依托于固定发射场发射，具有灵活、高效的优势。

美国空军目前重点使用“米诺陶”、“飞马座”系列火箭发射军方小型有效载荷，以满足快速发射的需求，这些固体火箭暴露时间短、生存能力强。俄罗斯的“起跑号”火箭可大范围快速机动发射，日本新研的Epsilon火箭也具有快速发射能力。

2. 与导弹技术共用、军民结合

固体运载火箭的动力系统、控制系统、测发控系统均与导弹一脉相承、模块共用，这使固体运载火箭具有很高的可靠性。同时，因其易于进行模块组合，从而研制成本大大降低。例如，美国的“金牛座”火箭，其一子级采用“MX”导弹的一级固体发动机，二、三、四子级采用“飞马座”火箭一、二、三级固体发动机；“米诺陶-1”火箭，其一、二子级采用“民兵-2”导弹的一、二级固体发动机，三、四子级采用加长型“飞马座”火箭的二、三级固体发动机。

美国和苏联（后为俄罗斯）在签署了《削减战略武器条约》之后，将弹道导弹改装成能发射小型卫星的固体运载火箭，为战略导弹的退役处理开拓了一条经济性好、利用率高的技术途径。美国的“米诺陶”火箭、俄罗斯的“起跑号”火箭都是在这样的背景下发展起来的。因此，“弹改箭”仍将是未来小型固体运载火箭发展的重要途径之一。

3. 与捆绑式运载火箭的大型固体助推技术共同发展

美国在开展“战神系列”新一代运载火箭研制的同时，利用“ARES-1”两级固体运载火箭的飞行试验验证了“ARES-5”重型捆绑式运载火箭的大型固体助推器相关技术，为美国下一代重型运载系统的建设奠定了基础。欧洲在固体推进技术基础上发展“织女号”小型固体运载火箭的时候，尽可能使用已经为“阿里安计划”开发出的技术，从而大幅度降低了研制成本。“织女号”火箭的第一级采用新型 P80 固体发动机，这种新型发动机也可作为“阿里安-5”改进型火箭的助推级。日本在发展最新的“Epsilon”火箭时，采用“H-2A/2B”火箭的 SRB-A 固体捆绑式助推器作为一子级。固体运载火箭与主流固体火箭助推器之间的模块共用，有利于降低固体运载火箭的研制成本，提高固体运载火箭的可靠性。

三、我国发展固体运载火箭的必要性及建议

1. 完善航天运输系统，推进航天技术发展

（1）完善我国航天运输系统。与国际上固体、液体运载火箭并行发展，互为补充的技术发展趋势相比，我国在固体火箭领域一直处于空白，运载火箭体系尚不完善，航天运输体系存在缺项。因此，我国应大力发展固体运载火箭，完善我国的航天运输系统。

（2）快速、低成本进入空间。我国空间科技活动日益增多，如果大量的小型有

效载荷均在我国有限的几个固定发射场发射，将大量挤占发射场资源。而未来小卫星编队、星座部署等的广泛应用也需要发展低成本、经济性好的运载工具。固体运载火箭可实现无依托发射，是大量快速发射小卫星的理想运载工具。

（3）推进航天技术发展。现代宇航活动规模日益扩大，技术和经济风险也随之增加。对航天新技术、新材料、新方法等进行先期验证飞行是降低风险的有效手段，也是国外采用的一种有效方法，而固体运载火箭恰好是实现这种先期验证的理想运载工具。

大型固体助推器是我国未来重型运载火箭的重要组成部分，也是主要技术难点之一。固体运载火箭的研制能够带动固体火箭发动机、大功率伺服等相关技术的发展，提升我国大型固体助推器的研发能力。固体运载火箭的飞行试验，可先期验证重型运载系统的大型固体助推器，从而降低研制风险。

2. 确保大国战略地位和国家安全

目前空间已成为国家安全和利益的战略制高点。国外反导弹、反卫星武器系统及其他空间攻防对抗手段的大力发展使我国的空间安全形势变得格外严峻。美国利用 SM-3 型导弹成功进行了反卫星试验，发射和回收了能够长期在轨驻留的轨道飞行器 X-37B；俄罗斯成立了航天部队司令部，负责军用卫星发射和对敌方的太空系统进行打击；印度也积极发展反卫星系统，期望于 2015 年形成战斗力。而我国有限的空间威慑能力将面临被削弱的危险，现有空间系统能力将面临被降低的严重威胁。为确保我国的大国地位和国家安全，需要积极发展快速进入空间、利用空间、控制空间的手段，以提高空间感知能力、控制能力和应急能力。

（1）空间感知能力。固体运载火箭具有快速响应的特点，形势急需时能及时发射各类有效载荷，可提高目标探测和跟踪精度，缩短观测数据的更新周期，为国家的战略决策提供及时、准确的参考[4]。固体运载火箭也可为面向战术应用的局部微观感知能力建设提供保障，可用于快速构建局部战术应用的信息系统，以补充和增强现有的空间能力。

（2）空间控制能力。固体运载火箭能够在实战环境下快速发射各类军用有效载荷，在空间信息能力受到伤害或被降低的情况下快速响应，补充和增强现有的空间能力，形成空间作战能力，保卫我国的空间安全。

（3）空间应急能力。我国是世界上自然灾害最为严重的国家之一，灾害种类多，分布地域广，发生频率高。固体运载火箭能够迅速发射小卫星或小卫星星座。这些小卫星或小卫星星座能为灾区提供通信保障并对之进行监控，可进一步提高我国应对突发性自然灾害和综合减灾的能力。

3. 居安思危、积极谋划、统筹兼顾、量力而行

“航天发展，运载先行”，为应对复杂的国际形势，维护我国航天大国的地位，

必须统筹考虑固体运载火箭的发展，做好我国固体运载火箭的系列化、型谱化规划工作，结合我国的技术现状和能力，及早研制出反应快、成本低的高性能固体运载火箭，填补我国航天运载领域空白，建立我国固体、液体运载火箭相结合的完善的航天运载系统，以应对未来政治、经济、军事、科技发展中航天领域的机遇与挑战。

参 考 文 献

[1] 佟艳春，丁文华．杨玉堃．国外固体小型运载火箭主要技术方案及趋势分析．国外航天运输系统，2010，(1)：10 ~ 19

[2] 李新洪，张育林．美军“作战响应空间”分析及启示．装备指挥技术学院学报，2007，(18)：33 ~ 36

[3] 龙乐豪，富大欣等，世界航天运载器大全（第 2 版）．北京：中国宇航出版社，2007：807 ~ 1369

[4] 苏宪程，于小红，刘震鑫．美国空间态势感知发展分析．装备指挥技术学院学报，2010，(2)：42 ~ 46

New Development of Solid Launch Vehicle Technology

Peng Kunya, Yang Yiqiang, Tong Yanchun

(China Academy of Launch Vehicle Technology)

With the rapid development of the small satellites and urgent demand of military space, more and more countries have carried out the development of the solid launch vehicle. In this paper the development course and characteristics of the solid launch vehicle are reviewed. The current technical state of the solid launch vehicle is summarized: the solid launch vehicle which is mainly used to launch the small to mid payloads and whose launch capability has gradually increased; the rapid launch capability which has increased to the hour level to satisfy the requirement of the military space. Moreover, the development trends of the solid launch vehicle are analyzed in three aspects: firstly, the small solid launch vehicle with the characteristics of rapid, maneuverable, and low cost have become the development keystone for the main space countries all around the world; secondly, the solid launch vehicle shares the technologies with the missiles which obtains the high reliability; thirdly, the power technology of the solid launch vehicle develops together with the technology of the solid booster. In the end, the development necessity of the solid launch vehicle in China is analyzed and some relative suggestions on the development of solid launch vehicle are put forward.

第四章 海洋技术新进展

4.1 深海探测技术研发新进展

龙丽娟　孙宗勋　李春娣　张　偲　佟景全

（中国科学院南海海洋研究所）

海洋占地球表面积的70.8%，平均水深3800米。深海占地球表面积的65.4%，环境复杂极端，资源丰富多样，是当前国际资源争夺和科学探索的新阵地。海洋科学的发展高度依赖探测装备与技术。深海探测装备主要包括深海运载器、深海探测仪器、深海通信设备、深海作业工具等。发展深海探测技术对提高深海研究水平、提升深海开发能力具有非常重要的意义。深海探测已成为海洋科技竞争的新趋势。

一、深海运载器技术新进展

深海运载器，是深海探测的基本工具，可以载人或者装载仪器装置潜入深海进行实地探测、调查和取样。深海运载器可分为载人深潜器（HOV）和无人深潜器；无人深潜器又称水下机器人，包括缆控深潜器（ROV）和水下自主运载器（AUV）。深海运载器技术涉及机械、材料、水下定位通信、电子及自动控制等多个领域，目前主要发展方向为提升定位的稳定性能、海底资源与微地形地貌的探测能力等。

目前，世界海洋技术强国都拥有能深潜几千米的潜水器。美国深海运载器技术处于领先地位，伍兹霍尔海洋研究所（WHOI）拥有的“阿尔文号”（Alvin）深潜器是世界上第一台载人深潜器，几乎到过全球63%的深海海底，能在高低不平的海底移动自如。Nereus是由WHOI联合太平洋海战系统中心和约翰·斯霍普金斯大学共同开发的复合遥控深潜器（HROV）[1]，设计最大下潜深度为11 000米。Nereus能以两种不同模式运行，无缆自主运行模式可携带声波定位仪、摄影机，以及其他探测器进行大范围的深海调查；缆控运行模式可在海中从无缆自主模式转换成缆控深潜器，从而进行特写照相和定点采样，并通过光缆与海面进行实时视频和数据传输。Puma是新的冰下自主运载器，用于北极冰川底下的深水探测，配有声呐和传感器设备，能调查较大范围海域，也能检测热液区的温度、化学和浊度信号，进行热液定位探测[2]。

我国深海运载器技术目前已跻身世界先进行列。“蛟龙号”深潜器是我国第一台自行设计、自主研制的HOV。2010年8月，“蛟龙号”下潜深度3759米的海试成功[3]，目前正在筹划进行下潜深度5000~7000米的海试，将在深海海山、洋脊和热液口等复杂海底环境中执行考察任务。同时，我国在无人深潜器方面也具有良好的技术基础，最大下潜深度6000米的ROV和AUV都已研制成功。但在实用性及从样机到产品产业化等方面我国与国际水平之间仍存在差距[4]。

HOV是探索深海世界的有力手段，可为科学家提供身临其境的工作条件，协助科学家更好地操控实验和探测深海的真实面貌。在深海极端的环境中，无人深潜器是进行深海探测最有效、最安全的手段之一，特别是其能在热液探测和极地考察等严酷的环境中发挥优势[5]。

二、深海资源勘查与深海探测技术新进展

深水油气和天然气水合物是人类未来的重要战略性能源，是深海资源勘探的主要目标。同时，人类对深海环境特征和极端生命现象的认知渴望，也是推动深海探测技术发展的不竭动力。深海资源勘查与深海探测技术的新发展主要包括深海资源自主勘测和保真采样技术、深海声学探测技术、深海无干扰原位探测与分析技术，以及深海极端环境探测传感器等相关支撑技术。

1. 深海资源自主勘测和保真采样技术

天然气水合物主要分布在大陆坡和深海区沉积物中；热液硫化物主要出现在大洋中脊和断裂活动线上，是含有多种金属元素的矿产资源。在热液口和冷泉附近往往分布着活跃的特殊化能合成生物群落，研究这些特异深海生态系统，对了解极端

生命现象、探索生命起源、勘探新的矿产资源都具有重要的意义。美国蒙特利尔海洋研究所研制成功环境样品处理装置（ESP），用于寻找深海生命特征，在浅水区运行结果很好。目前该研究所正在研制适应深海环境条件的实验装置[6]。ESP 通过检测特定的 RNA（核糖核酸）和 DNA（脱氧核糖核酸）序列，可以确定生境中存在的生物种类和新的生命形式。深海 ESP 有望到更深的热液口处，采集样本并运送到实验室，而有缆深海微生物学实验室有望现场分析样品并向岸基站报告分析结果。

大洋多金属结核是最重要的深海矿产资源之一，通常富集于水深 4000～6000 米的大洋底面，全球大洋约 15% 面积被多金属结核覆盖，其中以太平洋分布最为广泛。我国在大洋多金属结核勘查方面的技术和成就处于世界领先地位，1999 年在东太平洋获得 7.5 万千米^2 具有专属勘探权和优先开采权的多金属结核资源合同区。大洋调查主要通过洋底照相、多频探测等地球物理方法手段研究多金属结核的形态、类型及分布特征，使用无缆抓斗、有缆抓斗、箱式取样器、拖网等多种采样方式获得多金属结核样品进行实验测试分析[7]。集中发展深海采矿技术和加工技术，进行试采活动，以实现商业性开采多金属结核。

深海取样技术重点发展保真采样和输运技术、可视化采样及深海极端环境采样装备技术。Phillips 等研制的一种新的热液口取样装置 LAREDO，能够耐受 6000 米深水压并进行现场采集热液流的工作，能够以热液口特征条件保存样品几小时到几天时间[8]。日本海洋地球科学技术中心（JAMSTEC）研制的海底自动探测采样器（ABISMO），能够由遥控深潜器携带潜入深海，检测海底并探测合适位置采集沉积样品[9]。

我国最新研制的气密性孔隙水原位采样系统，由多个高强度抗腐蚀金属材料气密容器纵向排列组成，可通过水下计算机实现对孔隙水采样的全自动监控和采集[10]。浙江大学研制的热液保真取样器，在采样器结构及双向零泄漏密封控制阀等方面取得了技术突破[11]。

2. 深海传感器技术与声学探测技术

深海传感器技术，是指将传感器放到海底或深海处进行温、盐、流及化学成分等参数的测定。因此传感器的耐高温高压性能、探测精度和灵敏度，以及钻孔的封口技术是深海探测系统必须突破的关键技术[12]。传感器技术正向着微型化、智能化和多功能性的方向发展，不断实现多敏感元件的集成监测。深海压力传感器可准确监测微小水压信号、突变性水压差异信号，也可测定深海海流的流速和流向。由沉积传感器连接沉积物捕获器、数字成像系统及荧光计，可用于持续监测深海海底的食物链环节、物种组成、丰度及生物活性等[13]。我国非常重视传感器技术的研究，武汉大学、哈尔滨工程大学、北京航空航天大学等在该领域都开展了研发工作。深海高温高压传感器在技术上取得突破，可以探测大洋中脊400℃/40兆帕条件下海水中的pH值和H_2浓度、H_2S浓度、氧化还原电位（Eh）等，并海试成功[14]。

声学探测技术很早就应用于深海油气勘探和海底地形勘测，它包括地震勘探技术、声波测井技术、海底地貌声呐技术等。地震勘探技术广泛应用于深海油气的探测，是重要的资源探测技术，目前着重发展适用于深海地震资料的数据采集和解释技术[15]。我国正加大力度进行天然气水合物储层的声波测井和地震勘探响应关系研究[16]。多波束回声测深仪（MBES）通过条带测量的方式，可以对海底地形和地貌做全覆盖、无遗漏的测量，是海底测绘、沉积物评价和水下检测等方面的重要工具。目前的任务是集中提升仪器性能，包括增强覆盖度、提高分辨率等[17]。声学多普勒流速剖面仪（ADCP）采用低频声呐阵列后，作用距离远，适合测量深海流场。水声高速率数据传输技术是水下平台载体、水下机器人与航船之间传递信息的有效手段，是实现水下通信的关键技术。可利用水声高速率数据传输技术将GPS信息传到海底深潜器，在深潜器上实现水下GPS定位[12]。

3. 深海无干扰原位探测与分析技术

冷泉、热液口、深海珊瑚礁和海底峡谷等都是深海特色生境，生化和物化要素变化通常极其剧烈，把采集到的样品运送到实验室分析则极易造成人为污染和样品失真。为准确测定深海生态系统的化学组分、微生物过程和界面传输速率等过程参数，研发专门的无干扰原位分析仪器是深海探测技术发展的重点方向。应用深海测试室和原位分析传感器可直接测量海底沉积物与水体间的化学流量和孔隙水组分[18]，从而有效地探查天然气水合物。中南大学采用原位测试方法，在东太平洋中国开辟区西矿区的深海稀软底质进行剪切强度和贯入阻力测试，获得较好结果[19]。吴民忠等对深海热液声学原位测温仪的声源选择进行了研究[20]。

在将传统探测技术，例如水下激光拉曼光谱、水下气相色谱技术等应用于适应深海环境的探测分析方面，近来也取得一定的进展。美国WHOI研发了深海原位拉曼光谱系统（DORISS），对热液区和水合物中脊区进行测试，首次获取了热液矿物、流体和细菌席的原位拉曼光谱[21]；Breier等[22]编制了专门化深海热液研究的拉曼光谱参照和自动辨认法则，能够提高原位监测的分析准确度。延时摄影技术（TLP）应用于深海研究已有30年的历史，随着技术的发展得到了不断的改进[23]。应用离子微探针技术可进行深海珊瑚礁中氧同位素组分的原位测定[24]。此外，集成原位ATP分析仪（IISA-ATP）可用于监测深海环境中的微生物活动[25]。

三、深海底基观测技术新进展

深海底基观测系统是人类探测深海和开发海底资源的新途径。深海底基观测系统主要由海底观测节点和岸基站组成，通过光电缆将各节点连接起来形成观测网络，其优越性在于能够进行长期、连续和实时的观测，作业操作安全，不受天时海候影响。建设深海底基观测网络，能够实时高效地监测和分析深海生态系统的变化及环境演变机制，研究长期气候变化，探测开发深海油气资源等。目前世界上知名的深海底基观测网络主要有加拿大“海王星海底观测计划”（NEPTUNE）、美国“海洋观测计划”（OOI）、欧洲“海底观测网计划”（ESONET）、日本“新型实时海底监测网络”（ARENA）等。

加拿大 NEPTUNE 海底观测网于 2009 年正式启用。NEPTUNE 海底观测网横跨胡安德富卡板块，海底光缆长 800 千米，是目前世界上最大的海底观测系统。NEPTUNE 海底观测网对海底火山、地质构造、热液和生物过程进行监测，确定海底新火山的生成位置。NEPTUNE 海底观测网能监测整个海域的天然气水合物的分布及形态等的变化，尤其是发生地震、塌坡和区域板块运动时的变化[26]。日本 ARENA 系统可直接对岩石变形进行测量，结合海表 GPS 动力定位系统和水下声学定位系统，为板块应变提供长期的板块尺度的地学测量。ARENA 系统还可以进行海底压力监测，对海底的测地学、物理海洋学和海啸预警系统等研究有非常重要的作用[27]。

我国在关注国际动态的同时，开展了一系列前期工作，进行了部分关键技术的前期试验。2008 年 6 月，中国科学院在西沙群岛永兴岛建成了“西沙深海环境观测研究站”，建立了岛屿外缘坐底式海底和海底边界层观测子系统，观测尺度可达深 2 千米的海底，观测要素囊括了所有海洋环境参数，观测参数可通过 GPRS 传送到数据中心（岸基站）进行处理分析[28]。2009 年 11 月，中国科学院在海南陵水县成立了“南海声学与海洋综合观测实验站”，初步开展了海底声场规律、海底声学层析、海洋声学反演的实验研究[29]。2009 年 6 月，同济大学在我国东海近岸完成了“海底观测组网技术的试验与初步应用”，对海洋底基观测系统的控制和传输模块、海底光电复合缆、特种接驳盒等进行了预试验[30]。我国台湾省开始实施“妈祖计划”，拟用 45 千米长的光电缆建设海底观测网，进行实时地震与海啸监测[31]。从国防安全、海洋开发和科学研究的角度出发，我国需尽快部署以深海海底光电缆为骨干的海底观测网络，为我国海洋研究提供与国际同步的技术支撑，满足我国海洋战略发展需求。

四、我国深海探测技术的展望和建议

目前，我国深海探测和研究正处于起步发展阶段，国家非常重视深海探测技术的自主研发，近年来我国“863”专项等国家重点课题资助了一批深海装备技术项目，积极推动了我国深海探测技术的发展。同时我们也应跟踪国际发展动态，吸收国外先进技术经验，发展深海探测新技术和新方法，加速发展深潜器和深海资源探测技术，突破深海底基观测系统及其相关技术，在世界“蓝色圈地运动”中抢得先机。

（1）尽快建设深海底基观测网络。为获取深海长期、连续、实时和全海候的数据资料，应尽快建设深海底基观测网络，同步发展数据分析和共享技术，为科学家提供优越的深海科技试验平台。

（2）强化深海探测支撑技术发展。大力发展深海探测、资源勘查和传感器关键技术，例如深海无干扰原位探测和分析技术、深海保真采样和输运技术、海底多参数探测技术、传统探测技术的改进及深海极端环境探测传感器等相关支撑技术。

（3）进一步发展深潜器技术。新型深海载人运载器是当今深海探测技术发展到最前沿的成果，是在深海极端环境下开展研究的有力作业工具，能够运载科学家深入海底进行深海实地的科学考察。利用海洋探测器和深海机器人进行深海极端环境下的无人自主探测，加强对公海的探测、考察和立标工作。通过强化深潜器的企业生产标准、操作规范和管理规程的建设，实现实验样机到实用型深潜器的发展。

（4）加强海洋高科技人才的引进和培养。我国海洋科学仍然面临人才资源不足的局面，尤其是在深海探测技术方面，应加强海洋高科技人才的引进和跨学科人才的培养工作，提供良好的研究平台，以发展深海探测关键技术与装备作为突破口，提高我国海洋高科技水平。

（5）全面支持南海深海事业发展。南海处在印太暖池的贯穿流区，具备准大洋的特征，是我国唯一具有深海的海域，属于我国的核心国家利益。南海是我国发展深海探测技术，开展深海研究的最佳实验区、“桥头堡”和岸基支撑保障基地，全方位发展南海深海事业是我国海洋事业发展的重大战略需求。

参 考 文 献

[1] Fletcher B, Bowen A, Yoerger D R, et al. Journey to the challenger deep: 50 years later with the nereus hybrid remotely operated vehicle. Marine Technology Society Journal, 2009, 43 (5): 65～76

[2] WHOI website. Underwater Vehicles. 2010. http://www.whoi.edu/page.do? pid=12470 [2010-2-10]

[3] 孙自法. 中国“蛟龙号”载人潜水器海试突破3700米水深记录. 中国新闻网，2010-08-26

[4] 刘芙蓉，陈辉. 自主式水下潜器研究开发综述. 舰船科学技术，2008，30（5）：20～23

[5] Lewandowski C, Akin D, Dillow B, et al. Development of a deep-sea robotic manipulator for autonomous sampling and retrieval. IEEE/OES Autonomous Underwater Vehicles Conference. MA. 2008：13，14

[6] Scholin C. Deep-sea environmental sample processor. 2009. http：//www. mbari. org/rd/projects/2007/instrumentation/900612-suef-07. html [2009-2-5]

[7] 李国胜. 东太平洋 CC 区多金属结核矿物学特征及物源. 物探与化探，2009，33（6）：613～619

[8] Phillips H, Wells L E, Johnson R V, et al. LAREDO：a new instrument for sampling and in situ incubation of deep-sea hydrothermal vent fluids. Deep-Sea Research Part I-Oceanographic Research Papers, 2003, 50：1375～1387

[9] Inoue T, Osawa H, Yoshida H, et al. Sea trial results of ROV “ABISMO” for deep sea inspection and sampling. 27th International Conference on Offshore Mechanics and Arctic Engineering. Estoril, 2008：15～20

[10] 梁钢华. 我国可燃冰深海探测技术——孔隙水原位采样取得突破. 新华网，2009-06-22

[11] Xie Y Q, Yang C J, Yang L, et al. The research on the dynamic characteristic of the hydrothermal fluid sampler. 7th International Conference on Fluid Power Transmission and Control (ICFP 2009), China. 2009：279～283

[12] 王修林，王辉，范德江. 中国海洋科学发展战略研究. 北京：海洋出版社，2008：155～158

[13] Sherman A D, Smith Jr K L. Deep-sea benthic boundary layer communities and food supply：A long-term monitoring strategy. Deep-Sea Research Part II, 2009,（56）：1754～1762

[14] 张雪彤，张荣华，胡书敏等. 大洋中脊热水探测与新型传感器. 地质评论，2006，52（6）：843～847

[15] Zhao T, Zhang X, Wang X, et al. Acoustic detection of seabed hydrocarbon seepage in the north depression of South Yellow Sea Basin. Petroleum Exploration and Development, 2009, 36 (2)：195～199

[16] 王东，张海澜，王秀明等. 天然气水化合物的声学探测进展. 应用声学，2005，24（2）：72～74

[17] Volberg B, Meurling T. Evolution and future of multibeam echosounder technology. 2007 Symposium on Underwater Technology and Workshop on Scientific Use of Submarine Cables and Related Technologies, Japan. 2007：147～155

[18] Viollier E, Rabouille C, Apitz S E, et al. Benthic biogeochemistry: state of the art technologies and guidelines for the future of in situ survey. Journal of Experimental Marine Biology and Ecology, 2003, 285: 5 ~ 31

[19] 吴鸿云，陈新明，高宇清等．西矿区深海稀软底质剪切强度和贯入阻力原位测试．中南大学学报（自然科学版），2010，41（5）：1801 ~ 1806

[20] 吴民忠，樊炜，毛洁等．深海热液声学原位测温仪中的声源选择研究．自动化仪表，2010，31（4）：5 ~ 11

[21] White S N, Dunk R M, Peltzer E T, et al. In situ Raman analyses of deep-sea hydrothermal and cold seep systems (Gorda Ridge and Hydrate Ridge). Geochemistry Geophysics Geosystems, 2006,（7）：Q05023

[22] Breier J A, German C R, White S N. Mineral phase analysis of deep-sea hydrothermal particulates by a Raman spectroscopy expert algorithm: Toward autonomous in situ experimentation and exploration. Geochemistry Geophysics Geosystems, 2009,（10）：Q05T05

[23] Smith K L, Holland N D, Ruhl H A. Enteropneust production of spiral fecal trails on the deep-sea floor observed with time-lapse photography. Deep-Sea Research Part I-Oceanographic Research Papers, 2005, 52（7）：1228 ~ 1240

[24] Rollion B C, Blamart D, Cuif J P, et al. In situ measurements of oxygen isotopic composition in deep-sea coral, Lophelia pertusa: Re-examination of the current geochemical models of biomineralization. Geochimica Et Cosmchimica Acta, 2010, 74（4）：1338 ~ 1349

[25] Aoki Y, Fukuba T, Yamamoto T, et al. Development of "IISA-ATP" system for in situ microbial activity assessment in deep-sea environment. OCEANS 2008 - MTS/IEEE Kobe Techno-Ocean, 2008: 548 ~ 551

[26] Gillis K, Butterfield D, Kelley D, et al. NEPTUNE Canada Regional Cabled Observatory Science Plan. http://www.neptunecanada.ca [2010-2-10]

[27] Asakawa K, Kojima J, Muramatsu J, et al. Novel current to current converter for mesh-like scientific underwater cable network-concept and preliminary test result. Technical Committee on Globe Monitoring Cable Network ARENA. Tokyo, Japan. 2003: 1868 ~ 1873

[28] 李颖红等．中国科学院近海海洋观测研究网络建设概况与展望，中国科学院网，2008-06-04

[29] 中国科学院声学研究所．声学所南海声学与海洋综合观测试验站正式挂牌，中国科学院网，2009-12-07

[30] 中国科学院．中国第一套海底观测组网技术系统建成，中国科学院网，2009-06-25

[31] 台湾"今日新闻"．台"妈祖计划"监控地震海啸，海缆配置强震仪，中国新闻网，2010-11-10

Progress in Research and Development of Deep-sea Exploration Technology

Long Lijuan, Sun Zongxun, Li Chundi, Zhang Si, Tong Jingquan
(South China Sea Institute of Oceanology, Chinese Academy of Sciences)

The deep-sea is the largest habitat on earth. It is predominately high-pressure and dark, but abundant in resource storage. Intense interests in seeking deep-sea resources and researching special ecospecies have promoted rapid development of deep-sea technology, including vehicles, sensors, instruments and seafloor observatory network.

The development of new vehicles and instruments has enabled scientists to explore the deep sea areas in unexpected degrees. The China-made "Jiaolong" HOV succeeded to submerge the depth of 3759 m in this year's sea trial. The HROV Nereus is designed to a maximum submerging depth of 11, 000 m and can be operated in two different modes. The new AUVs have begun to replace other vehicles for mapping and surveying missions, especially in severe deep-sea environments. In order to measure chemical gradients, microbial processes and other parameters in special deep sea ecosystems, specialized instruments have been developed. Integrated in-situ chemical sensor system was equipped for submersible deployment at deep-sea hydrothermal vents. Rapid progress in the technology of in situ analysis yielded major achievements in the benthic processes.

It is a new and powerful way for deep sea observation and exploration by constructing a deep-sea floor observatory network. Seafloor observatory system based on the electro-optical cable is the most effective system to get long-term, real-time data from the sea floor. NEPTUNE Canada is deployed into the deep ocean with 800km range, making real-time, interactive data streams for open access online. There are other noted network projects, such as Japan ARENA and Europe ESONET.

Expanded developments in the deep sea exploration technology enable scientists to conduct experiments precisely and understand deep sea deeply. At present, the deep-sea exploration and research in China is still in an initial stage. Investments should be increased to improve Chinese deep-sea exploration technology and methods and enhance the abilities in acquiring the deep-sea resources and interpreting the ocean environments.

4.2　海水淡化技术研究新进展

阮国岭　初喜章　赵河立
（国家海洋局天津海水淡化与综合利用研究所）

2008年，我国淡水资源总量为27 434亿米^3，人均淡水资源占有量只有2066米^3，仅为世界人均淡水资源占有量的1/4。沿海11省（自治区、直辖市）淡水资源总量仅占全国的1/4，人均淡水资源占有量为1266米^3，为全国人均淡水资源占有量的59.6%[1]。其中，大连、天津、青岛、连云港、上海等我国中北部海岸线的重要城市人均淡水资源占有量更是低于200米^3，处于极度缺水状态。淡水资源短缺已成为制约我国，特别是沿海地区经济社会可持续发展的瓶颈。随着经济社会的快速发展、人口的持续增长和城市化进程的推进，沿海地区淡水资源短缺形势将更为严峻。

国内外经验表明，海水淡化与跨流域调水、中水回用等措施相比，具有见效快、水质好、水量稳定等特点，是解决沿海地区淡水资源短缺的重要措施。我国大陆海岸线长度超过1.8万千米，发展海水淡化的条件优越。在我国沿海地区大规模建设海水淡化工程、发展海水淡化产业，可增加淡水资源总量、改善淡水资源结构、提高淡水资源安全保障率，是解决我国沿海地区淡水资源短缺的战略选择和重要措施，更是拓展中华民族生存发展空间的战略要求。

一、我国海水淡化技术研发和工程应用现状

虽然淡化海水的方法在理论上有很多种，但目前商业化的方法主要包括多级闪蒸、低温多效蒸馏（MED）和海水反渗透（SWRO）等[2]。多级闪蒸主要在中东地区应用，其他地区应用很少。我国海水淡化技术研究始于1958年，20世纪90年代以来，在国家的持续支持下，我国在海水淡化关键技术方面取得突破。在蒸馏法海水淡化技术方面，我国在“九五”期间开展了多级闪蒸和MED关键技术研究；“十五”期间攻克千吨级MED技术，自主设计、制造完成了山东黄岛发电厂产水能力3000吨/日MED装置；“十一五”期间开展了产水能力2.5万吨/日装置技术研究并实现出口。在海水反渗透方面，我国在“九五”期间相继完成了多个海岛的海水淡化工程；在“十五”和“十一五”期间完成了多个万吨级海水淡化工程，在关键设

备和材料领域取得技术性突破。

（一）技术研发现状

1. 工程技术

（1）SWRO 技术。我国在预处理和海水淡化主机设计、工程建设和运营等方面，均具有较高的技术水平。国内已建和在建的 SWRO 项目，多由国内公司进行施工设计和工程建设，并由国内企业运营。目前，国内公司承建的最大 SWRO 项目产水能力为 10 万吨/日。

（2）MED 技术。国内公司利用自主技术，建造了多台 MED 装置。例如，2004 年在山东黄岛发电厂建成的产水能力 3000 吨/日装置，2010 年在印度尼西亚建成的产水能力 2×4500 吨/日装置。我国进口的 MED 装置，也多在国内加工制造。例如，2006 年建成的天津泰达产水能力 1 万吨/日 MED 装置，2010 年建成的天津北疆发电厂产水能力 4×2.5 万吨/日 MED 装置等。

2. 关键设备

（1）SWRO 核心设备。SWRO 高压泵的流量一般相当于装置单机产量，扬程一般在 6 兆帕左右，不属于特殊水泵。但由于 SWRO 高压泵是系统的主要耗电设备，对其效率的要求较高。对于大型装置，一般要求其效率要大于 80%，目前国内尚无定型产品。国际上商业化的能量回收装置主要有透平式和压力交换式两种，目前国内的研究多集中在压力交换式能量回收装置，并制作了多台样机，但还没有形成产品。反渗透增压泵是与压力交换式能量回收装置配套使用的，其作用是将能量回收装置加压后的原水提升几千克的压力。由于水泵进口压力较高，对其机械密封性提出了较高的要求，大流量水泵的技术难度较高。反渗透膜壳通常采用玻璃钢制作，目前国内生产的玻璃钢膜壳已经占据国内大部分市场，并大量出口国外。

（2）MED 核心设备。我国已掌握 MED 装置中蒸发器和冷凝器的设计技术，装备制造技术相对成熟，已高质量地完成了多台大型蒸发器的制造；国产的蒸汽喷射泵已经多次应用于 MED 装置，但性能仍有待提高。

3. 关键材料

（1）不锈钢。我国多家钢铁企业已经开发出 2205 双相钢等高等级的耐海水腐蚀不锈钢，可取代进口产品，但缺乏高等级不锈钢阀门和水泵的生产企业。

（2）换热管。我国目前已掌握白铜、铝黄铜、钛等换热管的生产技术，并应用于国外的海水淡化工程。在国家科技项目的支持下，我国正在进行铝合金换热管的技术研发，并取得了初步成果，如果应用于工程，可将换热管成本降低50%以上。

（3）反渗透膜。我国已经成功生产出应用于纯水制备、苦咸水淡化和海水淡化的反渗透膜，并取得了良好的市场业绩。但是我国研制的海水淡化反渗透膜的性能与国际先进水平相比仍有一定差距。例如，国内海水淡化反渗透膜的最高脱盐率为99.6%，低于国际先进的99.8%的水平。

（4）超/微滤膜。我国有多家研究机构和企业从事超/微滤膜的研发和生产，在纯水制备、中水回用等领域取得了良好的市场业绩。在海水淡化预处理方面，我国的研发方向主要是提高膜寿命、产水通量等。

（二）工程应用

截至2010年，国内规模最大的海水淡化厂产水能力已经达到10万吨/日，海水淡化工程装机容量达到52.4万吨/日，其中MED装置产水能力为19.6万吨/日，SWRO装置产水能力为32.2万吨/日；从建设单位来看，其中产水38.7万吨/日的装置由国外公司承建，产水13.7万吨/日的装置由国内公司承建。从淡化水用途来看，其中产水5.4万吨/日的装置用于海岛供水，产水37.0万吨/日的装置用于工业供水，产水10.0万吨/日的装置用于市政供水。

中国海水淡化项目主要可以分为三类。一是作为居民生活或生产用水的海岛海水淡化项目，二是作为临海工业企业自备水源的工业海水淡化的海水淡化项目，三是将海水淡化水作为沿海城市和沿海工业区市政供水的海水淡化项目。目前，前两类海水淡化项目市场条件已经基本成熟，中国已建海水淡化项目也主要以这两种类型为主，其市场容量还在稳步增加。随着沿海地区城市化进程的加快和人口的急剧增加，第三类项目面临着更大的发展空间，并将成为我国海水淡化发展的主体。

二、国际海水淡化技术新进展

截至2009年年底，全球共有1.4万个海水淡化工厂，日产淡水近6000万米^3。全球共有150多个国家和地区正在使用海水淡化技术，其中80%以上的淡化水进入市政供水管网，解决了2亿多人的生活用水问题。使用海水淡化技术的国家和地区既包括海湾地区产油国家，也包括美国、西班牙、以色列、新加坡、澳大利亚等发达国家。其中，海湾六国的海水淡化量约占其供水总量的50%以上。

目前，国际上海水淡化领域致力于扩大单套海水淡化设备的生产规模，以降低海水淡化工程的投资、能耗和制水成本。全球海水淡化工程总投资额在2008年已达到248亿美元，并且以每年15%～20%的速度增长。预计到2015年，全球海水淡化市场将达到700亿～950亿美元的规模。未来20年，国际海水淡化市场增长最快的仍将是中东地区，其次将是美国、澳大利亚、阿尔及利亚、西班牙、印度和中国。

（一）工程大型化

目前，全球淡水资源短缺问题日益严峻，随着海水淡化技术的成熟，很多国家开始建造超大型海水淡化厂用于市政供水。在SWRO领域，已建最大工程为2005年建成的以色列产水能力为33万吨/日的Ashkelon海水淡化工程；在建最大工程为2008年开工建设的阿尔及利亚产水能力为50万吨/日的Magtaa海水淡化工程，该工程将于2011年建成。在MED领域，最大工程为2009年建成的沙特阿拉伯产水能力为80万吨/日的Marafiq海水淡化工程。在多级闪蒸领域，已建最大工程为2009年建成的沙特阿拉伯产水能力为88万吨/日的Shuaibah海水淡化工程；在建最大工程为沙特阿拉伯的Ras Az Zawr海水淡化工程，该工程设计总产水能力为103万吨/日，采用多级闪蒸和SWRO两种海水淡化方法，其中多级闪蒸产水能力为73万吨/日，SWRO产水能力为30万吨/日。另外，在中东、北非、以色列、澳大利亚等地，已建或在建多座超大型的海水淡化工程。

（二）电水联产和热膜耦合

海水淡化成本在很大程度上取决于电力和蒸汽成本。将海水淡化厂和发电厂建在一起实现电水联产，可以利用发电厂的电力和蒸汽为海水淡化装置提供动力，实现能源高效利用并降低海水淡化成本。这是大型海水淡化工程的主要建设模式。热膜耦合是指在一个海水淡化厂中，同时使用膜技术和蒸馏淡化技术。目前热膜耦合的主要方式包括以下方式。

1. 常规方式

常规的热膜耦合方式[3]为直接利用蒸馏淡化的冷却水排水作为反渗透系统进水，或是设置换热器利用蒸馏淡化的温排水（浓盐水、产品水）预热反渗透系统进水，提高反渗透系统的进水温度。在海水温度低于15℃时，反渗透系统的运行尤为有效。

2. 纳滤预处理

纳滤预处理法[4]将纳滤作为海水淡化工程的预处理技术，能够降低海水中的钙、镁离子等成垢成分，提高后续的反渗透或蒸馏海水淡化装置的产水效率。目前世界上最大的热膜耦合海水淡化项目是阿联酋的富查伊拉电水联产二期项目，项目发电能力为2000兆瓦，产水能力为59.1万吨/日，其中MED装置产水能力为45.5万吨/日，SWRO装置产水能力为13.6万吨/日。采用依托发电厂的电水联产模式，将低品位蒸汽用于海水淡化工程，能够使综合能源利用效率超过70%，一次能源用量降低15%~35%。

（三）关键设备和材料

SWRO装置的主要设备和材料包括反渗透膜、超/微滤膜、高压泵及增压泵、能量回收装置、反渗透膜壳等；MED装置的主要设备和材料包括蒸发器、蒸汽喷射器、传热管等。

1. 反渗透膜组件

反渗透膜性能不断提高，商品海水淡化反渗透膜的标称脱盐率高达99.8%，单只8英寸膜的渗水能力高达45.4米^3/日，脱硼率高达95%。除了在常用的8英寸膜的基础上推出直径更大（16英寸或18英寸）的膜组件之外，反渗透膜的主要技术发展方向为高通量、耐污染[5]。目前，新型纳米复合材料反渗透膜是研究热点，其主要思路是将纳米粒子分散在高分子膜上，从而形成分子通道，这种纳米级微细结构不仅有阻挡杂质并让水分子轻易通过的能力，而且有吸引水分子同时排斥绝大多数污染物的能力，产水能力有望提高一倍。另外一个研究热点是提高反渗透膜的抗氧化性，其主要思路是使用抗氧化性材料制作反渗透膜，用氯气等氧化性物质抑制膜上微生物的生长，或使用氧化性药剂对膜进行清洗，从而提高膜的使用性能。

2. 超/微滤膜

由于产水水质优良、占地面积小、建设方式灵活，超/微滤膜越来越多地应用于SWRO装置的预处理。微滤和超滤为相互关联的过程，两者的区别是膜的孔径。微滤膜的孔径大，用于分离0.1~10微米的粒子，而通常超滤膜的孔径为10~1000Å。目前，用于海水反渗透系统预处理的超/微滤膜均为有机膜，材料以聚偏氟乙烯（PVDF）、聚醚砜树脂（PES）、聚氯乙烯（PVC）等居多。最常用的膜组件形式是中空纤维膜。膜性能的提高主要表现在产水水质稳定、故障率降低、使用寿命延长和适应恶劣的原水条件等方面。

3. 蒸汽喷射器

蒸汽喷射器是MED装置的关键设备，其作用是在动力蒸汽的作用下，将MED装置蒸发器某效的二次蒸汽抽出，与动力蒸汽混合后作为加热蒸汽进入蒸发器。蒸汽喷射器抽出二次蒸汽的多少决定了 MED 装置的造水比。蒸汽喷射器的发展趋势为大型化和宽调节性。最大的蒸汽喷射器已经应用于产水能力为 3.8 万吨/日的 MED 装置，更大的蒸汽喷射器正在研发之中。为适应动力蒸汽压力、温度的波动及海水淡化装置产量调节的需要，要求蒸汽喷射器具有宽调节性，一般通过改变喷嘴的有效断面或使用多喷嘴解决。

4. 传热材料

在蒸馏海水淡化中使用强化传热管，可节约传热材料用量，降低装置造价。强化传热管通常是通过对光管进行加工而得到的各种结构的异形管，如波纹管、螺纹管、螺旋槽纹管、横槽纹管、翅片管、针翅管、多孔表面管等。对这些异形管进行强化传热可提高海水淡化装置的工作效率。但强化传热管在提高传热效率的同时，也带来了腐蚀、污垢等负面问题，限制了其在蒸馏海水淡化中的应用。目前在蒸馏海水淡化中强化传热管技术多在研究阶段。此外，廉价传热材料也是当前的研究热点，目前应用较为成熟的是铝合金材料。例如，铝合金传热管主要通过耐蚀铝合金冶炼技术、表面改性技术和系统防护技术实现铝合金材料在装置中的稳定工作。

（四）海水淡化技术推广

1. 苦咸水淡化

苦咸水是指总溶解固体浓度高于 1000 毫克/升的水。一般情况下其含盐量低于海水，淡化成本也低于海水。利用地下苦咸水进行淡化的地区一般位于内陆。苦咸水处置不当会对环境造成影响，因此苦咸水的处置技术是当前的研究热点[6]。

2. 中水回用

利用反渗透淡化技术对中水进行深度处理，可以生产出高品质的淡化水，作为工业纯净水使用，如用于锅炉补给水。部分国家（新加坡）甚至将利用反渗透淡化技术处理的中水用于市政供水。

3. 含盐废水处理

电渗析和反渗透淡化技术适用于对低含盐量的废水进行浓缩，蒸馏淡化技术适用于对高含盐量废水进行进一步的浓缩。含盐废水被浓缩处理后，只剩下少量的浓缩液甚至固体，便于回用和深度处理。目前，含盐废水处理技术在化工、采油等行业已经得到了应用。

（五）新型海水淡化技术

正在研究的新型海水淡化技术主要有正渗透、膜蒸馏、露点蒸发、冷冻法、电容去离子法等。其中正渗透、膜蒸馏被认为有较好的发展前景[6]。正渗透需要解决的首要问题是找到合适的提取液及其再生方法、提高正渗透膜的性能；膜蒸馏的挑战在于研制出性能稳定的疏水膜及其组件。

三、我国海水淡化亟待发展的关键技术

1. 与发电机组的匹配技术

我国滨海发电厂多数为燃煤发电厂，少数为核能发电厂，其中大型燃煤发电厂多使用超临界或超超临界机组。国外燃气轮机与海水淡化的联产方式较为普遍，但很少有与大型燃煤发电厂和核能发电厂联产建设大型海水淡化工程的实例。我国应立足大型燃煤发电厂和核能发电厂，开发与之结合的电水联产技术，建设大型海水淡化工程。

2. 渗透膜污染控制技术

我国海水淡化的主要市场在北方的环渤海地区。渤海近海的水质污染严重，而且经常发生赤潮，容易对渗透膜造成污染；北方海域冬季水温低，取用发电厂的温排海水是可行的方式，但容易导致渗透膜内微生物滋生。目前，国际上缺乏在类似海域建设大型 SWRO 装置的经验，因此，有必要重点发展渗透膜污染控制技术。

3. 与市政管网的接口技术

淡化水进入市政供水管网，需要研发淡化水后期净化处理技术，保证淡化水与已有市政供水管网的兼容。我国尚没有将大量海水淡化水接入市政供水管网的经验，需要重点研究，以保证供水安全。

4. 关键设备、材料

海水淡化关键设备材料，如蒸发器、蒸汽喷射泵、反渗透膜、高压泵及增压泵、能量回收装置、廉价传热材料、专用药剂等，国产化率不高，性能指标与国际先进水平还有差距，不能满足国内市场需要，需要重点研究。

5. 浓盐水处置技术

海水淡化工程发展到一定规模之后，受条件限制，过程中产生的浓盐水仍需排回

海中。海水淡化产生的浓盐水的盐度与原海水相比有大幅升高，排回海中如果不能及时扩散，可能会影响海洋生态环境。浓盐水具有一定的经济价值，例如使用浓盐水晒盐可以提高盐场产量或节约盐田面积。目前研究人员还在开展其他的浓盐水利用方式的研发，例如从浓盐水中提取化学元素可以减少其对环境的影响并节约成本。

渤海是一个相对封闭的海域，水深较浅，交换能力差，但它又是我国进行海水淡化的主要海域，浓盐水排放的问题较为突出。从国际经验来看，如果采取适合的排放技术，妥善排放，即便对相对封闭海域，也不会造成明显的环境问题。因此，我国有必要大力研发妥善的浓盐水排放技术。

参 考 文 献

[1] 中华人民共和国水利部．2008 年中国水资源公报．北京：中国水利水电出版社，2009

[2] 惠绍棠．海水淡化与循环经济．天津：天津人民出版社，2005

[3] Hamed O A. Overview of hybrid desalination systems-current status and future prospects. Desalination，2005，(186)：207～214

[4] Ismat K. Myth and reality of the hybrid desalination process. Desalination，2008，(230)：269～280

[5] 阮国岭．膜技术进步及其对海水淡化的影响．中国给水排水，2009，(4)：82～86

[6] Committee on Advanced Desalination Technology. Desalination，a native prospective. Washington DC：The National Academies Press，2008

The Progress of Seawater Desalination Technologies

Ruan Guoling，Chu Xizhang，Zhao Heli

(The Institute of Seawater Desalination and Multipurpose Utilization，SOA)

The recent progress of seawater desalination technologies including their key materials，parts and equipments in China and worldwide is introduced. Based on the requirement and industrial situation of desalination in China，the process and technique that need to be developed is put forward.

4.3 全球主要深水油气勘探和开发技术新进展

金庆焕*[1] 姜 伟[2]

([1] 国土资源部;[2] 中国海洋石油总公司)

由于陆地及大陆架浅水区油气发现的高峰期已过，石油地质学家将油气勘探的重点转向了深水区。近10多年来，全世界主要的海上油气发现大多在深水区，深水区将是未来全世界油气战略接替的主要区域。

一、全球深水油气勘探成果

由于海洋油气勘探技术比较复杂，因此海洋油气勘探比陆地油气勘探迟了将近100年。美国和苏联分别于1947年和1949年在路易斯安那州岸外的墨西哥湾和南里海钻遇工业油流，揭开了海洋石油勘探的序幕。目前，石油地质学家已逐步将油气勘探重点转向深水区。深水油气勘探起始于20世纪80年代，多数地质学家将水深300米作为“深水”的界限，将水深超过1500米称为超深水。据2003年11月马赛深水油气会议报道，2002年世界深水石油的产量已达1.2亿吨，到2010年全球深水油气产量共约4.5亿吨。根据国际权威机构的测算，全球深水油气潜在储量可达1370亿吨油当量。估计未来油气总储量的约40%将来自深水区。

世界深水油气勘探主要集中在墨西哥湾、南大西洋两岸的巴西和西非海域，这三个海域被称为深水油气勘探的“金三角”。当前世界大约84%的深水油气勘探活动集中在这三个海域。20世纪以来，深水油气勘探的平均成功率超过30%。另外，在巴伦支海、北海、地中海沿岸、孟加拉湾、印度尼西亚、澳大利亚西北陆缘，以及我国南沙群岛等海域，深水油气勘探活动也比较活跃。巴西海域、墨西哥湾海域、西非海域深水区的油气储量分别占各个海域油气总储量的90%、89%和45%。

在世界主要的深水区，已探明的油气总储量约175.13亿吨。其中，巴西东部陆缘深水区约68.25亿吨，美国属墨西哥湾深水区约24.87亿吨，墨西哥属墨西哥湾深水区约14.38亿吨，西非大陆边缘深水区约14.3亿吨，巴令支海深水区天然气约

* 中国工程院院士。

19.3 亿米^3，挪威陆缘深水区约 5.37 亿吨，孟加拉湾深水区约 12.06 亿吨，南海北部深水区约 3.38 亿吨，中国南海南部深水区约 5.3 亿吨，印度尼西亚深水区约 7.2 亿吨，澳大利亚西北陆缘深水区约 13 亿吨，埃及（尼罗河三角洲）深水区约 4.08 亿吨（表 1）。最近在巴西陆缘深水区的桑托斯盆地发现了利布拉、图皮等一批巨型油田，在墨西哥湾深水区也发现了诺汉尔巨型油田。

表 1　全球主要深水油气勘探地域探明储量情况

地区	油当量/亿吨
巴西东部陆缘	68.25
美国属墨西哥湾	24.87
墨西哥属墨西哥湾	14.38
西非大陆边缘	14.3
南海北部	3.38
南海南部	5.3
埃及（尼罗河三角洲）	4.08
孟加拉湾	12.06
合计	175.13

1. 南大西洋各盆地深水油气勘探成果

近年来，对盐下层位的勘探取得了重大进展。南大西洋油气田主要包括巴西东部海域的坎波斯盆地和桑托斯盆地；西非海域的尼日尔三角洲盆地、加蓬海岸盆地、下刚果盆地，以及安哥拉宽扎盆地等。

2006 年，桑托斯盆地石油储量大幅度提升。桑托斯盆地主要的油气田有 Caravela 油气田、Merluza 天然气和凝析油田、Tubarao 油田、图皮油田（水深 1828.8 米，储量 50 亿 ~ 80 亿桶）、Iara 油田（储量 35 亿桶）、Jupiter 油气田、Guara 气田（水深 2141 米）等。最近桑托斯盆地又发现了一个大型油气田——利布拉油田，其储量 37 亿 ~ 150 亿桶。由于在深水油气勘探方面的重大突破，巴西石油储量已跃升至全球第九位，巴西成为世界主要石油生产国。1980 年，巴西石油日产量为 18.8 万桶，到 2007 年，巴西石油日产量增至 183.3 万桶。

从 2002 年开始，安哥拉宽扎盆地探明的深水油气储量占盆地油气总储量的比重越来越大，2006 年，其探明的深水油气储量占盆地油气总储量比重超过 50%，预计未来该比重将会越来越大。1995 年，在西非大陆边缘水深超过 1000 米的深水区发现一批大储量的油气田。储量亿吨级的油气田有 5 个，分别为达利亚油田、班扎拉油田、吉拉索尔油田、库伊托油田和邦加油田，其总储量达 7.4 亿吨。截至 2005

年，西非大陆边缘深水区已发现油气田 17 个，总储量为 14.3 亿吨。2007 年，巴西深水区石油产量已占其石油总产量的 70%。

2. 墨西哥湾深水油气勘探成果

墨西哥湾盆地是世界第三大含油气盆地，盆地包括美国东南部和墨西哥东部的陆地，总面积约 130 万千米^2。目前整个墨西哥湾石油产量约 1.7 亿吨，天然气产量 3000 亿米^3。墨西哥属墨西哥湾主要的大型油田有坎塔雷尔油田（Cantarell）、Ku-Zaap-Maloob 油田、Sihil 油田等，其中坎塔雷尔油田是世界级的巨型油气田。

在墨西哥湾水深超过 300 米的海域中发现的油气田有 112 个，2004 年开发水深已达 2301 米。2006 年 9 月，据 Chevoron 公司报道，在墨西哥湾水深 2300 米处发现储量约 14 亿吨的墨西哥湾最大的 Noxal 油田。截至目前，在墨西哥属墨西哥湾深水区共发现深水油气田 65 个。

3. 澳大利亚西北陆架深水勘探成果

澳大利亚西北陆缘深水区是目前全球油气勘探开发的热点地区之一。总体上天然气和石油地质储量比约为 4∶1，呈现出“富气贫油”的特点。澳大利亚西北陆缘深水区的油气发现主要位于在西北陆缘的北卡那封盆地和波拿巴盆地之间，一般以产气为主（天然气占 94%，石油占 6%）。

斯卡伯勒气田发现于 1979 年，水深 900 米，储量 2265.6 亿米^3。自 1979 年以来，在深水区探明的油气储量大约为 94 亿桶原油当量，其中 94% 为气、6% 为油。近 15 年来，澳大利亚西北陆缘深水油气钻探成功率达 48%。澳大利亚在西北海域水深 1232 米处钻探 Geryon-1 井，经测试获 113 米厚气层。最近又发现 Enfield 油田（水深 500 ~ 600 米）和 Stybarrow 油田（水深 800 ~ 900 米）。

4. 南海深水油气勘探成果

南海深水油气勘探主要集中在南海南部海域和南海北部陆坡区。南海的油气资源极为丰富，按照我国开展的二轮评价结果，整个南海盆地群石油地质储量在 230 亿 ~ 300 亿吨之间，天然气地质储量为 15.84 万亿米^3。南海油气储量占我国油气总储量的 1/3，其中 70% 的油气蕴藏于深水区。截至 2008 年年底，在我国南沙海域传统疆线以内发现油气田 95 个，含油气构造 122 个。

中华人民共和国国土资源部广州海洋地质调查局经过长期的调查和研究，圈定出了万安盆地、曾母盆地、北康盆地、中建南盆地、南薇西盆地、礼乐盆地、西北巴拉望盆地和文莱 – 沙巴盆地。这些盆地除万安盆地主要位于浅水区外，其他盆地部分或全部位于深水区，均具有良好的油气勘探前景。目前我国尚未在南沙海域进行钻探。值得指出的是，20 世纪 90 年代以来，外国石油公司已在南海南部海域进行深水油气勘探，并开发了一批大型油气田，它们多数位于我国传统海疆线以内。因此维护我国南沙群岛附近海域的资源权益任重而道远。

二、国内外深水钻井、深水工程技术和深水工程重大装备取得的进展

我国深水钻井、深水工程技术和深水工程重大装备的水平远远落后于世界发达国家的水平。目前，国外投产的海上油气田的平均水深为 2714 米，钻探平均水深为 3095 米，而我国自主开发的海上油气田的平均水深为 300 米，合作开发的海上油气田的平均水深为 1500 米，钻探平均水深为 1100 米。

1. 深水勘探开发钻井装备

深水勘探开发钻井装备主要以大型的半潜式钻井平台和浮式钻井船等深海大型特种工作船为主。国外深水勘探开发钻井装备自 20 世纪 70 年代至今已经发展到第五代。世界上作业水深超过 1000 米的半潜式钻井平台有 100 多座，而我国只有 1 座作业水深为 3000 米和 3 座作业水深为 750 米的半潜式钻井平台在建。

2. 深海特殊工程作业装置

国外的深水油田工程服务船舶呈现功能多样化和装备专业化的特点，而国内在役的同类船舶船型小、作业水深不足 350 米。意大利“Saipem 7000 号”铺管起重船作业水深达3000 米、起吊能力达 14 000 吨，而我国“蓝鲸号”、“蓝疆号”、“海洋石油 202 号”作业能力仅限于 300 米水深。全球的深水支持保障船约 34 艘，在建的约 20 艘，国内在建的 29 000 马力的支持船 2 艘，均由国外设计，主要部件依赖进口。

3. 深水钻井装备的设计和制造能力

国外具有深水钻机及水下关键设备的研发和设计制造能力，并已经形成了从完整的设计、制造技术到设备制造的产业链，近年来还开发了双井架、Ramrig 液压钻机等适用于深水区的特有钻探技术。例如 ABB Vetcogray 公司开发的快速连接隔水管、法国石油研究院（IFP）和 Framatome 公司开发的 CLIP 隔水管等不同类型的适应深水钻井作业需求的新型隔水管。水下井口技术、防喷器等装备技术在国外已经成熟。“十一五”期间，国家“863”计划和国家科技重大专项开始支持深水隔水管

与防喷器、水下井口等技术的研发。然而，目前我国尚不具备自主设计制造深水钻机的关键设备和整机的能力。

4. 深水钻井工艺及工具技术方面

国外在深水钻井设计、深水喷射下导管技术、动态压井钻井技术、深水钻井液技术、深水固井技术、双梯度钻井技术、微流量控制钻井技术、随钻环空压力监测（APWD）、随钻地层压力测量技术、智能完井技术等方面已经逐步成熟。“十一五”期间，我国在深水钻井工艺及工具技术方面的研究工作才刚刚起步。

三、深水钻井、深水工程技术及深水工程重大装备开发方向及建议

深水油气资源的勘探与开发是一项具有高科技含量、高投入和高风险特点的工程，而且深水勘探开发钻井装备具有很高的工程可靠性和完整性，目前深水勘探开发钻井装备的设计和制造技术都被国外少数几家公司封锁和垄断，导致深水勘探开发钻井装备价格十分昂贵。

鉴于上述情况，我国应尽快开展深水勘探开发钻井装备的研制工作。按照以企业为主，产、学、研相结合的方针，采取制造厂家和油气勘探公司相结合的方式，加大科技投入，联合攻关，逐步形成具有自主知识产权的深水勘探开发核心技术体系，建立和发展深水勘探开发钻井装备的产业结构链，为“十二五”期间国家油气资源战略的实施和深水油气资源的开发奠定坚实的技术基础。

1. 深水钻井技术和深水工程重大装备开发方向

结合我国深水钻井技术的现状和国外深水钻井技术发展的经验和历程，“十二五”期间我国在深水钻井技术研发和深水工程重大装备制造领域，应统筹布局、分步实施，经过10~20年的时间，逐步形成一批具有独立知识产权的核心技术，建立起我国的深水油气资源勘探开发技术研发体系和装备制造产业链。

（1）深水钻完井工艺技术研究和应用。主要内容包括深水钻完井设计关键技术系列、深水油气井测试技术系列、海洋深水钻完井液、深水井控及井喷应急技术、固井工艺及水泥浆体系研究等关键技术。

（2）深水特殊工具和装备研发。主要研究内容包括深水钻完井隔水管、随钻压力测量装置（环空和地层孔隙压力）、深水海底泥浆举升钻井装置（海底举升泵、吸入模块、控制系统等）、深水弃井工具（水下切割工具）、深水动态压井钻井装备、深水测试水下测试树、深水钻井隔水管、深水钻完井作业安全控制技术系列。

（3）深水重要及重大装备研制。主要研究内容包括海洋深水平台钻机系统（升沉补偿装置、钻机控制系统）、防喷器及其控制系统技术系列、水下井口及采油树、深水钻井井喷应急救援设备等关键装备。

2. 深水工程技术开发方向

以“荔湾 3-1”等南海深水油气田开发为切入点，针对深水油气开发的工程技术难点问题，构建涵盖地下、水中、水面的水下生产系统、海底管道和立管、流动安全保障与水合物风险评价、浮式平台系统和新型浮式装置（FLNG/FLPG 及 FDPSO）等深水油气勘探开发工程研究、设计、制造与安装、运行管理工程技术系列。

（1）深水平台工程技术研发。重点突破浮式平台设计技术、浮式平台建造及安装技术、浮式平台监测技术。

（2）水下生产技术研发。重点突破水下生产系统设计技术以及水下管汇工程样机、水下管线连接器、水下阀门及执行机构工程样机研制、水下生产控制系统关键技术。

（3）深水流动安全及水合物风险控制技术开发。重点突破深水流动安全系统实验与工程设计技术、深水流动安全控制技术、深水流动安全监测和检测与管理技术、深水水合物区油气开发风险评价与控制技术。

（4）深水海底管道和立管工程技术研发。重点突破海底集束管道和塔式立管系统技术、深水海底管道湿式保温材料研制和应用技术、海底管道止屈技术以及保温输油软管关键技术。

3. 深水工程重大装备研制方向

以深水工程重大装备的研制为依托平台和载体，突破深水勘探、钻完井、海上工程作业等重大装备设计、建造核心技术，在此基础上形成深水钻井船、深水起重铺管船、深水大马力三用工作船及深水应急维修等装备的研究和制造技术体系，形成我国在深水工程重大装备设计和制造能力，并建成深水装备产业化基地、打造我国走向深水的工程重大装备船队的实力。

（1）深水钻井技术研发。主要研究内容包括以深水钻井平台为重点，在深水半潜式钻井平台及配套技术领域，重点突破深水半潜式钻井平台设计关键技术，深水半潜式钻井平台建造及检验技术。

（2）海上工程作业技术研发。主要研究内容包括完成深水起重铺管船及深水工程支持船关键配套系统模型试验及部分装置研制。掌握并最终形成深水铺管起重船、深水工程支持船的设计及建造技术。

The Recent Progress of the Global Deep Water Petroleum Exploration and Development

Jin Qinghuan[1], Jiang Wei[2]
([1]Ministry of Land and Resource of the People's Republic of China; [2]Chinese National Offshore Oil Corp)

Taking the abundant petroleum resources in the South China Sea as the background, after researching the technologies and the practice carried out in the deep water petroleum exploration, development, drilling and completion, and offshore engineering by the major oil companies all over the world, combing with our country's current technology status in the deepwater petroleum exploration and exploitation, this paper aims at the deepwater petroleum exploitation, takes the means of studying the key technologies of it, proposes that we should make more efforts on the development and formation of the technology systems in the deep-water petroleum exploration, development, drilling and completion, and offshore engineering, that we should found the industry capacity of manufacturing the deepwater engineering equipment, that we should apply for national level support and policies priorities.
Due to the fact that the peak of land and off-shore oil and gas exploration has passed, deep-sea oil and gas exploration has become the focus of oil geologists. Deep-sea oil and gas exploration began in the 1980s. At present, Brazilian continental margin, West African continental margin and Mexico Gulf become the "golden triangle" of global deep-sea oil and gas exploration, which possess the majority of deep-sea oil and gas reservation. In addition, Arctic, Mediterranean, Indonesia, Bangladesh, Australia, and China have made great achievements in deep-sea oil and gas exploration.

4.4 海洋农业技术研究新进展

张国范　阚华勇
（中国科学院海洋研究所）

海洋农业是现代农业的重要组成部分，是陆地农业的延伸和发展，以生物安保（biosecurity）理论为指导、以生物技术、工程技术和信息技术为支撑、以良种化和设施化为产业发展主要特征。面对人口、资源和环境三方面的巨大压力，大力发展海洋农业已成为世界临海各国开发利用海洋资源、获取高品质蛋白来源的重要举措。海洋农业在世界食物供应中的作用已得到国际社会的广泛肯定。作为世界水产品生产大国，中国海水养殖产量连续多年居世界首位，对外贸易在农产品出口净收入中所占的份额逐年提高，出口额连续多年居大宗农产品前列。国际权威专家认为中国海洋农业的高速发展是中国农业对世界的重大贡献。

一、国际海洋农业技术研究进展

1. 良种培育新技术成为支撑可持续发展的关键因素

现代生物技术与传统遗传育种技术相结合已成为海洋优良品种培育技术发展的总趋势。世界上主要发达国家，如美国、英国、日本、澳大利亚等国，均将经济海洋生物（鱼、虾、贝、藻）的遗传育种研究列为重点发展方向。国际上已启动了一批重大研究计划，促进了水产养殖动物育种技术研究进展。挪威在鲑的良种化方面取得了举世瞩目的成就，养殖大西洋鲑的生长速度加快了 80% ~100%，大西洋鲑的人工选育品系已占该国网箱养殖产量的80%以上；美国培育出无特定病原（SPF）对虾新品种，并推广到世界各地；日本对珠母贝的遗传改良使其育珠能力显著增强。

目前，国际上海洋农业遗传育种研究的重心已转向基因工程育种。美国、法国等在对虾致病基因的克隆和抗病品系的筛选方面取得了可喜的进展；加拿大将抗冻蛋白基因和生长激素基因转移到鲑鱼体内获得整合表达，使转基因鱼生长速度比对照组提高了4 ~6 倍。

近年来水产动物的基因组学研究得到快速发展，在海洋农业基因组育种领域走在前列的美国，正在紧锣密鼓地进行罗非鱼、鲶鱼等基因组测序计划，相关单核苷酸多态性（SNPs）分子标记开发工作也即将完成。挪威于2010 年1 月启动了“国际大西洋鲑基因组计划”，目标是促进大西洋鲑基因组育种技术的发展。随着基因组学的发展，分子标记辅助育种（marker-assisted selection，MAS）作为新一代育种技术已成为研究的热点，也将成为21 世纪初期海洋农业育种的主流技术。MAS 是利用生物固有的遗传标记，利用分子标记与表型性状的对应关系，指导和辅助选择育种实践的新兴技术。由于分子标记可以与所选性状连锁，因此能够实现对基因型的选择，从而提高选择效率，缩短育种周期。与传统选育技术相比，该技术可将育种效率提高2 ~3 倍。SNPs 等分子标记已广泛应用于海洋农业生物遗传连锁图谱的构建和分子标记辅助育种，目前已实现对与生长、食物转化率、抗病、适应性和繁殖力等相关数量性状基因位点（QTLs）的定位。全基因组规模的标记开发极大地推进了分子育种的发展，使得全基因组选择（whole genome selection，WGS）育种成为可能。WGS 是利用全基因组范围内的标记，进行标记与表型的全基因组关联分析，鉴定对性状有影响的基因标记，然后将这些基因标记应用于表型性状选择。WGS 育种是以 MAS 为代表的分子育种的延伸和发展。可以预见，基因组学及其相关生物信息学研究进展将进一步推动海洋农业的设计育种发展。

2. 现代工程设施和健康养殖技术成为推动产业发展的主导力量

现代技术和装备支撑海水养殖产业向工业化生产模式发展，减少了对自然环境的依赖，提高了防御自然灾害的能力，并在有限的天然资源条件下，建立了高效的集约式养殖技术和养殖模式，如深水网箱养殖、工厂化养殖。

挪威的大西洋鲑养殖为国外海洋农业在基于生态系统的健康养殖技术及工程设施养殖方面取得突出成就的典型代表。挪威采用深水网箱等新型高效养殖设施，配备了自动投饵和监控管理装置，养殖生产操作机械化程度高。发展初期，挪威的海水网箱养殖主要集中在 10 米等深线海域，到 20 世纪 80 年代则发展到 20～30 米等深线海域，目前已发展到 40 米等深线以下。美国、瑞典、西班牙、日本、韩国等国都十分注重发展离岸养殖，开发的大型深海养殖设施包括蝶形网箱、海洋平台站网箱、牧海型（farmocean）工作站与网箱一体化平台以及先进的养殖船系统等。

欧洲、美国和日本等国家和地区的工程化养殖基础理论和技术已日趋成熟，对虾、鲍、欧鳗、鲆鲽类等都采用了超集约化养殖设备；德国 Mega Fisch 公司设计生产了高效的养虾生产体系，年生产能力可达 15～20 千克/米^3。依靠科学技术与严密的社会分工，养殖设施、仪器装备均实现了规模化、标准化生产，涌现出一批世界著名的智能化设施生产和精准养殖企业。

3. 免疫防治技术的应用为养殖生物病害防控提供了有效的途径

1994 年，美国发起“微生物基因组研究计划”（MGP），至今已有近 300 种病原细菌全基因组序列测定完成，不少海水养殖生物典型病毒基因组序列也得以测定。美国、加拿大、智利等国家研制出气单胞菌系列疫苗、气单胞菌－鳗弧菌－杀鲑弧菌联苗、自生菌疫苗、弧菌菌苗、副溶血弧菌菌苗、病毒性出血败血症疫苗、虹彩病毒病疫苗等共 30 多种。值得一提的是挪威针对大西洋鲑常见病、细菌病和病毒病，研究出相应的疫苗，已广泛应用于生产，价格十分低廉。由于疫苗的普遍采用，挪威全国鱼用抗菌素用量已由 1987 年的 48.5 吨/年降低到目前的不足 1 吨/年，每生产 1 千克鲑鱼的抗菌素用量下降了 99.7%，既控制了疾病，又从根本上改善了养成鱼的食用安全性。

4. 海洋食品安全技术得到高度重视

随着人们生活水平的提高、经济全球化及世界范围内国际贸易的急剧增长，海洋食品安全问题得到了前所未有的重视。美国在 20 世纪 70 年代末就制定了危害分析和关键控制点（HACCP）体系来识别、评审及控制在生产、处理、制造以及食物使用中的危害物质，以确保食品的食用安全。近年来为应对流行性传染疾病等直接对人类生命健康构成的威胁，海洋农业提倡了生物安保一体化战略方针，以整体方式管理与海洋农业有关的生物风险的过程和目标，包括分析和管理动植物生命与健康和食品安全方面的风险以及有关环境风险的政策和管理框架，具体为苗种使用、病原监控、疫苗应用、水质调控、饲料、抗病药物、养殖环境等的管理。建立生物保安技术体系，将有力地促进实现健康养殖和产品的食用安全。

随着人们对食品安全的要求越来越高，对贯穿整个食品流通链的可追溯系统的需求也越来越强烈。挪威牵头实施了“鱼类产品可追溯系统计划”，颁布了海捕鱼和养殖鱼生产流通链信息记录细则，详尽规范了生产流通各个环节的信息范畴、信息的建立、记录与传递方法的标准。目前，水产品可追溯系统在发达国家已经进入了实用化阶段，成为解决水产品安全问题及构筑新型贸易壁垒的有效手段。

5. 海洋生物燃料开发技术成为一个发展亮点

利用海洋藻类制备生物燃料的研究开发方兴未艾。利用藻类生产生物燃料具有广阔的发展前景，藻类生物燃料很可能成为未来最重要的可再生能源之一。目前，利用海藻生产植物油再转化为生物燃料等关键技术的研发已取得重要突破，已从实验室研究走向中型规模验证和生产放大阶段，已粗具规模制备生物燃料的条件。该项技术研发居于领先水平的美国由能源部牵头，目前已发布了两版微藻生物燃料技术路线图，梳理了从藻类资源到各项关键技术，制订了权威性的技术路线规划，整合相关研究机构的研究力量，推进微藻生物燃料技术研发和商业化应用。

6. 低碳技术成为海洋农业发展的一个重要趋势

随着全球环境问题和气候问题的日益突出，发展低碳经济已经成为各国政府应对当前日益严重的气候变化的战略选择。生物碳汇技术的发展日益引起世界各国的重视。发展以海水养殖业为主体的碳汇海洋农业是生物碳汇技术的一个重要方面，世界海洋大国对海洋农业技术在低碳经济中具有的特殊的作用和巨大的潜力给予了高度关注。大规模的贝藻养殖、增殖放流以及捕捞业等，可大量移出养殖水体的碳，形成海洋碳汇。相关的低碳技术研发将成为海洋农业未来发展的主要趋势之一。

二、我国海洋农业技术研究现状

1. 良种培育技术和新品种为产业发展提供了强劲的动力

我国在对虾、鲍和扇贝等重要养殖动物的育种方面取得了重要进展，培育出“黄海1号”中国对虾、“大连1号”杂交鲍、“蓬莱红”栉孔扇贝、“中科红”海湾扇贝、“海大金贝”虾夷扇贝、“东风1号”杂色鲍、“水院1号”刺参等海洋农业养殖动物新品种。我国第一个贝类养殖新品种“大连1号”杂交鲍年产值逾50亿元，既拯救了我国的皱纹盘鲍养殖业，又为新养殖模式的发展提供了种质基础；“中科红”海湾扇贝的产量已占海湾扇贝总产量的50%以上，使海湾扇贝养殖业又迈上了一个新台阶。这些成果充分显示出良种的巨大生产潜力。但是，与我国海洋农业的产业规模比较，新品种数量还是太少，而且新品种的培育周期也过长，难以满足产业发展的需求。

2. 健康养殖和设施养殖技术促进了产业结构的优化

基于生态系统的健康养殖技术得到广泛认可和推广，大型深水抗风浪网箱技术发展迅速，大黄鱼、军曹鱼、鲳鲹的深水网箱养殖取得很好的进展。陆基工程化养殖技术也进展较快，研制的一些大型设备已经进入中试阶段，显示出良好的应用前景。我国还建立了以菲律宾蛤仔为代表的滩涂贝类大规模苗种培育和健康养殖模式，实现了滩涂贝类健康养殖的跨越式发展。

3. 病害防控技术得到快速发展

我国在传统病害防控技术的基础上，加强了水质生物调控技术、病害生物防治技术、病害免疫防治技术、新型药物的研究与应用技术、病害测报系统的研究。

我国最早在国际上完成对虾白斑综合征病毒（WSSV）的全基因组序列测定，为对虾病毒病的防控奠定了重要的基础。我国还建立了一系列鱼类、对虾、扇贝病毒病的分子生物学检测技术，测定和分析了3种鱼类虹彩病毒基因组全序列，阐释了鳗弧菌金属蛋白酶与溶藻弧菌密度调控基因及其致病机制。我国在生物渔药研究方面也取得了突破，微生态制剂（包括水质微生态调控剂和饲料微生态添加剂）在海水养殖业中得到应用，对虾免疫增强剂和微生态制剂明显提高了养殖对虾的存活率。

4. 水产品质量安全技术得到高度重视

海洋农业产品的食用安全问题，是行业和社会所普遍关注的一个重大问题。针对部分养殖产品难以达到健康食品标准、食品安全事件屡屡发生、严重影响国民身心健康和我国水产品出口的国际声誉等突出问题，近年来我国加大了海洋产品安全技术和保障技术的研发，水产品质量安全基础理论研究水平有了明显提高；运用“全程控制”理念研究水产品安全加工控制技术，在对虾养殖上取得了可喜的成果；大量引进了国外先进的管理技术和安全控制技术，包括水产品 HACCP 体系的引进及应用、国际通行农产品质量安全管理技术体系的引进与建立、水产食品微生物预报技术等，为我国海洋农业食品质量安全控制提供了重要的技术支撑。

5. 藻类生物燃料的研发取得可喜进展

虽然我国微藻养殖的历史不长，技术上与先进国家存在一定差距，但近 10 多年来发展很快。尤其是螺旋藻的养殖发展十分迅速，1996 年我国螺旋藻产量曾达到世界螺旋藻总产量的 40% 以上。除螺旋藻外，盐藻、小球藻等微藻的养殖也开始受到重视。我国在微藻生产生物燃料方面的研究取得了很大进展，在富油微藻的生物工程筛选与培养技术、生物柴油制取技术等关键技术与工艺路线上也取得了重要突破。

6. 发展碳汇海洋农业低碳技术成为一个共识

我国是率先提出碳汇海洋农业概念和倡导发展碳汇海洋农业的国家。在我国海洋农业中，以浅海贝藻养殖为主，1999 ~ 2008 年，通过收获养殖海藻，每年从我国近海移出的碳量平均为 34 万吨；而通过收获养殖贝类，每年从我国近海移出的碳量平均为 86 万吨；两者共计从我国近海移出碳量 4400 多万吨。我国海洋农业不仅为人类社会提供了大量优质、健康的蓝色海洋食物，同时又能为减少大气中的二氧化碳做出贡献，是一种双赢的人类生产活动。

三、中国海洋农业技术展望与建议

1. 绿色产业链构建技术是提升产业水平的关键

我国海洋农业的快速发展是建立在规模扩张的粗放式生产模式上的。在产量持续增长了近 1/4 世纪后，我国的海洋农业持续增长趋势发生了改变，产业规模呈退缩之势，主要表现为：产业总体效益低，仅为先进国家的 1/4 ~ 1/3；产业链短，资源浪费严重；产品价格持续下行，增产不增收。

进入“十二五”，我国海洋农业将全面进入结构转型期，必须依靠高新技术推进海洋农业从“规模产量型”向“质量效益型”转变，从增加养殖新种类和扩大养殖规模向良种培育、健康养殖、优质供应为主线的现代生产模式发展，构建从优良种苗培育、健康养殖、精深加工的完整产业链，建立营养与病害防控技术体系，建立一个关键环节可控、关键技术可操作、危害性可预见、能够全程追踪与全程可追溯的食品安全控制技术体系，为构建海洋农业绿色产业链、保障产业链运作提供重要保障和支撑。

2. 高效育种技术及工程化和健康养殖技术是产业可持续发展的保障

海洋农业的新品种培育研究已开始由传统育种向以分子育种为主导的多性状、多技术复合育种和设计育种的转变。在海洋水产动物开展全面的组学研究，大力开展基因资源鉴定、发掘有重大应用前景的新基因，加快优异种质创新和分子育种，已成为不断提高海洋水产动物产量和质量的有效方法。未来我国水产生物基因组研究和应用的方向如下。

（1）大力发展 SNPs 研发平台，选取典型物种全基因组规模开发 SNPs 标记；基于全基因组的关联分析和连锁确定重要性状的分子标记进行分子育种；开展设计育种相关理论和技术基础研究以推进设计育种应用于水产育种实践。

（2）水产生物的基因资源研发、应用模式技术体系和平台的建立；水产动物的基因功能验证，转基因以及细胞培养等关键技术的突破。

（3）针对我国养殖现状，瞄准生长、发育、生殖、性控和抗逆性等相关功能基因批量鉴定，为动物工程育种技术发展和养殖物种的基因改良奠定基础。

现代养殖工程是调整海洋农业产业结构、转变经济模式，实现健康高效发展的必由之路。工程化养殖与设施养殖是应对海洋农业传统生产空间（水域）遭到挤压的有效对策，是提高产业经济和环境效益的关键举措。我国应重点研究深水抗风浪网箱及养殖技术的集成与配套，创制一批具有国际先进水平的优质高效、安全节约和环境友好的深水养殖设施与装备，全面提高我国海水设施养殖技术水平和自主创新能力；运用新材料和新技术，研制健康高效养殖的关键设备；利用现代工程技术和微生物技术，建立高效水质净化新技术；进一步推广基于生态系统的健康养殖理念和技术，综合分析生态系统的生态与环境容量，以基于生态系统水平的管理为指导思想，推动海洋农业的可持续发展。

3. 高度重视土著种及其栖息地的保护

由于长期以来大规模人为干预，包括引进外来种、频繁使用大量外地种、围垦和工业开发、港口建设和海上工程、单一物种大规模养殖等，我国沿海地区已经失去了许多关键土著种天然苗种场，其产地生境也发生了重大的改变。伴随关键土著种消失的将不仅是以其为基础而形成的产业链和就业机会，还有可能是当地生态系统的结构及功能和过程的急剧改变、地域传统文化的消亡。对具有悠久养殖历史、形成独特文化和区域特色的海洋水产资源及其养殖生产区域，应采取切实有效的保护措施，包括完善或修改海域功能区划、做好并严格执行海域空间规划、建立产业保护区等工作，保护好关键土著种、特色种、原良种及其产地，保障资源的可持续利用，促进产业的可持续发展。

4. 疫病预报与防控技术

面对海洋农业病害频发的严峻形势，我国应大力开展高效、安全的健康保障技术体系研究，开展开放养殖水体病害防控理论与关键技术研究，建立疾病快速诊断与流行病监控技术、免疫防治与调控技术等核心技术，全面提升海洋农业病害的防控水平。

此外，我国还需重点开展常见病害与密切关联环境因子的研究，研究其与微生物动态变化的关联，找出水质变动、藻相、菌相变化预警病害发生的方法，提高病害预警的能力。我国海水养殖以缺乏后天免疫机制的无脊椎动物为主，而且也大多采用开放式的养殖模式，故对于这种既无基本免疫记忆，而且其生态环境又难以人工调控的养殖系统如何进行疫病监测和预警预报是我们面临的一个亟须解决的重要问题。

5. 部署海洋生物新能源和深海基因资源的开发，抢占海洋农业技术制高点

从全球藻类生物燃料的研发进程来看，我国起步并不晚。到目前为止，我国在微藻生产生物燃料的研究取得了很大进展，已拥有了一批藻类生物燃料实验室技术，并在部分企业开展了藻类生物燃料的中试培养和规模化示范。

我国应尽快制定权威性的技术路线规划，为技术研发工作提供指导，尽快改变当前我国该领域科研机构各自为战、研究方向不一致的现状；打造跨学科的研究团队，形成研究合力，通过多学科交叉、集成创新手段，突破目前藻类生物燃料技术成本居高不下这一困扰该技术产业化的最大“瓶颈”。

6. 努力发展碳汇海洋农业和低碳技术

走低碳发展之路将对提高我国海洋农业应对全球气候变化能力，打破资源环境刚性束缚，加快转变发展方式，实现我国从海洋农业大国向海洋农业强国转变发挥重要作用。低碳发展是贯彻落实科学发展观，抢占战略性新兴产业发展制高点的必然选择。

碳汇海洋农业与低碳技术的发展前景良好，未来我国应重点开展海洋农业节能研究，提高产业的耗能效率；加强减排力度，推广生态养殖理念；拓展生态养殖模式，大力研发海水高效低碳养殖技术、装备与节能减排技术、基于生态系统水平的现代海洋牧场与生态礁构建技术。

参 考 文 献

[1] 农业部渔业局 . 2009. 中国渔业年鉴 . 北京：农业出版社

[2] 相建海，董波 . 2003. 海水养殖业的生物保安 . 高技术通讯，9：94 ~ 98

[3] 曾呈奎，相建海 . 1998. 海洋生物技术 . 济南：山东科技出版社

[4] 中国水产科学研究院 . 2008. 中国水产科学发展报告（2005 ~ 2007）. 北京：海洋出版社

[5] 中华人民共和国国务院 . 2006. 国家中长期科学和技术发展规划纲要（2006 ~ 2010 年）

[6] 中国水产科学研究院 . 2010. 两院院士专家研讨碳汇渔业与渔业低碳技术 . http://fishery. aweb. com. cn [2010-11-21]

[7] International Council for the Exploration of the Sea. 1994. Report of the working group on the application of genetics in fisheries and mariculture. Exploration of the Sea Mariculture Committee

Progress on Marine Farming Technologies

Zhang Guofan, Que Huayong

(Institute of Oceanology, Chinese Academy of Sciences)

Marine farming is an important component of modern agriculture. This industry is developed under guidance of biosecurity theory, supported by biotechnology, engineering technology, information technology, featuring breeding and facility engineering. In response to the population explosion, resource depletion and environment degradation, development of marine farming has become a major effort for coastal countries to exploit the marine biological resources and obtain protein of high quality. It is widely accepted that marine farming plays an important role in world food supply. As a major yielding country of aquatic product, China has been leading the output of marine farming in the world. The marine farming products have seen increasing shares of net income. Fast development of marine farming in China has made an important contribution to the world aquatic production.

4.5 海洋糖类药物研发展望

管华诗* 张丽娟 于广利
（海洋药物教育部重点实验室，中国海洋大学医药学院）

糖类药物（carbohydrate-based drug）是指以糖类化合物为主要或不可缺少成分的药物。除了天然的真菌多糖（如香菇多糖、云芝糖肽）、动物酸性多糖（如肝素、硫酸软骨素）及生物发酵的细菌多糖（如α-甘露糖肽、右旋糖酐）和化学修饰的海洋生物多糖（如藻酸双酯钠、甘糖酯）外，很多含有N，O-糖链的蛋白类药物（如促红细胞生成素、转铁蛋白等）、被糖修饰或含有拟糖的抗生素类（如万古霉素、卡那霉素、红霉素）以及糖苷类（如人参皂苷Rg3/Rh2、甘草酸）等，均属于糖类药物的范畴。和其他药物相比，糖类药物的不同点在于其作用靶点大多位于细胞之外，不仅参与血液循环系统、神经系统及免疫系统的调节，而且参与细胞的黏附、识别以及信号转导等过程。由于安全性高、毒性低、特异性强，糖类药物成为21世纪生化药物开发的热点。

以糖类化合物为基础的海洋药物的研究开发，源于动植物来源的糖类药物对人类复杂疾病，尤其是癌症与心血管病的广泛治疗作用及其在现代医学尤其在手术中不可取代的地位。其研发趋势不仅取决于人们对陆地和海洋来源糖类药物的治疗作用在现代分子生物学水平上的理解和认识，而且取决于个性化药物尤其是转化医学带来的药物研发理念模式的转变。

人类防治各种疑难病症的希望在于个性化的医疗，而个性化医疗需要个性化药物，这意味着人类需要药物的种类会大量增加。海洋生物是天然药物开发的丰富资源，海洋物种的丰度远远高于陆地，海洋糖类资源是海洋生物中结构独特的生物大分子，其特殊的结构和丰富的资源量，将会为个性化药物的开发提供广阔的空间。

---

* 中国工程院院士。

一、海洋糖类药物研发现状

依据《中华海洋本草》中的资料，从20世纪40年代至今，科学家们已经从各种海洋资源中发现了2万余种海洋天然化合物，其中近一半有不同的生理活性。不仅如此，这些化合物的结构几乎涵盖了人们所知的所有化合物类型，结构新颖独特。因此，海洋生物资源的合理开发利用，已经成为国际医药界关注的热点。

在海洋生物资源药学开发利用的浪潮中，特别是近期，海洋多糖（寡糖）及其衍生物的药用开发格外引人瞩目。这不仅是因为多糖是海洋生物防御机制中的第一道屏障，重要的是因为近期多糖的生物功能研究有了新突破。研究结果揭示了多糖在免疫调控中的作用，并以此初步建立了一个复杂疾病诊断、药物筛选技术平台。该平台大大提高了化合物的筛选效率以及受试药物与疾病的相关性，降低了药物筛选成本。特别值得指出的是，利用这个平台，可针对特定的病人选用特定药物，提高药效，降低或消除副作用。这个平台使糖类药物的开发走上了快车道。

虽然目前已开发的种类还不够多，但海洋糖类药物已经在抗凝、抗癌、抗病毒、抗炎、降血糖、免疫调节等方面展现了特殊的功效。本文就已上市的海洋糖类药物，将其研发现状简要叙述如下。

1. 抗凝血海洋糖类药物

肝素（heparin）是动物体内重要的生物大分子，是一种线型、不分支、高度硫酸化的多糖。其化学本质为聚阴离子电解质物质，现已被公认为最有效，使用最广泛的抗凝血药物之一。20世纪90年代以后，肝素的全球销量以每年20%的速度递增，到2009年该类药全球销售额已达69亿美元。

从1916年Mclean发现肝素这种物质到现在已经近一个世纪，虽然科学家已对肝素结构、生理作用、构效关系、临床适应证有了十分深入的研究，但肝素过强的抗凝作用所引起的出血倾向、在少数病人中引发血栓、不能口服及价格昂贵等弊端仍未得到解决。20世纪50年代，肝素的类似物——类肝素（heparinoid）的概念被提出，于是寻找类肝素药物一时成为研究热点。在此背景下，研究人员将具有肝素类似分子骨架的天然生物大分子，如纤维素、果胶、甲壳质、软骨素等作为基础原料分子进行了各种改构研究。此间，英国、美国、比利时等国的科学家曾集中对海洋天然多糖化合物——褐藻胶进行过改构研究。70年代末，中国海洋大学对褐藻胶这种由β-D-甘露糖醛酸与α-L-古罗糖醛酸交替构成的线型嵌段化合物进行了较系统研究，并于1985年上市了第一个海洋类肝素药物——藻酸双酯钠（propylene glycol alginate sodium sulfate，PSS）。PSS 的抗凝效价相当于标准肝素的 1/3～1/2，能有效降低血液黏度，显著改善微循环；安全性高，能口服吸收，小鼠静脉滴注半数致死量（LD_{50}）为 846 毫克/千克体重。PSS 主要用于缺血性心脑血管疾病、血液高黏滞综合征等血液高凝性疾病的防治。自 1985 年上市至今，PSS 因其安全有效、价格低廉而成为我国防治缺血性心脑血管病的基础药物，产生了显著经济效益（形成了 60 余亿元的产值）与社会效益。

在 PSS 的研究基础上，中国海洋大学又研制成功并于 1994 年上市了另一种有低抗凝（抗凝效价相当于肝素的 1/9）的降脂海洋类肝素药物——甘糖酯。甘糖酯能明显降低血清中胆固醇、甘油三酯、低密度脂蛋白胆固醇与极低密度脂蛋白胆固醇的水平，且能升高高密度脂蛋白胆固醇的水平，主要用于高脂血症的防治。PSS 的第三代产品 D-聚甘酯作为抗栓药正处于Ⅱ期临床实验中。

值得提出的是，研究显示在长达近 30 年的临床应用过程中，PSS 对多种其他疾病，如癌症、糖尿病、系统性硬皮病、肾病综合征、慢性阻塞性肺病等，均具有一定治疗作用，显示了 PSS 潜在的开发价值。

此外，褐藻中含量丰富的褐藻糖胶（fucoidan）也有望成为一种新型的抗血栓药物。褐藻糖胶是一类主要由岩多糖与半乳糖组成的不均一的硫酸多糖，不仅能够抑制凝血酶的生成，还能够增强组织纤溶酶原激活剂（t-PA）对纤溶酶原的激活作用。

褐藻淀粉（laminarin）的结构不同于陆生植物淀粉，其主链结构是 β-1，3－葡聚糖并含有少量 β-1，6 分支。自 20 世纪 70 年代以来，科研人员将该化合物经磺化后所得的褐藻淀粉硫酸酯，作为降脂药进行过临床研究。

2. 抗癌海洋糖类药物

海洋生物是国际公认的开发抗癌先导化合物的优质资源。美国国家癌症研究所每年筛选的 3 万个新型抗癌先导化合物中，约有 5% 来源于海洋生物。20 世纪 80 年代获准上市的阿糖胞苷（Ara-C/cytarabine）是最成功的海洋抗肿瘤糖类药物。此药物是以 Bergmann 等研究人员于 1955 年从加勒比海海绵（*Cryptotheca crypta*）中发现的特异核苷酸为基础修饰而成的。20 世纪 60 年代初阿糖胞苷合成成功，80 年代获准上市。其作用靶点是抑制 DNA 聚合酶的产生，主要用于急性白血病、恶性淋巴瘤、肺癌及消化道癌的治疗。1993 年，日本琉球大学的 Natori 等从冲绳岛附近海域的群海绵（*Agelas mauritianus*）中发现了一种活性鞘糖脂，其结构特征为 α-半乳糖醛神经酰胺。该物质具有显著的抗肿瘤活性，特别对不同类型的肿瘤的转移有抑制作用，研究认为它的抗肿瘤活性可能很大程度上来源于免疫促进机制。

另外，黑斑海兔、栉孔扇贝中的糖蛋白，鲍鱼多糖，刺身黏多糖都有一定的抗肿瘤功效。

多糖是一种免疫增强剂。免疫调节是目前公认的多糖抗肿瘤作用的主要机制之一。我国对海洋多糖褐藻酸钠、螺旋藻多糖等的免疫增强作用及在抗肿瘤方面的应用可能性进行了较为系统的研究。研究结果显示这些多糖及其衍生物都不但具有激活T淋巴细胞、B淋巴细胞、自然杀伤细胞（NK）等免疫细胞活性的作用，而且能够激活网状内皮系统（RES）吞噬、清除衰老细胞和异物，促进白细胞介素-1（IL-1）、白细胞介素-2（IL-2）、肿癌坏死因子-γ（TNF-γ）的生成，显示出明显的提高抗肿瘤免疫力的作用。动物实验结果表明，中国海洋大学研制的褐藻酸衍生物pc201对肝癌抑瘤率达86%，其作用机制正在研究中。

3. 抗病毒海洋糖类药物

早在20世纪50年代中期，Bergmann等就从加勒比海海绵中分离到了多种阿拉伯糖苷衍生物阿糖尿苷（spongouridine）、阿糖胸苷（spongothymidine）和海绵核苷（spongosine）。15年后，在此类衍生物结构基础上合成的结构类似物阿糖腺苷（Ara-A）成为最早的海洋抗病毒药物。阿糖腺苷具有显著的抗病毒活性，并于20世纪80年代作为抗病毒药物进入市场。它是最早在临床上应用的核苷类药物，是用阿拉伯糖代替核糖或脱氧核糖对碱基进行的修饰。此后，研究人员相继开发了一系列抑制DNA合成的核苷类药物，主要使用其他糖基甚至无糖环片段（烃基）来代替典型的戊糖分子。Ara-A能抑制病毒DNA的合成，对疱疹病毒、水痘、单纯疱疹病毒（HSV-1，HSV-2）、腺病毒、伪狂犬病毒、乙型肝炎病毒（HBV）等有抑制作用。目前，Ara-A在临床上主要用于慢性乙型病毒性肝炎、单纯性疱疹病毒及巨细胞病毒性脑炎、疱疹性角膜炎、带状疱疹等的治疗。

科研人员从蓝藻中发现了一种小分子糖蛋白，是特异性的甘露寡糖结合蛋白（cyanovirin，CV-N）。CV-N能与人类获得性免疫缺陷病毒（HIV，即艾滋病病毒）受体gp120及gp41相结合，从而阻断病毒从感染细胞向非感染细胞的传播。目前，CV-N已通过基因工程生产。

肝素类硫酸多糖、葡聚糖硫酸多糖、戊糖硫酸多糖在体外的抗HIV作用国内外均有报道。这些多糖通过与HIV包被膜蛋白gp120亚基或与宿主细胞CD4受体结合，干扰病毒对宿主细胞的吸附，阻止病毒进入宿主细胞。

中国海洋大学研制的海洋褐藻硫酸多糖“911”就是一个典型的抗HIV病毒的药物。除具有典型的多糖免疫调节作用外，“911”在体内外均可强烈抑制HIV及猴免疫缺陷病毒（SIV）的复制，“911”在gp120蛋白上作用靶点主要是V_3区，且该作用有高度的特异性。另外，宿主细胞上作为gp120受体的CD4分子与“911”的结合也存在较高的特异性。研究证明，“911”抗 HIV 的多靶点作用，不仅体现在抑制病毒的吸附及进入过程，而且还体现在病毒进入细胞后的过程抑制。

“911”用于抗艾滋病的研究表明：“911”对 HIV-Tat 结合蛋白造成的神经细胞损伤有保护作用；“911”不但能显著地抑制 Tat 诱导的活性氧簇（ROS）与一氧化氮（NO）的释放，而且还明显抑制 HIV-Tat 结合蛋白诱导的前炎症细胞因子——肿瘤坏死因子-α（TNF-α）、白细胞介素-1B（IL-1B）和白细胞介素-6（IL-6）的释放。“911”正在抗艾滋病的Ⅱ期临床研究中。硫酸多糖类化合物抗病毒作用又一次引起人们的广泛关注。

另外，褐藻糖胶（fucoidan）、鞘丝藻分离的糖脂与卡拉胶亦有抗 HIV 的活性报道。此外，卡拉胶抗流感病毒等的研究，已渐成为热点。

4. 抗菌、抗炎类海洋糖类药物

海洋生物特别是海洋微生物是抗菌、抗炎药物的重要生物资源。现已开发的抗菌、抗炎海洋糖类抗菌素以氨基糖苷类为代表。氨基糖苷类抗生素为氨基环醇、氨基糖与糖组成的抗生素的总称，现已发现百余种，并经结构修饰获得大量衍生物。广谱抗菌特点使其中多种氨基糖苷成为临床治疗与农牧病害防治的重要药物。从日本相模湾的小单胞菌株中发现的硫酸小诺霉素，从海底链霉菌中发现的天神霉素，从海洋新放线菌培养物中发现的远霉素都属氨基糖苷类抗生素。从黑斑海兔中发现的一种糖蛋白，也具有明显的广谱抗菌作用。

5. 其他作用机制的海洋药物

前文多次提到的褐藻糖胶，除具有抗凝、降血脂、抗肿瘤的活性外，还有改善肾功能、提高肾脏肌酐清除率的作用，中国科学院海洋研究所已将其开发成治疗早期慢性肾衰的药物

甘露醇是一种从褐藻中发现的小分子糖醇化合物，不仅用作降低颅内压药物，其系列衍生物也已经被开发成为具有多种不同功效的药物。例如，烟酸甘露醇酯具有降低甘油三酯、血清胆固醇，以及扩张血管的作用，对治疗高胆固醇血症、高血压、冠状动脉硬化、扩张末梢血管、促进脂肪代谢有一定功效。六硝酸甘露醇酯（又名硝甘露醇）为 D-甘露醇经硝化所得衍生物，可弛缓平滑肌，扩张冠状动脉、小动脉、毛细血管，对治疗冠状动脉疾病有一定功效，亦可用于冠心病发作、心绞痛或哮喘急救治疗药。二溴甘露醇（DBM）为一种卤化的糖醇类化合物，在体内脱去溴化氢而成环氧乙烷类烷化剂。DBM 口服吸收完全，体内分布均匀，对慢性粒细胞性白血病有较好疗效，对霍奇金病、真性红细胞增多症有一定疗效。甘露醇双甲

磺酸，为抗肿瘤药，能和核酸中的磷酸结合，影响细胞代谢糖酵解和呼吸，适合于慢性粒细胞性白血病及实体瘤等疾病的治疗。甘露醇氮芥属氮芥的糖类衍生物抗肿瘤药，其优点为易于溶解，毒性较其他氮芥稍低，特别对淋巴细胞有较大作用，可治疗慢性白血病、霍奇金病、网状细胞肉瘤、淋巴肉瘤、多发性骨髓瘤等。

总之，在众多结构类型各异的海洋天然产物中，由于糖类化合物的结构特点及多靶点生理特性，引起了人们的广泛关注。

二、海洋糖类药物研发展望

近年来，美国、日本、法国、爱尔兰等国十分重视海洋多糖的药用研究，发表了数以万计的研究论文，发现了大量有活性的糖类化合物，申请了数千项发明专利。这些多糖类化合物，不仅富含羧基和硫酸基等酸性基团，而且含有特殊的岩藻糖、鼠李糖等陆地动植物较少含有的单糖。这些发现不但为研制具有海洋特色的糖类药物提供了难得的化学结构基础，更重要的是它拓展了人们研发海洋糖类药物的思路。

（1）与基因组学和蛋白组学一样，糖组学（糖生物学）的研究将成为今后药物开发的重要基础。近年来，几种用于研究寡糖在不同细胞信号传导过程中所起的作用的技术发展很快，如寡糖芯片技术、近年来发展很快的寡糖合成技术、寡糖合成仪的出现，以及基于糖类分离、纯化、结构检测技术的天然寡糖库的建立。我们有理由相信，这些技术奠定了今后糖类药物发现与研究开发的基础。我国建立了世界上第一个海洋糖库（内含 21 个结构系列，300 余个寡糖化合物），并且数据还在不断丰富中。该海洋糖库将为海洋糖类药物的开发做出应有的贡献。

（2）继续发现糖类先导化合物并加大已知化合物新功能的开发，仍是今后海洋糖类药物研发的主要趋势。新型海洋糖类先导化合物的发现，或已知糖类化合物新功能的开发，实际上是对海洋糖类药物药源的发掘。新资源发掘的内涵，值得注意的有两方面的内容。第一方面是在已知药物资源中发现新药，例如，从褐藻中获得的一种新型岩藻多糖（MC26），其抗流感病毒效果比“达菲”更显著；红藻硫酸半乳聚糖——卡拉胶，不仅能专一性抑制人乳头状瘤病毒（HPV）、单纯性疱疹病毒（HSV）、鼻病毒和流感病毒的复制，而且能抑制 HIV 感染和复制；绿藻中的硫酸鼠李聚糖具有显著的抗凝活性；甲藻中的硫酸半乳糖具有抑制拓扑异构酶-Ⅰ作用等。第二方面是针对尚未系统研究过的绝大多数（占整个海洋生物资源量 99%）的海洋生物资源，特别是那些易于形成产业，对环境又无破坏的海洋生物资源，如特殊生态背景下的海洋微生物、微藻资源等，从中发现新的先导化合物。这是海洋药物研发的基本内容。

（3）利用各种生物技术，对海藻或者海洋细菌、真菌进行品种改造，使其产生特殊结构的目标海洋多糖（寡糖），为糖类药物研发提供可靠的资源保障。例如，中国海洋大学已经培育成功产生特殊结构褐藻胶的萱藻、能连续发酵生产具有免疫活性的α-1，2-甘露聚糖的特殊海洋细菌等，这是具有极大潜在价值的海洋药物研发方向。

综上所述，海洋糖类药物开发的诱人前景令人鼓舞。我们有理由相信，来自海洋生物的结构纷呈的海洋糖类化合物，在个性化治疗的医疗模式中，将会发挥独特的作用，并将带来药物研发理念及模式的转变。

参 考 文 献

[1] 管华诗.2006. 我国海洋创新药物的研究和开发. 中国天然药物，4（1）：1，2

[2] 管华诗，王曙光.2009. 中华海洋本草，上海科技出版社

[3] 易杨华等.2006. 现代海洋药物学. 北京：科学出版社

[4] Fukui S, Ten Feizi, et al. 2002. Oligosaccharides microarray for high-throughput detection and specificity assignments of carbohydrate-protein interactions, Nat Biotech, 20（10）：1011～1017

[5] Isuru W, RatihPangestuti, Se-KwonKim. 2010. Biological activities and potential health benefits of sulfated polysaccharides derived from marine algae. Carbohy Poly, in press doi：10. 1016/j. carbpol. 2010. 10. 062

[6] Mayer A M S, Glaser K B, Cuevas C, et al. 2010. The odyssey of marine pharmaceuticals：a current pipeline perspective. Trends Pharmacol Sci, 31（6）：255～265

[7] Pan J, Qian Y, Zhou X, et al. 2010. Oversulfated chondroitin sulfate is not the sole contaminant in heparin. Nat Biotech, 208：203-207

[8] Paola L. 2010. Marine polysaccharides in pharmaceutical applications：an overview. Mar Drugs, 8（9）, 2435～2465

[8] Persidies A. 1997. The carbohydrate-based drug industry. Nat Biotech, 15：479～480

[9] Vitor H P. 2010. An overview about the structure-function relationship of marine sulfated homopolysaccharides with regular chemical structures. Biopolymers, 91（8）：601～609

[10] Wong C H. 2003. Carbohydrate-based Drug Discovery. Weinheim：Wiley-VCH

[11] Zhang Lijuan. 2010. Glycosaminoglycans in Development, Health, and Diseases. UK：Elsiver

[12] Zhang Z Q, Yu G L, Zhao X, et al. 2006. Sequence analysis of alginate-derived oligosaccharides by negative-ion electrospray tandem mass spectrometry, JASMS, 17（4）：621～630

Research and Development of Marine Glycan-based Drugs

Guan Huashi, Zhang Lijuan, Yu Guangli

(Key Laboratory of Marine Drugs of Ministry of Education, School of Medicine and Pharmacy, Ocean University of China)

Translational medicine involves transformation of laboratory findings of personalized biomarkers and drugs into new ways of patient diagnosis and treatment for complex diseases including heart disease and a variety of cancers. Personalized biomarkers at molecular level lay foundation of translational medicine. In the post genomic era, a variety of -omics, such as genomics, proteomics, glycomics, glycosaminoglycan-omics (GAG-omics) and metabolomics, may allow for a greater degree of personalized diagnosis and treatment by providing personalized biomarker profiles. Among them, GAG-omics is a promising source of personalized biomarkers because GAGs are the most information dense biopolymers made by normal as well as cancer cells. GAG structure, composition, and quantity changes in damaged tissues and blood circulation are directly associated with human diseases including a variety of cancers. Heparin and chondroitin sulfate, two kinds of animal GAGs, are top selling medicine and over-counter nutraceutical in the world mainly used for the purposes of prevention and treatment of thrombosis and arthritis, respectively. Marine glycans are even more complex than the GAGs because a large amount of all life on earth exists in the oceans and oceans encompass about 300 times the habitable volume of the terrestrial habitats on earth. China is the first and the only nation in the world that developed and commercialized a clinical approved heparin-like marine glycan-based drug, PSS (Propylene glycol alginate sodium sulfate), 30 years ago for heart disease prevention and treatment. It demonstrates that marine glycans represent a rich and cheap source of barely touched future medicines. This review briefly discusses the following topics: (1) Translational and personalized medicine; (2) Research and development of marine glycan-based drugs; and (3) Perspective of marine glycan-based drugs.

4.6 海洋污染监测与控制技术开发新进展

丁德文[1*] 杨建强[2] 宋文鹏[3]

([1] 国家海洋环境监测中心；[2] 国家海洋局北海分局；
[3] 国家海洋局北海环境监测中心)

海洋污染监测是指在设计好的时间和空间内，使用统一的、可比的采样和检测手段（包括卫星、航空、浮标等），获取海洋污染要素资料，分析其分布变化规律。海洋污染控制是指采取污染诊断技术、污染评价技术、生态修复技术，以及调控技术等遏止海洋环境污染，修复受损的海洋生态环境。发展海洋污染监测与控制技术，不仅可迅速提高我国的海洋环境信息获取能力，为科技兴海、海洋综合管理、海洋防灾减灾、国防安全提供技术依托，而且可为海洋健康和海洋经济的可持续发展提供环境保障[1]。

2009 年，我国承担海洋环境监测任务的部门和单位有 130 余个，共设立各类监测站位 5357 个，监测面积约 213 万千米^2，范围覆盖了我国领海全部水域及管辖海域的重点和生态敏感区域[2]。全海域未达到清洁海域水质标准的海域面积为146 980 千米^2，比 2008 年增加 7.3%。严重污染海域主要分布在辽东湾、渤海湾、莱州湾、江苏沿岸、长江口、杭州湾、珠江口和部分大中城市近岸局部水域。海水中的主要污染物是无机氮、活性磷酸盐和石油类污染物，局部海域沉积物受到重金属、石油类污染物污染，部分贝类体内污染物残留水平依然较高。73.7% 的入海排污口超标排放污染物，部分排污口邻近海域环境污染呈加重趋势。河流携带入海的污染物总量较 2008 年有较大增长，铜等重金属在长江口、珠江口海域的大气输入通量仍呈上升趋势。海洋垃圾数量总体处于较低水平[2]。2009 年发生赤潮 68 次，发生赤潮海域累计面积约 14 100 千米^2；赤潮发生次数与 2008 年相同，发生赤潮海域累计面积基本持平；赤潮多发区主要集中在东海海域。海岸侵蚀范围和速度加大；渤海滨海地区海水入侵和土壤盐渍化加重[2]。海水增养殖区环境状况基本满足其功能要求，滨海旅游度假区、海水浴场环境状况良好，海洋倾倒区和海上油气开发区环境质量基本符合功能区环境要求。处于健康、亚健康和不健康状态的近岸海域生态系统分

* 中国工程院院士。

别占所监测生态系统的24%、52%和24%[2]。

一、海洋污染监测技术新进展

随着人类活动对海洋尤其是近岸海域的影响日益加重，“压力—状态—响应”成为海洋污染监测的主线，海洋污染监测要素也从生化单要素向综合生态响应要素发展。为了满足监测的变化和要求，海洋污染监测技术在监测手段、监测范围、监测平台和区域系统方面取得了长足的进步。

1. 海洋污染监测从实验室分析逐步向现场快速在线监测发展

物理学、化学、光学和生物光学、生物学和生物声学、海洋地质学和地球物理学等类型的现场传感器，对于大面积同步、互补监测具有重要的意义。随着纳米技术、光纤技术、微电子技术、生物探针技术、神经网络技术在各种现场快速测量传感器和组合测量系统中的应用，现场传感器的精度、可靠性得到了大幅度的提高。同时，数据采集、处理、存储及通信装置趋向多功能化和微型化，促使海洋污染监测由单传感器/仪器观测技术向多传感器/仪器组合的集成、快速、综合观测技术发展（图1）。现场传感器推动了海洋污染要素监测手段的发展，实现了污染监测要素的现场在线分析和时间序列连续监测。

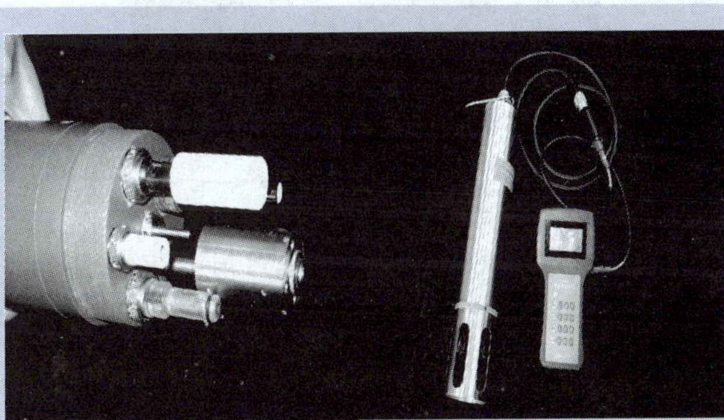

图1　国产多参数水质仪（国家海洋技术中心提供）

在传感器技术取得进步的同时，微缩实验室监测海水污染要素技术也取得了可喜的进步，实验室工作程序已经实现自动控制，能够进行样品的前处理、分析、计算和数据存储、传输。“十一五”期间由国家“863”计划支持的海水营养盐、化学需氧量（COD）、生物需氧量（BOD）、赤潮生物藻种、重金属、有色可溶有机物

（CDOM）及酚类、有机锡、总磷、总氮和总有机碳等原位监测设备的研发，已经通过微缩实验室、现场光电传感器和基因芯片等技术方式，实现了由实验室向现场监测的发展，能够对海水污染要素进行快速、连续、准确的检测。图 2 为我国国产的海水营养盐自动分析仪。

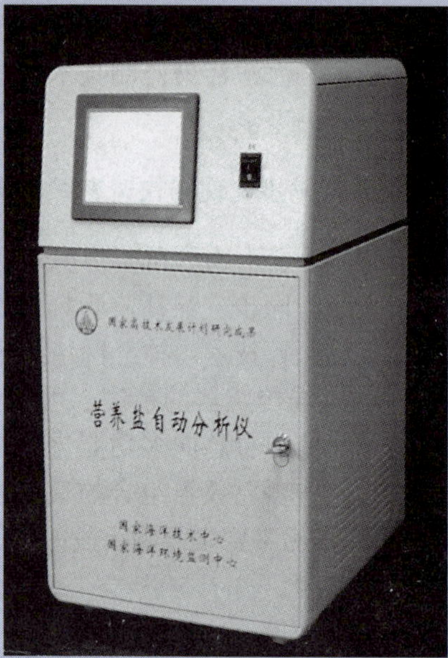

图 2　国产海水营养盐自动分析仪（国家海洋技术中心提供）

2. 海洋污染监测在空间尺度上取得长足进展

随着卫星、航空和雷达等海洋遥感手段在信息识别精度、信号反演广度、遥感传感器、时空覆盖率等方面的进步，海洋污染监测在大尺度空间范围监测方面取得了长足的进步，应对新出现的海洋灾害的技术也取得了较好的进展。现阶段，卫星遥感海洋应用在已有风暴潮预报、海冰预报、极地航行保障、海温预报、赤潮监测、渔场环境信息服务等工作的基础上，在绿潮监测、排污口监测（图 3）、溢油监测等方面取得了较大的进展和成功应用。海洋卫星正向着标准化、系列化和业务化的方向发展。美国、欧盟、日本、俄罗斯、加拿大、韩国、印度，以及我国台湾省都在发展海洋卫星技术。2007 年 4 月 11 日，我国 HY-1B 卫星继“水色”卫星后成功升空。

图 3　渤海排污口卫星遥感监测（中国科学院遥感应用研究所提供）

近几年，雷达监测在海洋污染监测技术中异军突起，成为新生力量。在地波雷达取得突破性进展的基础上，X 波段雷达（图 4）作为海洋污染监测新的热点，在溢油、绿潮、海浪、海流等方面陆续取得了较好的应用。

图 4　车载 X 波段雷达监测系统（大连海星航海科技有限公司提供）

3. 多功能海洋污染监测平台快速发展

固定式和可移动式观测平台技术日臻成熟。随着观测平台、水下无人值守观测站、半潜式自航平台、自持式水下平台、表面漂流浮标、拖曳式海洋观测平台和船舶观测平台的快速发展，平台载体、电源动能、平台空间、信息处理、数据传输、平台控制和信息传输等方面的制约相继解决，各种监测和观测平台相继问世，为海洋观测监测设备的集成提供了优良的集成环境。

我国在“十一五”期间相关科研项目的支持下，相继开发改进了 10 米大浮标、3 米多功能浮标、小型多参数海洋环境监测浮标、海床基综合自动监测系统、海洋光学浮标技术、船载拖曳式剖面探测系统、船载快速监测集成系统等多功能监测平台。“十一五”期间，由国家“863”计划重点项目“渤海海洋生态环境监测技术系统集成与示范”支持研制的“船载海洋实时监测技术系统”（图 5），实现了原位海水采样、水样自动分配、集成设备快速自动分析、数据集中管理和分析，集成了海水营养盐、COD、BOD、赤潮生物藻种、重金属、CDOM 及酚类、有机锡、总磷、

图 5　船载海洋实时监测技术系统（国家海洋局北海工程勘察研究院提供）

总氮和总有机碳等原位监测设备。我国开发的拖曳式观测系统拥有六大类传感器，能够测量温度、盐度、压力、pH 值、溶解氧值、浊度、荧光度，以及磷酸盐、硅酸盐、硝酸盐、亚硝酸盐、铵盐的浓度等 12 种海洋参数。欧盟“尤里卡海洋计划”（EUREKA）开发的“美人鱼”系统（MERMAID）共集成了 27 个传感器，用于生态环境的监测。多传感器集成观测显著提高了观测效率，节省时间，而且为环境参数之间的相互作用研究创造了条件。

4. 区域性综合海洋环境监测系统逐步建立

目前，海洋环境的观测已经进入立体监测时代。由遥感卫星组成的天基海洋环境监测平台，由海洋巡航飞机、有人/无人航空遥感飞机组成的空基海洋环境监测平台，由固定海洋环境监测站和高频地波雷达站组成的岸基海洋环境观测平台，由浮标、潜标、漂流浮标、水下移动潜器、船舶等组成的海基海洋环境观测平台，由水下固定监测站、水下水声探测阵等组成的海床基海洋环境观监平台等，共同形成多平台、长时序的海洋环境立体观测系统。

区域性海洋环境立体监测和信息服务系统对解决区域性的海洋环境问题具有重要意义。集中卫星遥感、航空遥感、水面监测船、浮标、水下监测设备、台站自动监测设备，以及先进的通信、数据处理和多媒体可视化手段，对特定的海域实施海天一体化的立体监测，提供多媒体信息服务，在区域性经济发展、灾害性环境监测、科学研究、军事应用等方面都具有重要价值。因此各沿海国家普遍重视区域性海洋环境立体监测技术的研究和系统的建设。这也是海洋环境监测技术发展的方向。

美国是国际上建立区域观测系统最早、最成功的国家，其技术代表了当今世界的最高水平。美国加利福尼亚大学、海军研究生院、茫特雷湾水科学研究所共同研究开发了“实时环境信息网络与分析系统”（REINAS），随后建立了美国的沿岸海洋环境监测网（C-MAN）、“实时监测与预报系统”（COMPS）、“国家河口研究保护系统”（NEER）。其他国家也建立了不同规模的海洋环境立体监测系统，例如，欧盟的海洋环境遥控测量和综合监测系统（MERMAID）、法国的沿海环境自动监测网（MAREL）、英国的南部沿海营养盐研究（SONUS）、东北亚地区国家的东北亚海洋观测系统（NEAR-GOOS）等。我国也在国家“863”计划等国家科研计划的支持下建立了珠江口、上海、福建和渤海等区域性综合海洋环境监测系统。其中，福建示范区集成了大型海洋环境多层监测浮标、小型多参数海洋环境监测浮标、高频地波雷达、海床基动力要素综合自动监测系统和海洋光学浮标技术等 10 项技术成果，是目前我国海洋监测系统参数最多、技术最为复杂的动力环境立体监测系统；渤海示范区集成了船载快速监测系统平台、航空遥感平台、无人机遥感平台、生态浮标平台、海床基平台、岸站监测和定期污染监测平台等50余个生态环境要素，是我国集成生态要素最多的生态环境立体综合监测示范系统。

二、海洋污染控制技术新进展

随着对海洋污染认识的逐步深入，海洋污染诊断、评价和修复成为海洋经济大发展后的一个重要主题。尤其是在沿海入海口污染物控制、污染物环境容量总量控制、海洋养殖环境控制和修复、湿地环境和功能修复，以及突发污染事故环境修复等方面取得了较大的进步。

从20世纪80年代开始，日本的濑户内海、美国的纽约湾和长岛、欧洲的波罗的海等海域采用了总量控制和污染源控制相结合的方法，实施了排污口控制和离岸排放的措施，海域环境质量得到了根本的改善。近年来，分层立体综合养殖技术在世界发达国家得到推广，通过设施养殖、人工鱼礁和底播养殖相结合的方法建设海洋牧场，成为各国探索和发展的重点，并且使养殖带来的环境影响得到了有效的控制。恢复湿地功能成为生态修复的重点，利用滩涂、苇林、红树林降解污染物，可显著减少入海污水中的悬浮颗粒、COD、溶解性营养盐和BOD的含量，减轻对海洋环境造成的压力。美国环境保护署（EPA）的“国家河口计划”（NEP）、英国农渔食品部（MAFF）的“生境计划”等针对不同的生境问题，提出了相应的生境修复方案和修复技术，并在部分区域取得了成功。

进入21世纪，我国对于海洋污染控制技术日益重视。《21世纪初中国海洋科技发展目标前瞻》[3]提出，在海洋污染控制技术领域，应优先关注污染损害的环境变异和生态系统演替过程，海域自净与容纳能力，海洋生态环境可持续利用能力，容量总量控制技术，污染的生物修复技术，生态环境修复工程技术，赤潮、绿潮和溢油等环境灾害的应急处置技术，入海污染物的处置工程技术，海洋生态环境管理技术等领域。

在区域环境的综合治理方面，我国制定了《渤海环境保护总体规划》。河北、山东等沿海省份制定了近岸海域污染防治与生态修复的计划或实施方案，重点开展污染防治工程和生态修复工程，涉及的工程包括河口污染整治、养殖区整治、面源污染整治、港口及临港工业区环境治理、岸滩修复工程、湿地修复工程、保护区建设、沿海防护林带建设等。

国家海洋局开展了“渤海海峡污染物交换通量及重点海湾主要污染物环境容量评价”研究工作，评估了辽东湾、渤海湾、莱州湾海洋环境容量，制定了环渤海行政区域COD、氮、磷等主要污染物的消减量，并根据三大湾环境质量变化进行了动态调整。该项研究推动了重点海域环境容量评估方法和制度的建立，并在全国海域开展了“海洋环境质量综合评价方法”研究，促进了海洋诊断和评价方法的发展。

针对赤潮、绿潮和溢油等突发生态灾害，在“863”计划、“973”计划、科技支撑和海洋公益性等项目的支持下，我国已经在灾害监视监测、预警预报、快速处置和灾后评估等方面逐步建立起一整套技术体系和处置方法。2010 年，墨西哥湾平台溢油、大连中国石油天然气集团公司爆炸溢油等事件对海洋环境的影响引起了世人的关注，海上溢油的无害化处置成为了关注的热点，在采用微生物修复菌剂方面的探索取得了初步的成果。图 6 为菌群降解原油 7 天后实验对照图。

图 6　菌群降解原油 7 天后实验对照图（国家海洋局北海环境监测中心提供）

三、中国海洋污染监测与控制技术展望

近年来，我国海洋污染监测和控制技术在微观和宏观方面都取得了较大进步。但是，我国海洋污染监测与控制技术的发展水平与我国海洋管理的迫切需求之间仍存在较大差距，具体表现在：一是研发技术产业化和应用不足，大部分新技术仍然处于实验室或样机阶段，实际工作仍以旧有技术的使用为主；二是关键技术没有取得根本性突破，具有自主创新性和知识产权的高技术产品很少，研究项目基本上属于跟踪性技术；三是新研发的仪器设备对于新型污染物关注度不够，大部分设备仍

然针对原有监测要素；四是各类污染控制和生态修复工程技术试验不足，在不同地区的应用存在较大的差异，影响了环境治理工程的效果。

针对上述不足，我们对未来我国海洋污染监测与控制技术发展提出如下建议。

（1）制定我国国家和区域海洋污染监测和控制的总体规划、系统设计和能力建设，指导我国海洋污染监测与控制技术发展。

（2）在资金、政策方面给予支持，大力推动新技术的产业化和业务化应用，强化海洋污染监测与控制新技术的转化应用，并积极推动成熟技术的对外出口。

（3）加大从传感器到区域系统的海洋污染监测和控制基础技术的自主研发，增加自主知识产权在整个海洋污染监测与控制业务体系中的比重。

（4）加大各类新技术的试验，在试验中暴露问题、解决问题，增强新技术、新设备的可靠性、稳定性和准确性。

参 考 文 献

[1] 丁德文，刘旭世．加强海洋环境保护研究，提高海洋环境监测及管理水平．见：国家海洋局．海洋环境监测文集．北京：海洋出版社，1995

[2] 国家海洋局．2008 年中国海洋环境质量公报．2009

[3] 国家海洋局．21 世纪初中国海洋科技发展目标前瞻．中国海洋报．第 4 版．2001-7-31

The New Progress on the Technology of Monitoring and Controlling on Marine Pollution

Ding Dewen[1], Yang Jianqiang[2], Song Wenpeng[3]

([1]National Marine Environmental Monitoring Center;

[2]North China Sea Branch of the State Oceanic Administration;

[3]The Organization of North China Sea Monitoring Center)

As people pay more attention on the problems of marine pollution, the technology of monitoring and controlling on marine pollution make great progress. The technology of monitoring on marine pollution has developed from laboratory analysis to the quick on-line monitoring. They can provide higher resolution and larger scale monitoring data. Many kinds of monitoring flats have built up and the regional integrated marine environmental monitoring system has established step by step. Related government branch has carried much work on the technology of controlling on marine pollution and great progress has been made on the controlling of the pollution input around the ocean, the environmental capability of the pollution etc..

第五章 高技术与战略性新兴产业发展

5.1 加速发展我国集成电路产业的建议

陈 贤

(中国半导体行业协会)

集成电路产业是信息产业乃至国民经济的基础性、战略性产业。比对分立元器件，单片集成电路是将二极管、晶体管、电阻器、电容器、电感器等，整体制作在一片半导体材料或化合物半导体基片的表面，并不可分割地连接在一起，实现某种功能。随着技术进步，单片集成电路的发展趋势是片上集成系统（SoC），与此对应的是用封装实现系统级集成（SiP）。作为系统级电路，它们都具有信号采集、处理和执行的功能。

一、集成电路产业现状

集成电路产业自诞生以来，取得了突飞猛进地发展。根据国际半导体设备材料产业协会（SEMI）全球执行副总裁丹尼尔·马丁的报告，1976～2009 年集成电路产业年均增长率为 12%。同期全球宏观经济年均增长率仅为 3.6%[1]，约为集成电路年均增率的 1/3。

中国集成电路产业正处于快速发展时期。2000 年国务院 18 号文的颁布，开辟了中国集成电路产业发展的新历程。以 1999 年 2 月“909”工程上海华虹 NEC 第一条 8 英寸生产线的投产为标志，中国的集成电路产业迎来了产业历史上最好的十年发展时期，取得的成就为产业的快速发展奠定了基础。“十一五”期间，集成电路产业进一步发展，主要表现在以下几个方面。

1. 产业规模继续扩大，产业聚集更加明显

中国集成电路产业从 2005 年的产量 266 亿块、销售收入 702 亿元，提高到 2009 年的 441 亿块、销售收入 1110 亿元，到 2010 年产量和销售收入比 2005 年接近翻一番。在全球集成电路产业的比重从 4.5% 提高到 2009 年的 8.5%，市场规模从 3800 亿元扩大到 2009 年的 5650 亿元，占全球市场的 43%，成为全球最大的市场。“长三角”地区、“京津环渤海”地区和“泛珠三角”地区的半导体产业继续迅速发展。5 个国家级产业园区和 8 个设计产业化基地的聚集和带动作用更加突出。我国西部地区的成都、重庆和西安集成电路产业发展步伐进一步加快。

2. 技术创新取得显著进展

我国已经成功研制开发了 65 纳米数字电路工艺，45 纳米数字电路工艺在引进的基础上正在作进一步的开发和验证；移动通信终端核心芯片、平板电脑核心芯片、数字电视芯片、微控制单元（MCU）芯片和电子支付芯片等中高端电路占有一定国际市场。单晶硅、光刻胶、抛光液、高纯气体、靶材等材料技术取得明显进展。各种新型封装技术，尤其是堆叠式（3D）封装技术等已经应用于产品生产。高分辨率离子刻蚀机、大角度离子注入机、45 纳米清洗设备等生产设备投入运行，生产工艺进一步提高，功率半导体等工艺在生产中发挥巨大作用。

3. 产业结构进一步改善

我国集成电路产业已经形成电路设计、芯片制造和封装测试三业并举的格局，电路设计在产业中所占比重逐年增加，由 2005 年的 17.7 % 增加到 2009 年的 24.3%；芯片制造业的比重保持在 1/3 左右。此外，作为集成电路产业上游的设备与材料产业在“十一五”期间取得明显进步，形成一大批量大、面广的产品和一定的经济规模，既推动了半导体产业的发展，也支撑了光伏产业和光电产业的发展。

4. 集成电路企业快速成长

我国集成电路企业在国际竞争中不断发展壮大，企业规模实现较快增长。2009 年，我国集成电路设计企业和制造企业前十名的销售收入“门槛”分别为 4 亿元和

7 亿元，比 2005 年提高了将近一倍。其中，设计企业销售收入过亿元的有 40 家，最高的达到 40 亿元；封装测试企业的前十名中，中资企业的地位明显提升。企业增强了技术创新能力，资源整合能力和市场开拓能力也不断增强，企业申报的设计类专利数量，2002 年以来年均增长率达到 40% 左右，已经研发、量产了多款自主知识产权 SoC 电路产品；上海贝岭股份有限公司、江苏长电科技股份有限公司、南通富士通微电子股份有限公司、天水华天科技股份有限公司、中星微电子有限公司、珠海炬力集成电路设计有限公司、展讯通信（上海）有限公司、中芯国际集成电路制造有限公司等多家公司先后在境内外上市，集成电路产品的出口量和出口额连续增长，2010 年 1～10 月集成电路出口额同比增长 31.5%，出口总量高于 2009 年全年。

二、集成电路产业发展趋势

1. 产品功能化趋势显著

集成电路在遵循摩尔定律发展的同时，功能多样化（也称为“more than Moore”）趋势更加凸显。目前国际上数字产品 45/40 纳米技术已量产化，32/28 纳米的产品也已经开始进入市场。未来通用 CPU、存储器、逻辑电路等数字功能产品，还将进一步按比例缩小，实现 SoC；随着应用拓展，非数字功能的电路品种也日益增多，如射频通讯、光电器件、传感器、驱动器等，它们通过集成电路封装技术封装实现 SiP，即功能多样化。在今后的发展中，SoC 与 SiP 两种技术趋势相辅相成，共同发展。我国近几年来 SiP 产品发展较为迅速，通过 3D 封装技术开发的产品，如大容量 SIM 卡、USB 卡、汽车电子产品已经量产。

2. 国际分工合作进一步深化

全球集成电路产业合作与兼并重组力度加大。代工企业中的台湾积体电路制造股份有限公司、台湾联电集团、中芯国际集成电路制造股份有限公司与 IDM 企业中的德州仪器（TI）、恩智浦半导体（NXP）、飞思卡尔、尔必达、意法半导体（ST）等之间的合作日趋加强[2]。日立制作所与三菱电机共同出资的半导体芯片巨头瑞萨科技公司，同 NEC 子公司日电电子公司之间的整合，提升了瑞萨科技在全球集成电路市场竞争中的地位。整合前，瑞萨科技公司是日本第二大芯片商，全球排名第七，而日电电子在日本国内和全球的排名分别是第三和第十。整合后，新公司的全球市场份额约为 5.1%，虽然与业界龙头英特尔公司的 13.3% 相比依然相去甚远，但对排名第二的全球市场份额为 6.8% 的三星电子公司构成了直接的威胁。中国企业海外整合速度也显著加快。中国南车股份有限公司具备铁路机车、客车、货车、动车组、城轨地铁车辆及相关零部件自主开发、规模制造、规范服务的完整体系。2008年中国南车股份有限公司旗下公司并购了在加拿大多伦多创业板上市的英国公司Dynex。Dynex公司是全球领先的大功率半导体产品的独立供货商之一，主要设计和生产双极功率半导体器件、绝缘栅双极型晶体管（IGBT）、功率组件等产品。整合后的中国南车公司形成了以核心元器件为基础的完整产业链，公司更具活力，更有发展优势。

3. 产业集中度进一步提高

生产成本的不断上升，促使集成电路产业不断集中。目前，新建45纳米节点的生产线，建厂费用约需30亿美元，工艺研发费用约需24亿美元，设计费用需2000万~5000万美元，掩模费用900万美元；32纳米节点的生产线的费用还要更高[3]。2010年，三星电子公司用在半导体上的资本投入高达229亿美元。我国台湾省也加大了对半导体产业的资本支出，仅台湾积体电路制造股份有限公司一家投入就达59亿美元。巨大的费用负担，促使产业集中度不断提高。未来高端产品的芯片加工线，主要集中于英特尔公司 、三星电子公司、瑞萨科技公司、台湾积体电路制造股份有限公司等八九家跨国公司。

4. 政府扶持力度加大

政府积极引导新兴市场的开发，迎来了集成电路产业发展的重要机遇期。进入21世纪，各国政府纷纷强调未来“绿色”经济发展，相继推出一系列发展计划。例如，欧盟提出“绿色照明计划”和“太阳能光伏计划”，德国出台“国家电动汽车发展计划”，法国经济和技术部提出“云计算行动计划”。这些计划的实施，半导体技术与产品起着决定性的作用，掌握了先进的半导体技术，就在未来的发展中处于主导地位。我国出台《国务院关于加快培育和发展战略性新兴产业的决定》，并在加紧制定“国家战略性新兴产业发展规划”，将集成电路作为新一代信息技术产业的重要内容，予以重点扶持。

三、加速发展我国集成电路产业建议

1. 积极推进技术创新

集成电路产业是技术密集型产业，创新是产业发展的推动力。我国半导体产业已经取得巨大成绩，但还不能满足国内需求，自主可控性差。2006 年以来，我国每年集成电路的进口额均超过 1000 亿美元，高于石油和石油产品的进口额，成为最大宗进口的商品[4]。此外，西方国家依据“瓦森纳协定”一直限制对我国的高科技产品出口。因此，我国发展集成电路，一定要坚持自主创新与引进消化吸收再创新相结合的原则，加强新原理、新方法、新技术和新工艺研究，推动产业实现跨越发展。

2. 推动企业兼并重组

目前，中国的集成电路产业大企业不多，存在产品同质严重，产业效益下滑，人力、物力浪费严重的情况。集成电路进入纳米技术节点以后，生产线投资巨大，产品开发费用剧增，产品差异化日趋明显，市场竞争激烈。通过兼并重组，企业能够集聚人才等优势创新资源，加快企业的技术与产品升级换代，形成规模经济。“十二五”期间，我国应加快推进集成电路产业整合工作，推动产业又快又好发展。

3. 进一步支持集成电路设计行业发展

进一步强化集成电路产品设计开发，并提供系统解决方案；鼓励系统厂商、分销商、方案提供商进入集成电路设计领域；推动形成一批整机企业－设计企业－集成电路制造企业的产业联盟，实现集成电路联合开发。

4. 重点加快 12 英寸集成电路工艺生产线的规模化建设

集中资金、突出重点，支持建设世界先进水平的产业制造平台，形成 3～5 条 12 英寸集成电路生产线，“十二五”期间实现 45 纳米和 32 纳米集成电路工艺技术的量产，研发 22 纳米及更先进工艺。

5. 加强特色工艺生产线的技术改造和升级

加快用于高速列车、新能源汽车、智能电网、电机变频调速等领域的 6～8 英寸集成电路生产线技术改造，推进用于物联网、“北斗”卫星导航系统等领域的微机电系统（MEMS）工艺技术的研发和升级。

6. 大力发展高密度封装测试产业

大力推动研发周期短、上市速度快、建厂费用较低，市场风险小的 SiP 技术产品开发；面向移动终端、便携式设备等市场需求，依托现有企业基础，推动高密度封装技术与产品研发进程，推动封装测试产业和整个集成电路产业的发展。

7. 完善集成电路产业链

充分利用改革开放的政策，强化国际合作，着力开展集成电路关键设备、零部件和关键材料研发，提升集成电路关键设备和材料的产业化和规模化生产能力，推动集成电路关键设备与材料产业发展，打造上中下游企业配套、大中小企业协调发展的集成电路产业链。

参 考 文 献

[1] 丹尼尔·马丁. 大半导体产业趋势与展望. 2010北京微电子国际研讨会文集. 2010：25

[2] 中国电子信息产业发展研究院，赛迪顾问股份有限公司. 中外半导体产业发展模式研究. 信息产业研究，2009，(1)：16

[3] 中国电子信息产业发展研究院，赛迪顾问股份有限公司. 中外半导体产业发展模式研究. 信息产业研究，2009，(1)：14，15

[4] 中国半导体行业协会，中国电子信息产业发展研究院. 中国半导体产业发展状况报告. 北京：中国半导体学会，2010：7

Suggestions on How to Accelerate the Development of China's IC Industry

Chen Xian

(China Semiconductor Industry Association)

This paper describes the important position of the integrated circuit industry and status of China's IC industry. It points out that IC industry, as a strategic and fundamental industry to national economy and social development, is playing an important role in developing strategic new industry and green economy.

This paper focuses on the suggestions on how to accelerate the development of China's IC industry, persist in innovation, and strengthen integration, prioritize design, enhance manufacture, and drive the development of related special equipment, test and material sectors.

5.2 电动汽车技术发展的重点与方向

余卓平

（同济大学）

能源安全、环境保护、低碳经济与应对气候变化使得世界主要汽车生产国家纷纷加大力度发展以混合动力、纯电动和氢能燃料电池汽车为代表的电动汽车。混合动力、纯电动和氢能燃料电池等三类节能与新能源汽车共同构筑了汽车能源动力系统电气化的基础。其中，由于在使用阶段零排放、综合能源利用效率高、能根本解决汽车对石油的过度依赖和环境污染等问题，纯电动汽车成为我国交通能源动力系统转型的战略重点和主要方向。混合动力汽车结合电池和内燃机优点，能够实现良好的节能减排效果，是汽车能源动力系统转型的过渡技术方案和近中期市场竞争的重点产品。氢能燃料电池汽车具有能量转化效率高、零排放、不污染环境等优点，尽管技术开发难度大、商业化时间长，但仍是面向未来的战略制高点，是需要持续攻关的战略储备技术。

在混合动力汽车方面，丰田、本田公司已实现其轿车产品的大规模产业化并推向全球市场，几乎垄断了全球混合动力汽车市场。美国三大汽车公司则根据其市场特点和能量型电池技术的发展，积极开发插电式（plug-in）混合动力汽车，以求扭转竞争劣势。在纯电动汽车方面，日产汽车公司于 2009 年 8 月发布了量产纯电动汽车 Leaf 车型，计划 2010 年开始在日本、美国和欧洲市场销售。三菱汽车公司“iMiEV”纯电动汽车已面向公共团体销售，2010 年 4 月起将向普通消费者出售。法国雷诺公司已有两款纯电动汽车完成量产准备，计划 2011 年在欧洲推出。丰田和宝马等其他汽车公司也开发出小型纯电动轿车，并投入路试和示范运行。同时，各国政府正大力引导促进纯电动汽车的市场推广。法国计划在 20 个城市推广使用 10 万辆纯电动汽车。以色列政府计划在未来 10 年内推广 100 万辆电动汽车，配套建设 50 万座充电站。德国戴姆勒汽车公司和 RWE 能源公司将携手在德国兴建 500 个电动汽车充电站。德国汽车业联盟预计，2012 年以前德国将完成电动汽车的系列化并拉开商品化生产序幕。日本政府启动了纯电动汽车推广计划，将在 3 年内建设 1000 个以上的充电站（桩），在电力、邮政行业全面推广电动汽车。美国旧金山等城市的电动汽车充电区域网络建设也陆续启动。在燃料电池汽车方面，全球投入商业化示范运行的燃料电池汽车数量累计超过千辆级。欧洲持续开展燃料电池电动汽车示范项目（CUTE）。美国加利福尼亚州燃料电池伙伴合作联盟（CaFCP）在加利福尼亚州已有 200 余辆燃料电池车和 26 个加氢站。日本现有 120 辆燃料电池轿车处于示范运行。本田汽车公司从 2008 年 11 月开始将 FCX Clarity 燃料电池车以租赁销售的方式投放市场。

在电动汽车的关键零部件技术方面，以锂离子动力电池为代表的先进动力电池在能量密度、功率密度、安全性、可靠性、循环寿命、成本等方面取得突破性进展。目前，能量型锂离子动力电池的能量密度能够达到 120 瓦·时/千克以上，分别是铅酸电池和镍氢电池的 3 倍和 2 倍，电池组寿命达到 10 年或 20 万千米（当量充放电

2000次循环)，成本降低至1美元/瓦·时左右，初步具备了产业化的条件。车用燃料电池在可靠性和成本控制等方面也均取得了长足进步。燃料电池膜的寿命由2005年的2000小时提高到2007年的5000小时，燃料电池堆的实验室寿命也由2003年的1000小时提高到目前的2000小时以上，燃料电池系统成本由2002年的275美元/千瓦降低至94美元/千瓦（按50万套产量测算）。此外，燃料电池汽车动力系统混合化和底盘专用化的趋势更加明显。

由此可见，电动汽车产业已展现出一个光明的未来。

一、我国发展电动汽车的战略意义

2009年，我国成为世界第一大汽车生产和消费国。预测表明，到2020年我国汽车保有量将超过2亿辆。汽车消耗的石油将逐年快速递增。2009年，我国国内原油产量为1.89亿吨，石油进口量2.04亿吨，对外依存度达到52%。按目前发展趋势，我国2020年车用燃油消费量将超过3亿吨，石油对外依存度超过70%。发展电动汽车是我国汽车产业节能减排、应对能源危机的必然选择。

虽然目前我国已成为世界汽车大国，但是生产的汽车产品大多是引进或复制国外成熟的技术平台。在当前全球汽车产业格局中，我国总体上仍处于技术落后、受制于人的不利局面。电动汽车产业的兴起即将引发全球汽车产业格局的调整，为我国赶超先进、实现自主发展提供了历史性机遇。在国家“863”计划连续两个五年计划的引导支持下，我国在电动汽车产业的核心技术领域基本建立了具有自主知识产权的电动汽车动力系统技术研发平台，初步构成了关键零部件的产业链配套研发体系，实现了小批量的整车生产能力和局部区域的商业化示范运行。在此基础上，我国有望借电动汽车发展带来的机遇，实现汽车工业由大变强的转变。

我国发展电动汽车具有一系列相对优势。我国在锂离子电池、永磁电机等电动汽车关键零部件核心材料方面具有得天独厚的资源优势。根据已探明的储量，我国锂资源储量380多万吨，占世界总储量的13%，居世界第二位。我国拥有丰富的稀土资源，储量为6558万吨，占世界总储量的近46%，居世界第一位。通过技术进步和循环利用，我国无论是锂资源还是稀土资源，都可以支撑电动汽车的大规模发展。同时，发达国家的城市建设已经基本结束，在城市内新建或改建电动汽车基础设施的难度较大，而我国大中城市建设还处于发展期，在广大农村地区城镇化、城市化刚刚起步。因此，与电动汽车配套的基础设施建设在我国具有较大的发展空间和后发优势。如果能够适时加强基础设施建设规划，将极大地推动我国电动汽车配套基础设施的建设。再有，我国正处于快速城市化、工业化初期，地区间经济发展不平衡的局面在未来较长一段时期内很难改变。因此，不同地区、不同阶层人们收入水平的差异，势必造成消费者对汽车产品的价格、功能等需求不同，使我国汽车消费呈现出明显的差异化和多元化特点，在我国形成巨大的多元化的市场。在这种形势下，紧密围绕市场需求，有针对性地进行产品开发和市场推广，如优先发展微混合、轻混合的混合动力汽车和小型纯电动汽车，将有利于加快电动汽车在我国的先期市场导入。

总之，把握机遇，开创电动汽车产业发展的新局面，在国际汽车产业转型过程中形成竞争优势，对实现节能减排、自主创新的国家战略，推动我国汽车产业由大变强和自主发展均具有重要意义。

二、我国电动汽车技术发展的重点与方向

我国在“十五”期间“863”计划“电动汽车重大专项”的规划中，就明确了以混合动力汽车、纯电动汽车、燃料电池汽车为“三纵”，以电池（包括动力电池和燃料电池）、驱动电机和电子控制系统技术为“三横”的电动汽车“三纵三横”的技术发展重点和方向。

（一）关键技术

从电动汽车关键零部件技术上看，动力电池（电池）、驱动电机（电机）和电子控制系统技术（电控）是决定我国电动汽车自主发展能否取得成功的核心技术关键。其中，动力电池是重中之重，对动力电池技术掌握程度的高低决定着未来电动汽车产业竞争优势的大小。

1. 动力电池技术

能量型动力电池是纯电动汽车发展的关键，技术攻关的重点方向是解决动力电池与模块及系统的安全性、一致性、可靠性与低成本制造等技术问题。在实用型动力电池方面，我国重点要解决磷酸铁锂正极规模生产的批次稳定性和均匀一致性，以及锰酸锂正极的高温循环衰减；解决六氟磷酸锂和基体材料的国产化问题；提高国产隔膜批次稳定性和均匀性；攻克电池模块成组技术，提高电池组的安全性和一致性，并降低成本，使电池组性能指标达到国际先进水平，即模块能量密度 120 瓦·时/千克以上，电池组寿命达到当量充放电 2000 次循环（或 10 年）以上。与此同时，我国还应积极研发动力电池单体比能量达到 250 瓦·时/千克以上的下一代新型动力电池技术，重点开展高电位型、高比容量正极材料、高比容量负极材料、

宽电化学窗口与高电导及高安全性新型电解质体系和新型隔膜的研究，探索多电子反应电池、双相电解质电池、轻金属空气电池和自由基聚合物电池等新体系动力蓄电池技术。

对于处于未来车用动力技术战略制高点的燃料电池系统技术，我国的研究重点是开发耐毒的低铂催化剂，攻克燃料电池堆与系统的寿命考核技术，摸清材料、部件与系统衰减机理与故障解析，提出解决方案，并研究开发先进加压型燃料电池系统；同时要关注下一代非铂催化剂燃料电池的研究，探索高稳定性的非铂催化剂与抗氧化和长寿命的催化剂担体、高耐久性和高质子传导的烃类质子交换膜、高温质子交换膜、耐腐蚀和高导电性的金属双极板、新型有序化膜电极组件的材料。

2. 驱动电机

对于驱动电机技术，我们重点要开发高性价比的系列化纯电动汽车和燃料电池汽车用峰值功率范围涵盖 15 ~ 180 千瓦的电机及其控制系统，开发电机、电机控制器、专用减/变速器和增程器等重点产品，提高电机驱动系统相关电力电子产品的国产化能力；同时要关注下一代电动汽车高端前沿技术，研发电动轮毂、混合励磁电机、主辅电机等新型电机技术和高集成度的电力电子总成技术，研发双机械端口能量变换器电机（EVT）、双电机和行星排动力总成、插电式机电耦合动力总成等深度混合动力总成系统。

3. 电子控制系统技术

对于电动汽车电子控制系统技术，重点要开发电动汽车专用发动机控制系统、机电耦合装置电子控制系统、整车主控制器；同时还应积极研究智能充电与车网融合（V2G，V2H）技术，电动化总成控制系统（电动空调、电动转向、制动能量回馈控制系统）、电动车的车载信息系统和智能交通系统（ITS）等技术。

4. 配套设施技术

电动汽车配套设施技术，如充电/换电/加氢系统规划设计及关键设备技术等，也是制约电动汽车发展的关键技术。我国要加快研究制定充电和加氢基础设施建设规划，重点研究开发充电硬件设备及软件控制技术，开展氢能路径研究；研究各类车用能源供给体系的设计、建设、运行规范，提高整体设计水平、安全保障能力；研究开发场站直流（包括快速）充电机、车载充电机及快速充换电站等各种充/换电技术及成套装备；研制和智能电网配套的电动汽车能量双向转换技术与装备，研究与可再生能源分布式发电结合相关技术与产品；开展制氢、储氢、加氢技术及装备的研究开发，力争取得重要技术突破，促进电动汽车产业化进程。

（二）整车产品

小型纯电动轿车和纯电动城市公共用车是推动纯电动汽车的产业化和市场化的重点和方向。

城市公共用车包括公交车、大中型客车、出租车、公务车、环卫车等，其工况特点比较适合电动汽车在现阶段的应用。首先是这些车辆行驶范围固定、日出行里程稳定、环保效益显著；其次是作为公益事业，整车产品享受国家补贴的受益面广泛，并且也相对比较容易实行；更为重要的是这类电动汽车对电池容量的较大需求，可以有效带动我国新型动力电池的技术进步与成本的降低；同时，这类电动汽车发展还可以带动城市电动汽车基础设施建设。

汽车小型化，特别是纯电动汽车小型化是全球主流趋势。小型纯电动轿车使用电池少且负荷小，产品综合性价比最容易满足市场需求。此外，由于目前动力电池仍存在能量密度较低和成本较高的不足，通过采用小型发电机作为增程器的增程式电动汽车在能源利用效率、价格、使用的方便性等方面具有明显优势。增程式电动汽车的节油率可达 50% 以上，电池容量只为纯电动车电池容量的 40% 左右，纯电动续驶里程超过 50 千米，综合续驶里程超过 300 千米，是目前值得重视的电动汽车发展重点。

三、电动汽车市场化发展的关键——商业模式创新

目前，电动汽车技术，特别是纯电动汽车技术，尽管仍有许多需要不断完善的地方，但各项主要性能指标已能满足使用的要求。如果能解决充电基础设施的配套建设，电动汽车市场化的关键将集中在如何破解电动汽车价格高的难题上。为此，寻求新型商业化模式成为催生电动汽车大规模市场化的关键所在。

动力电池的成本的居高不下是抬高电动汽车价格的主要因素。要降低用户一次购车成本，使电动汽车破解价格“瓶颈”，裸车销售、电池租赁、快速电池更换等新的购车商业化模式一直是社会讨论的热点。但作为电动汽车的核心部件的电池和整车在商业购买过程中“脱钩”处理，产品的质量保证及责任主体的复杂性又将产生一系列新的问题。

从具体数据上来看，1 辆小型内燃机汽车的价格均大约在 6 万元左右，汽车寿命 10 年，普通用户年行驶里程约 2 万千米，故正常寿命期内总运行里程约 20 万千米，按小型车平均燃油消耗 7 升/百千米计算，运行 20 万千米需要燃油费约 10 万元

（按每升燃油7元多计）。因此，1辆小型内燃机汽车的购置成本加上燃油使用费约16万元。1辆小型纯电动汽车，假定其不含电池的裸车价格也在6万元左右，配置1套15千瓦时的动力电池价格约4.5万元（按每千瓦时0.3万元计）；目前技术水平是动力电池寿命为充放电大于1000次循环，1次冲满15千瓦时电的小型纯电动汽车可行驶100多千米，因此1套动力电池寿命期内可运行里程为10万千米，需消耗电力约12 000千瓦时，电费约0.36万元（按晚间低谷电价0.3元/千瓦时计）；在汽车20万千米的寿命期内，需要2套动力电池，总价9万元，需耗电费0.72万元，因此，1辆小型纯电动汽车的购置成本加上电力使用费约15.72万元。由此可见，小型内燃机汽车和小型纯电动汽车的购置费加上能源费在一定使用寿命期内存在商业价格平衡性。随着电池技术的进一步发展，电池寿命达到充放电2000次循环，纯电动汽车将在总体商业价格优于内燃机汽车。如果纯电动汽车购买的商业模式可采用在汽车寿命期内按揭付费，对用户来说，电动汽车的价格难题已可破解。

此外，对于纯电动汽车不适合长途行驶的缺陷，采用“汽车共享”的商业模式，也可得到有效的弥补。当纯电动汽车用户偶尔需要进行长途行驶的时候，可通过“汽车共享”模式，方便地以优惠的价格租赁1辆适合长途行驶的内燃机汽车来解决问题。

显然，加大力度，攻克电动汽车的技术难关，创造新型商业化模式，解决电池成本制约，形成有利于电动汽车发展的领先市场，必定能加快我国电动汽车产业化进程，实现我国汽车产业由大变强和自主发展的战略目标。

主要参考文献

[1]“十五”国家“863”计划“节能与新能源汽车”重大项目总体专家组．关于加快我国电动汽车产业发展的报告．2010

[2]“十五”国家“863”计划“节能与新能源汽车”重大项目总体专家组．电动汽车产业“十二五”发展战略研究报告．2010

[3]中国工程院“2030年中国汽车工程科技发展战略研究”课题组．2030年中国汽车工程科技发展战略研究．2010

Focus and Direction of Electric Vehicle Technology Development

Yu Zhuoping
(Tongji University)

Electric vehicles have become the mainstream of the development of automotive industries. Hybrid vehicles、EV and fuel cell vehicles have their own respective position in the future. China will persist in the technological developing direction of ‘three lengthwise and three transverse’ that ‘three lengthwise’ means hybrid vehicles, electric vehicles, fuel cell vehicles and ‘three transverse’ implies batteries (including power batteries and fuel cell), driving motors and electronic control techniques. Particularly, the focus of future work are to strengthen the core technologies of power batteries, promote the industrialization and marketization of small electric cars and electric city bus, and seek new commercial mode of electric vehicles.

5.3 纳米复合涂层材料研究与应用新进展

张 忠[1] 陈运法[2]
([1] 国家纳米科学中心；[2] 中国科学院过程工程研究所)

纳米科技是未来新技术发展的重要源泉之一，是提升国家未来核心竞争力的重要手段之一，无疑也是支撑新经济增长点的重要技术之一。纳米技术在科学探索发现、促进技术创新，从而提升传统产业竞争力、促进经济发展等方面已经展示了巨大潜力。有理由相信，未来拥有纳米技术知识产权和广泛应用这些技术的国家，将在国民经济和国防安全等核心领域处于战略优势地位。纳米材料和结构是纳米技术发展的重要基础。目前我国在纳米材料的一些基础研究领域处于国际领先行列，然而在实现纳米材料和结构的重大应用方面亟待突破。

很多先进的科学技术往往都会率先在军事及航空航天等领域应用，纳米技术也不例外。纳米技术是美国提出的“未来驱动军事作战”革命的关键技术之一，世界各军事大国纷纷效仿并制定多种多样的军用纳米技术开发计划，不断加大投入和建立相应的研究平台、机构和设施。为了实现领导下一场工业革命的目标，美国在军事纳米技术上也率先进行部署，其标志之一就是美国士兵纳米技术研究所（ISN）

的建立。由美国麻省理工学院组建的 ISN 在 2002 年 3 月与美国军方签订了一项为期 5 年的所谓“超级士兵”计划。图 1 是纳米材料在单兵作战系统研究和应用路线图，其中纳米材料的研究从简单到复杂，从树状高分子、纳米颗粒、含纳米相的金属和陶瓷、纳米结构高分子、碳纳米管体系、结构纳米复合材料等，到具有响应功能的纳米材料、自组装材料、多层级结构、仿生结构材料和三维纳米织物，而其应用也从传感器、超硬表面及涂层、超硬、超轻、超强材料、纤维和结构，发展到选择透过性薄膜、智能响应性织物、纳米机器人等。其目标之一是要保证士兵在未来战斗中更少受到敌人的伤害以及环境的威胁，大大地改善士兵的生存能力，同时还要保证士兵具有前所未有的机动攻击能力。例如，要求研制的作战服兼具高技术、轻重量和舒适性等特征，用分子材料制造，很软，像纸一样轻，能够取代目前美国士兵所穿的重达 18 千克的防弹衣，而在士兵发生骨折时又要可以变成铸件一样硬的盔甲。与此同时，美国国家航空航天局（NASA）也策划和执行了几个类似的计划，比如阿莫斯研究中心的纳米技术研究计划等。

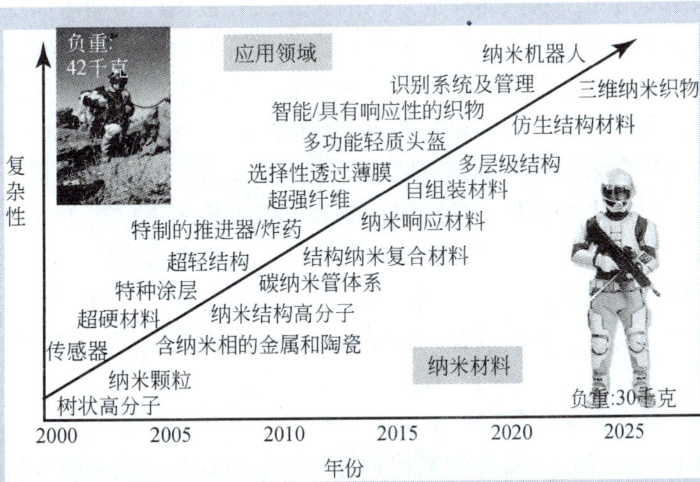

图 1　纳米材料在单兵作战系统研究和应用路线图

实际上，纳米结构表面和纳米复合涂层材料中的“纳米效应”最为显著，是纳米材料和纳米技术中最接近产业化应用的领域之一，并且在国内外都已经产生了一些重要的应用实例。本文将着重介绍纳米复合涂层材料相关领域的研发现状和发展趋势，并针对未来的研究展望提出一些建议。

一、纳米复合涂层材料研究开发现状

纳米复合涂层材料（nanocomposite coating）一般是由纳米颗粒与有机高分子或其他有机分子复合形成的一种涂层材料。普遍认为，必须满足两个条件才能称为纳米涂层材料：一是至少含一种尺寸在 1～100 纳米之间的分散相（纳米相）；二是由于纳米相的存在而使原涂层材料性能得到显著提高或赋予新功能性。目前为了控制工艺和制造成本，纳米涂层材料一般借鉴普通涂层材料类似的涂装工艺。

国外在纳米涂料的研发和产业化方面起步较早。美国和德国一些公司已经研发成功并已进行产业化的有轿车面漆、军事隐身涂料、绝缘涂料等，另外，还开展了光致变色涂料（纳米 SiO_2 与有机颜料结合）、透明耐磨涂料、包装用阻隔性涂层等纳米涂层材料的研究。日本则在静电屏蔽涂料、光催化自清洁涂料的研究开发方面取得了成功并实现了产业化。需要注意的是，国外许多涂料产品均使用了纳米技术，但出于技术保密和避免公众负面反应等原因，并没有直接称作纳米涂层材料。国内纳米涂料的研发大多起步不久，主要集中在改善建筑外墙涂料的耐候性和建筑内墙涂料的抗菌性方面；在工业用涂层材料、航空航天、军工用涂料以及功能性涂料的研究开发，特别是产业化方面则相对落后于发达国家。

多功能纳米复合涂层材料是该领域现阶段的主要研发和应用现状。纳米涂层材料的关键技术和产业化瓶颈是纳米颗粒在高分子或有机分子材料中均匀有效的分散以及纳米分散液的稳定性[6,7]。在这方面，国内外从理论到实践已经做了大量的研究工作，包括纳米颗粒分散方法、纳米颗粒表面修饰方法、纳米颗粒分散度表征，以及纳米颗粒的种类、制备、形貌、添加量对涂层材料性能的影响，新型涂装工艺的研究等。

目前主要的研发和应用领域包括以下几方面。

（1）耐候性纳米涂层。某些纳米粒子对紫外线则具有强烈的吸收作用，现市场上销售的纳米 TiO_2、SiO_2、ZnO 等颗粒填充于涂料中，可显著提高涂料的紫外线吸收性，从而提高户外用涂料的耐候性。

（2）电磁性吸收或屏蔽纳米涂层。某些纳米材料如纳米金属（Fe、Co、Ni 等）与合金的复合粉体、纳米氧化物（Fe_3O_4、Fe_2O_3、ZnO、NiO_2、TiO_2、MoO_2 等）的粉体、碳纳米管、纳米石墨、纳米碳化硅及混合物粉体等，可用于制备出吸收不同频段电磁波的纳米复合涂料，作为军事隐身涂料或电磁波屏蔽涂料，涂敷到飞机、军舰、导弹、潜艇等武器装备上，使该装备具有隐身性能或电磁波屏蔽性能。相对于传统的电磁波隐身和屏蔽方法，纳米涂层材料具有吸收频带宽、重量轻、厚度薄等优点，因而可望在未来军事隐身化方面大展身手。

(3) 透明、耐磨纳米涂层。某些纳米颗粒用于涂料中，可以大幅度提高有机涂层的力学性能，如涂层的耐磨性、耐划伤性、硬度、强度、韧性等。这可以用于保护战斗机风挡、树脂镜片、光学镜头，以及易磨损易腐蚀金属部件等的保护，大大延长产品的使用寿命。

(4) 抗菌性纳米涂层。将纳米抗菌颗粒用于涂料中，可制得纳米杀菌涂料，可以起到杀菌、保洁效果。利用 TiO_2、ZnO、CdS、WO_3 等纳米粒子的光催化特性，可制得光催化净化大气环保涂料。

(5) 其他功能性纳米涂层。采用纳米技术可制成纳米界面涂料，其涂膜界面为超双亲性二元协同界面（既疏水又避油），减少油质、水、灰尘等的存留，可保持光学瞄准设备洁净、不结雾，提高其使用精度。利用纳米粒子对红外线的吸收和反射性能，将它们与有机涂料复合后制得隔热涂料，可广泛用于玻璃幕墙、汽车玻璃、海上钻井平台、油罐、石油管道、汽车、火车、飞机表面、船壳等表面的隔热。将纳米铝酸盐用于涂料中，可以储存自然光或灯光的光能，当外来光停止后再缓慢地以光的形式释放出来，可发出多种颜色的光，发光的持续时间是传统发光材料的几十倍，而且理化性能稳定，可在掩体、地下防护所等暗处用于低度照明和指标。

二、我国纳米复合涂层材料的发展现状

在赋予涂层材料多种功能特性的同时，能够保证涂层材料优异的透明性等光学特性是纳米复合涂层的一大特色。纳米复合材料光学涂层是借助传统的涂层工艺，通过纳米技术在传统的涂层材料中添加功能化的纳米材料，或者对涂层进行纳米结构设计所形成新的复合光学涂层。这种技术可使传统涂层的功能得到大幅提高，甚至得到很多以往技术不可能得到的光学性质，并且应用上不需要增加太大的成本，产业化前景广阔。纳米材料往往由于小尺寸效应而具有常规大块材料所不具有的光学特性，如光学非线性、表面荧光、光致发光、温致变色、电致变色等效应。例如在具体应用中，通过添加不同种类的纳米颗粒可以人为可控地调节涂层的折射率；采用多层膜的设计或者表面纳米结构处理可以使涂层表面对光的反射率控制在1%以内，避免不必要的反射现象，同时还可大幅提高涂层的透过率，有效地利用光的能量，在光学透镜、太阳能电池等领域有很好的应用；金属或者金属氧化物纳米颗粒的添加可以大幅增强涂层的防红外线能力，军事上可以制成防红外线探测的隐身衣，也可以制成人们日常生活中使用的普通轻质衣物，提高保暖隔热等作用。实际上我们生活中日常使用的防晒油和化妆品中，已经广泛存在着吸收紫外线的纳米材

料，起到保护我们自身不受紫外线的侵害。还有，通过添加对光线敏感的纳米材料，可以调节涂层本身的颜色，制作成光致变色涂层，可以利用纳米仿生技术制成霓虹色涂层，产生特殊的防伪效果等。

利用纳米复合涂层的超双亲性二元协同界面（既疏水又避油）等特性，中国科学院化学研究所科研人员首次提出并开发了完全不经过感光过程的纳米材料绿色打印制版技术，希望将其发展成为印刷行业的一项革命性技术。印刷业是对我国国民经济有重要影响的行业之一，行业总产值约占我国国内生产总值（GDP）的 2.2%。该项目研究成果利用纳米材料和技术解决了若干关键技术“瓶颈”。例如，研质人员完成了直接制版板材的开发，通过对版材表面结构与纳米复合转印材料的系统研究，成功研制了水接触角小于 10 度的超亲水版材，通过与纳米复合转印材料的协同作用，实现转印区域从超亲水到超亲油的转变，满足了直接制版和印刷工艺的要求；完成了纳米复合转印材料的开发和中试设计，解决了其中纳米复合转印材料影响制版精度和耐印力等关键技术瓶颈；通过实现纳微尺度浸润性转变，形成具有相反浸润性（超亲油/亲水）的图文区和非图文区，直接形成可供印刷的底版，从而彻底摒弃了感光成像的思路，有效缩短了制版流程，大大降低了成本，用过的印版还可以回收，是一种绿色的高质量快速制版技术。纳米材料绿色打印制版技术有可能为从根本上解决我国印刷制版行业的环境污染和资源浪费问题提供一条有效的途径。

国家纳米科学中心和中国科学院过程工程研究所合作，联合中国电力科学研究院的相关研发和产业化团队，近期完成了“新型电力防污闪纳米复合室温硫化硅橡胶（RTV）材料”的研究项目（图2）。国家电网输变电系统中使用的陶瓷绝缘子表面易受到灰尘、煤灰等导电物质的污染，在湿润条件下及高电压运行下产生局部放电及电弧闪络的现象称为“污闪”。“污闪”是电力设备安全的头号“大敌”。该项目的研究工作提出了无机有机纳米复合防污闪新型涂层材料的思想，通过材料配方体系、制备工艺及装备的集成系统研究，研制出具有自主知识产权的综合性能优异的 RTV 纳米复合材料。通过多尺度、多功能纳米颗粒的复配、不同表面效应耦合，大大提高了 RTV 涂层的力学性能、附着力、疏水迁移性、电气性能等综合性能；形成了纳米颗粒表面设计、分散技术与复合工艺等系列核心技术，实现了新型防污闪纳米复合 RTV 材料制备工艺的放大。中试样品通过了独立的第三方检测全部达到或优于行业标准，成本性能明显优于国内外同类产品。该项目于 2009 年通过了由中国科学院联合国家电网组织的同行专家鉴定。研究成果由国家电网企业进入了中试、挂网实验和产业化运作，并于 2010 年取得了初步的经济效益。

图 2 电力防污闪纳米复合涂层材料的跨尺度设计和性能分析。上面三幅图为多

种形貌纳米颗粒及纳米复合涂层表面的原子力显微形貌；下面三幅图为电力陶瓷绝缘子上纳米防污闪涂层的宏观照片及耐电腐蚀性能检测实验。

图2 电力防污闪纳米复合涂层材料的跨尺度设计和性能分析

三、纳米复合涂层材料的发展趋势

1. 具有自修复防腐蚀功能的纳米复合涂层材料

金属结构表面的腐蚀是影响国民经济的发展的重大问题。我国巨大的基础设施建设使金属材料的使用达到了历史新高，但由于其易腐蚀特性而造成的损失十分惊人。据西方各工业国的统计，由于腐蚀导致的年经济损失占其国当年 GDP 的 1% ~ 5%。据《中国腐蚀调查报告》的数据，我国的年腐蚀损失约为5000 亿元，超过当年 GDP 的 4%。金属结构的腐蚀不仅造成了巨额经济损失，也造成了对地球有限资源的巨大浪费，而腐蚀过程中释放的有害物质更是加剧了环境的污染。例如，近年绿色能源产业在联合国可持续发展的呼吁下顺势而起，其中风力发电正成为一个前景光明的新兴产业，我国的风机装机量已达国际前列。但是塔架的腐蚀问题十分严重，近海风力发电机的腐蚀问题尤为严峻，另外其他易蚀结构（如输电塔、船舶和海上油田等）也面临着类似的问题。因此，开发新型可持续的防腐蚀涂层材料显得十分迫切。

新型的主动防腐蚀技术，包括引入自修复材料和缓蚀剂微胶囊的概念，采用多手段的材料革新，对金属材质起到双重防腐蚀的作用。由于防腐蚀涂层的厚度一般在几十到几百微米之间，因此制备高质量的微纳米量级的自修复胶囊和缓蚀剂胶囊成为该创新的核心。通过材料设计，将一定比例的自修复胶囊和缓蚀剂胶囊混合到防腐蚀涂层里。其中缓蚀剂通过扩散从胶囊里到达金属表面，从而起到持续防腐蚀的功效；金属结构在使用中会随机的受到外力冲击而导致涂层起裂，使金属表层暴露，此时自修复胶囊破裂，释放出修复液体，将裂纹修补，从而有效地阻挡腐蚀的进一步发生。这两种手段可有效地应对静态和动态载荷下的防腐蚀问题，是目前所有防腐蚀涂层材料所不具备的。初步研究进展显示，在划破涂层并浸入10%盐水加速腐蚀的情况下，对比样出现大量铁锈，而自修复胶囊能有效地延缓腐蚀，显示了很高的可行性。

2. 绿色阻燃抑烟纳米复合隔热涂层材料

能源短缺是我国经济快速发展的“瓶颈”问题。建筑能耗占社会总能耗的近40%，是能源消耗大户。即使到2020年，全国城镇完成节能了65%的目标，以目前节能技术水平，中国的建筑节能水平也只能接近国外建筑现有耗能水平。国外的研究实践表明，采用保温隔热措施，可以节约70%左右的加热耗能，发展潜力巨大。目前，欧洲的建筑节能行业快速发展，高效纳米节能技术已经大规模应用。发展绿色、无毒的纳米复合隔热材料，已成为适应建筑生态化的主流发展趋势。我国节能技术水平发展与欧美等发达国家相比，呈现拉大的态势。我国面临产业升级与结构转变的关键机遇，以建筑、交通运输、输油输气、航空航天、工业加热设施等行业面临亟待节能改造；以舒适安全及轻量化为特征的高速铁路、环保汽车、家用电器等新兴行业也迫切需要发展新型隔热保温技术，以尽快提升、发展我国的节能材料与应用技术。

我国应针对国家节能的迫切需求及现有聚合物基隔热材料易燃、发毒性烟尘等技术“瓶颈”问题，通过纳米复合技术，利用纳米尺度限域效应与结构相变过程吸热，开发系列新型绿色阻燃抑烟型有机无机复合隔热材料。研究具有阻燃抑烟型纳米复合隔热材料及制备技术，基于纳米尺度限域效应对气体分子运动的束缚效应，及纳米结构构象转变过程能量转移等基础问题，通过有机无机复合技术，有望开发系列无机纳米结构与聚合物的有机无机复合阻燃抑烟型隔热新材料；在完善发展已有的无机纳米结构颗粒可控制备方法及量产制备技术的基础上，实现新型纳米隔热保温材料关键制备技术的集成。

3. 纳米复合防冰防霜涂层

结冰结霜现象广泛存在于航空航天、各种制冷和低温工程领域，冷表面上霜层的冻结会使制冷设备的运行效率和稳定性大大降低。飞机机翼表面的结冰会产生机翼局部不均匀的气流分离，影响飞行气动外形，对飞行安全存在巨大隐患，机翼的结冰还可能迅速演变为机翼边缘结冰，从而进一步加剧了飞行的不安全因素和除冰的难度。在民用技术领域，空调室外换热器以及冰箱的除霜是家电行业内一个尚未解决的难题。目前，对于空调室外机的除霜主要依靠主动除霜技术，即通过模式转换利用电能强制除霜。而冰箱的除霜目前主要依靠断电自然化霜，能源浪费严重。在行驶过程中汽车风窗玻璃表面的结霜会严重影响驾驶员的视野，并直接影响了汽车的安全性、舒适性和驾驶性。汽车风窗玻璃的除霜是汽车强制性性能评价的重要指标之一，也一直是客车设计中的难点。目前，汽车主要采用电加热和气加热的方法进行除霜，不仅造成了能源的浪费，而且除霜结果具有不均匀性。

利用纳米复合涂层材料，可以实现在没有额外能量输入的基础上制备防结霜/除霜涂层，是理想的不依靠外加能量而又高效的除霜新技术。例如，利用小分子在纳米复合材料中的相分离和双向迁移过程制备防结霜/除霜涂层，主要是通过对添加在高分子纳米复合材料中的小分子的种类和复配比例进行调节，使其在冰点附近发生相变（凝结）并迁移到高分子材料表面，由于烷烃薄膜与结霜之间的低附着力，结霜在自重、振动等条件下很容易从高分子表面脱落，从而达到防结霜的目的；小分子在温度回升时的反向迁移则可以延长防结霜涂层的寿命。另外利用自组装单分子膜制备的防结霜/除霜涂层，主要通过物理和化学的方法在纳米复合材料表面自组装具有良好疏水性和一定结构的单分子膜，使饱和水蒸气不易在其上成核和凝结，并且自组装膜具有和霜之间较低的黏结力，使得结霜极易从单分子膜表面脱落。

四、展望和建议

纳米科技是未来新技术发展的重要源泉之一，是提升国家未来核心竞争力的重要手段之一。以纳米科技的研究成果为依托，有可能在未来的20～30年内持续产生新技术和推动新产业的诞生。经过20多年中国科学家和技术人员的不懈努力，纳米科学和纳米技术在中国取得了长足的进步，我国在纳米材料研究、纳米结构的高分辨表征与检测、分子组装与调控、量子点与纳米线的生长、组装等方面，已经取得了一系列重要的进展，某些成果达到国际先进水平；但在应用研究方面，满足国家重大需求的导向性的应用研究能力不足、研发水平一般；在可转移技术研究方面，能力有待进一步提高，同国际最新进展相比，整体上我国纳米科技的工业化应用水平仍然处于初始发展阶段。

鉴于作者研究领域和研究背景的局限，仅能从一个很窄的角度粗浅地介绍纳米复合涂层材料研究与应用的现状和趋势。建议结合国家骨干行业企业的重大需求和未来新兴产业的结构和布局，部署有关纳米结构表面、涂层材料的研究项目群，凝练共性的科学问题和关键技术，推进专项管理和评估体制，探索纳米材料的技术转移和产业化模式，努力实现纳米材料在能源、环境、交通、电力等重要领域的应用实例，为纳米材料从基础研究到产业化应用提供示范作用；同时建议注重纳米结构表面和纳米复合涂层材料在实际服役条件下（如温度、湿度等气候变化、交变载荷等疲劳工况、脉冲高电压冲击、摩擦和磨损、长期紫外老化、强电磁场及核辐射等）的应用基础研究，为其更广泛的实际应用提供技术保障。

参 考 文 献

[1] Balazs A C, Emrick T, Russell T P. 2006. Science, 314: 1107 ~ 1110

[2] Dasari A, Yu Z Z, Mai Y W. 2009. Fundamental aspects and recent progress on water/scratch damage in polymer nanocomposites. Materials Science and Engineering R, 63: 31 ~ 80

[3] Friedrich K, Fakirov S, Zhang Z. 2005. Polymer Composites from Nano-to Macro-Scale. Springer

[4] Koo J H. 2006. Polymer Nanocomposites: Processing, Characterization and Applications. New York: McGraw-Hill

[5] Mackay M E, Tuteja A, Duxbury P M, et al. 2006. Science. 311: 1740 ~ 1743

[6] Tjong S C. 2006. Structrual and mechanical properties of polymer nanocomposites. Materials Science and Engineering R, (53): 73 ~ 197

New Development in Research and Applications of Nanocomposite Coating

Zhang Zhong[1], Chen Yunfa[2]

([1]National Center for Nanoscience and Technology; [2]Institute of Process Engineering, Chinese Academy of Sciences)

Significant Nano-effects have been found in many applications, especially in nanocomposite coating which has been considered very close to commercialization. In this article, some practical examples on nanocomposite optical coatings, green printing plate technology using nanomaterials, nanocomposite coatings for anti-pollution-induced- flashover applications will be introduced. More applications on multi-functional nanocomposite coatings, self-healing anti-corrosion nanocomposite coatings, and green thermal barrier nanocomposite coatings with flame and smoke suppression capabilities are prospected.

5.4　物联网发展的技术瓶颈和研究重点

李安民
（中国电信股份有限公司上海研究院）

物联网（Internet of Things，IoT）的概念是1999年由美国麻省理工学院Auto-ID实验室首次提出的，它的定义是：利用传感器、射频识别（RFID）、全球定位系统等设备和技术，获取各类所需要的信息，通过与互联网等各类网络相连，实现物与物、物与人之间的信息交互，依靠平台和信息处理系统，支持智能的信息化应用。从本质上看，物联网是现代信息技术发展到一定阶段后出现的一种聚合性应用与技术提升，是将各种感知技术、现代网络技术、人工智能与信息处理技术等聚合起来实现的集成应用。

一、物联网应用初期的局限性

2009年以来，物联网发展迅速，得到政府、学术和产业界的高度重视。物联网应用不断拓展，涉及能源、交通、金融、农业、制造、家居等各行各业，实际应用的种类已达数百种之多。以江苏省无锡市为例，2009年以来，该市各行业签约物联网项目就达139项，总投资约111亿元，物联网应用已呈现出越来越热的趋势。虽然目前物联网应用种类繁多，但是真正能够形成规模商用的还不多，我国物联网应用的领域和规模都存在一定的局限性，仍处于发展初期。

1. 应用场景简单

目前的物联网应用大多是一些处理数据采集和数据传输的简单场景。例如，在石油行业的油井监控应用中，物联网节点采集游梁式抽油机的各种运行参数，上传到远程平台（图1）；在农业大棚监控的应用中，物联网节点采集温度、湿度等参数，上传到远程平台。这种模式的应用主要有两方面的不足：一是节点不进行大量的智能判断，仅简单上传数据；二是一种类型的节点（如温度采集节点）与其他类型节点（如电表读数节点）之间不进行直接的数据交互。

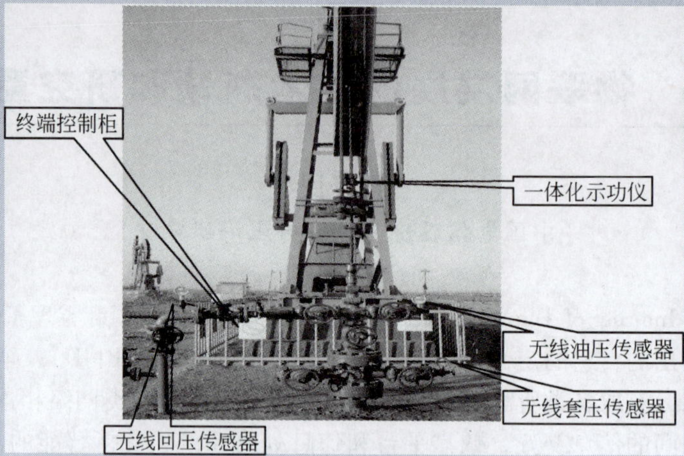

图 1　油井远程监控应用

简单数据采集和数据传输模式虽然有一定应用领域，但是无法处理更多的复杂需求。在实际应用中，还有很多复杂的情况，需要不同类型节点协同进行智能计算的应用领域。例如，英国生命信托基金会描述了一种未来的全智能化老年公寓。在公寓的地板、家电等各个地方均植入电子芯片装置，如果老人走出房屋或摔倒，地面安全传感器会立即通知医护人员或老人的亲属；冰箱里的牛奶翻倒洒出，或是锅在炉灶上无人看管，冰箱和厨房的传感器也会发出警报；自动化“药剂师”会提醒老人准时吃药；娱乐传感器则在老人进门时自动播放主人喜爱的音乐，并适时调节暖气和灯光等。这样的需求场景就需要各节点具备协同智能计算处理的能力，现有的物联网技术还无法满足这样的需求，即使可以实现，代价也非常高昂，难以商用。

2. 安全性、实时性和可靠性不高

现有的很多物联网应用只是进行一些普通的数据采集和传输，或做一些普通级别的控制操作，如电表读数的采集，家用电器的控制等。这类普通应用对于数据的安全性、实时性和可靠性要求不高，即使出现数据被盗用、篡改等情况，也不会引起非常严重的后果，一般情况下，也就是造成测量数据错误，或者设备非法控制操作等问题。

然而，在一些领域，一旦发生数据错误、丢失或延时，将会造成不可挽回的损失。例如，医疗手术控制，火车等交通工具的控制，大型机械设备运转控制等。受到物联网技术的限制，在类似这样的领域，目前物联网还难以展开应用。

3. 设备无法满足特定环境要求

在目前的物联网应用中，设备一般在较为适宜的环境下工作。而在现实需求中，相当一部分应用要求设备在相对恶劣的环境下工作，如油井的监控设备要求在露天工作、航标的监控设备要求在水面上工作，车载设备要求在高温和高振动环境下工作等。此外，有些特殊行业的设备可能面临极端高温和低温、瞬间温度剧变、腐蚀性等极端恶劣的工作环境。然而，目前的物联网传感器技术尚难以满足这些要求。

此外，现有物联网应用对设备大小往往没有特殊要求，常见的物联网传感设备（图 2）一般像一张名片大小，已经能适应目前绝大部分的应用场景。但今后随着物联网应用的发展，很多场景会要求物联网传感设备尺寸越来越小，这就对物联网传感设备提出了较高的技术要求。

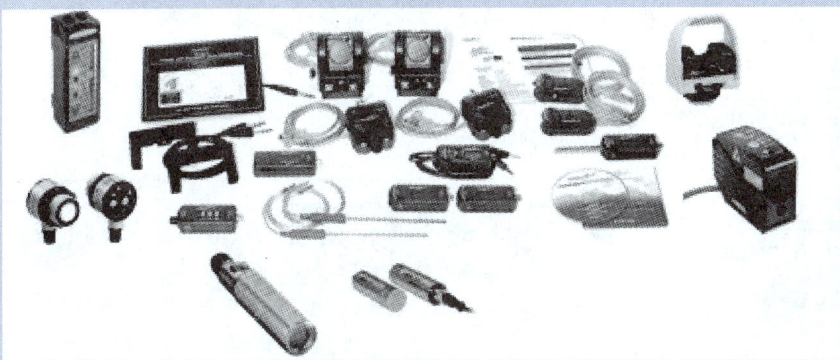

图 2　常见的物联网传感设备

4. 节点数量规模不大

目前，物联网应用虽然已有一定规模，但最多也不过数千个节点共同工作，还远没有达到数万、数十万、数百万海量节点规模。随着节点规模的增加，节点、网络的接入能力和数据处理能力要求将呈指数级增加，对物联网节点组网速度、节点管理、协议高效性、数据并发等技术提出了全新的要求。

二、物联网发展的技术“瓶颈”

物联网应用的局限性，很大程度上是由技术“瓶颈”造成的。业界普遍认为物联网包含三个层次，从下到上依次是感知层、传送层和应用层，如图 3 所示。目前，这三个层次主要存在四方面的技术“瓶颈”：

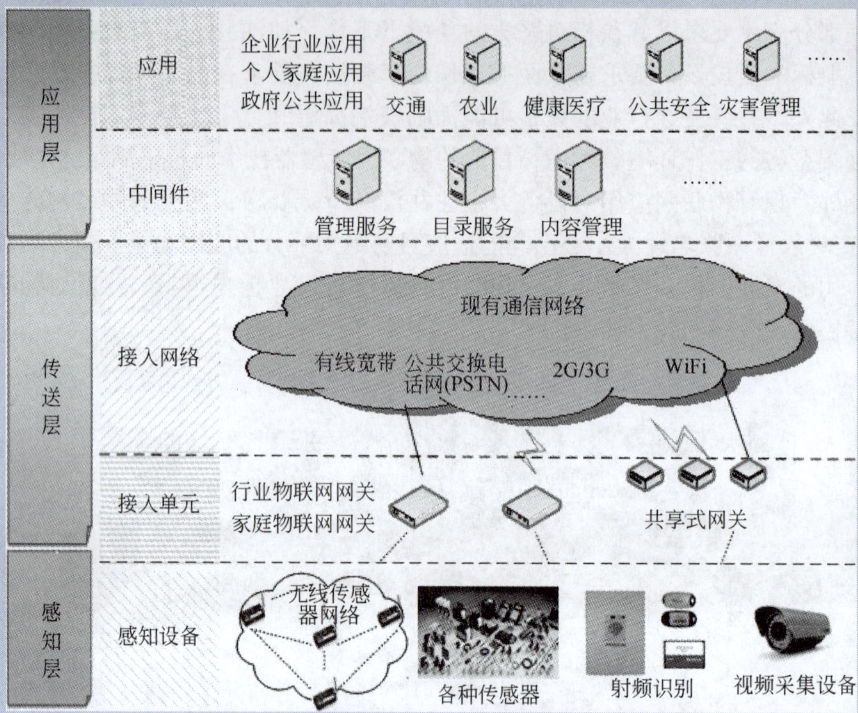

图 3　物联网体系架构

1. 传感器技术“瓶颈”

物联网的发展首先要求大量布置各种传感器，这些传感器要与物品紧密结合在一起，成为物品的一部分。这不仅要求传感器微型化，而且要求微型化的传感器既要有相当的处理能力，又要能耗极低。传感器的微型化主要涉及材料科学和微电子领域的相关技术，要求使用精密的材料以及高制程的半导体芯片。目前，国际最前沿传感器技术已经可以制造出非常微型的传感器，如美国加利福尼亚大学伯克利分校研制出像沙粒一样大小，名为“智能灰尘”的传感器。2010 年上海世界博览会上，以色列馆展出了一种用于检验胃肠道疾病的胶囊照相机。在一颗感冒胶囊大小的照相机里，安装着前后两个摄像头和无线网络集成装置（图 4）。胶囊照相机被吞服后，依靠胃肠道的蠕动向前运行，进行连续拍摄，所摄画面借由无线网络集成装置实时传输到诊断电脑终端。胶囊照相机的电池能持续供电 8 小时，电池耗尽后即停止拍摄，在整个检查过程中，约可获得 50 000 幅图像资料。工作停止后不久，胶囊照相机即可被排出。

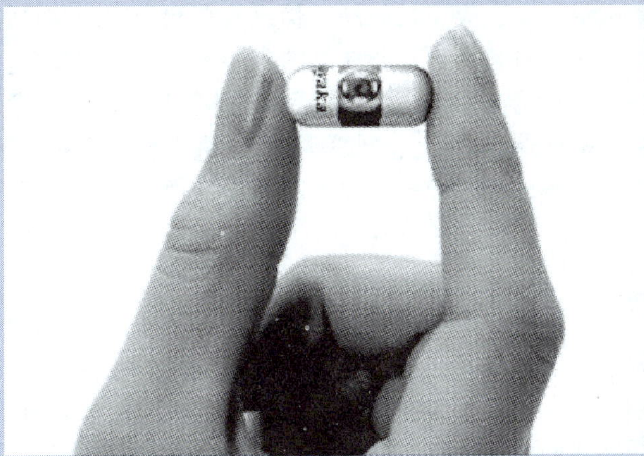

图 4　胶囊照相机

胶囊照相机价格较为昂贵，约为 6000～8000 人民币，并且只能使用一次。由于价格的原因，类似胶囊照相机这样的小型高性能的传感器目前只能用于非常尖端的领域，尚无法大规模应用。在物联网规模发展阶段，需要布置成千上万，甚至上千万、上亿个传感器，只有不断降低传感器的价格，才能够控制总成本。

2. 通信网络技术“瓶颈”

目前，物联网主要利用现有通信网络进行远程数据传输。现有的通信网络以人与人通信为目标，不单在网络容量方面是依照人与人通信的业务模型来计算的，而且在可靠性方面也是参照人的通信行为来估计的。物联网的应用与人的通信行为不同。从规模上来看，物联网要建立千万乃至上亿的海量节点，其规模远超过人与人的通信规模；从网络性能要求来看，不同类型的物联网的应用对网络性能有不同的要求，相当一部分的应用对网络性能的要求远高于人与人的通信要求，因此需要网络具备提供高性能服务的能力。

在目前物联网应用规模较小，并且主要用于对数据传输安全性和实时性要求不高的情况下，现有网络尚可满足需求。但是，如果不根据物联网需求来逐步完善、革新现有通信网络技术，就将无法打破物联网应用范围局限性，从而严重阻碍物联网发展。

3. 平台处理技术“瓶颈”

如何及时处理海量感知信息，是物联网发展所面临的另一个技术“瓶颈”。在目前所处的小规模发展阶段，物联网应用之间呈烟筒式结构，每个应用所涉及的节点种类单一、节点数量较少，应用之间缺乏信息共享和交互。在这种情况下，物联网对感知信息的处理是相对容易的，所涉及的应用逻辑也相对简单。这些状况并不是物联网应用发展本身所应当具有的特征，而是现有平台处理技术局限性的体现。物联网技术的发展，需要综合运用云计算等技术推进平台处理技术不断地发展，解决海量数据的存储、归类、处理、检索需求。只有这样才能打破局限，推动物联网应用发展。

4. 安全性技术“瓶颈”

目前阶段，物联网的安全问题并未得到足够的重视，业界更多地将注意力集中在应用层面上。实际上，物联网的安全问题是物联网发展中需要解决的关键问题之一，它将直接决定物联网发展的规模和前景。由于各种仪器、设备、产品都能够通过物联网建立联系，一旦发生安全问题，其影响范围远比互联网时代更为严重。

此外，物联网的安全技术比互联网安全更为复杂，不仅需要解决互联网上原本就存在的数据泄密、非法访问、网络攻击等问题，而且还要考虑传感节点和传感网络自身的安全问题，其安全技术是立体的，涉及感知节点、通信网络和应用各层面的安全问题。

三、物联网技术研究重点

与物联网应用一样，物联网技术研究重点选择也呈现百花齐放的格局。我们认为，物联网技术研究的重点，一是要与物联网深度应用拓展密切相关，二是要属于物联网整体技术演进过程中不可或缺的关键。这就要求我们一方面要立足于突破技术“瓶颈”，另一方面也要充分考虑我国物联网发展初级阶段的典型特征。因此，针对上述分析，物联网的研究重点应当首先聚焦于以下三方面。

1. 以嵌入式技术研究为重点推动传感器技术的发展

传感器技术的发展是物联网发展的前提。传感器需要向着高性能、低能耗、微型化、低成本方向发展，以扩大物联网的应用范围。典型的传感节点由传感器板（S）和处理器（M）共同构成，传感器板（S）主要负责感知数据，将现实世界的各种数据进行模数转换，数据处理、传输等智能运算则依靠由嵌入式处理芯片构成的处理器（M）完成，如图5所示。

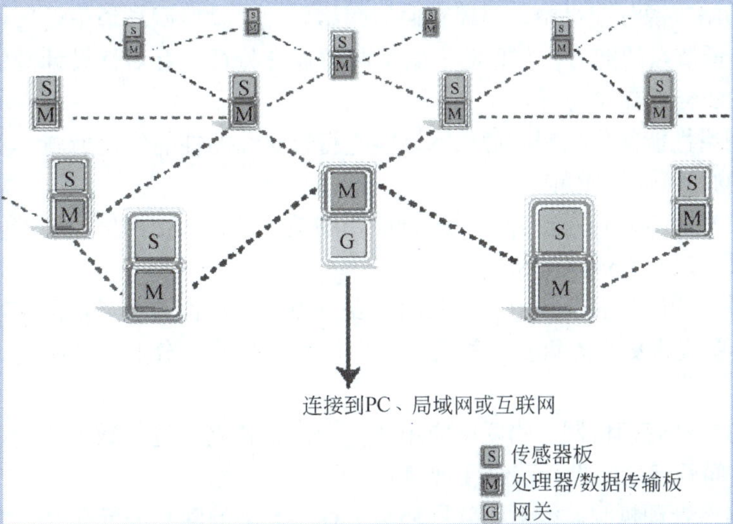

图5　传感器网络结构示意图

传感器的高性能体现在高运算能力、高处理智能和高度集成。高性能的传感器依赖传感器板（S）自动采集数据，依赖处理器（M）处理数据、传输数据，与计算机系统紧密配合，更科学准确地提供结果，因此传感器的高性能很大程度上依赖于芯片技术和嵌入软件技术的发展。同样，低能耗也要依赖嵌入式技术的发展，在进一步提高芯片处理能力的同时，不断降低芯片的能源消耗。传感器的微型化和低成本则需要依赖微加工技术、纳米技术和材料技术的进步，这些技术的进步能够使嵌入式芯片越变越小，加工生产的成本也越来越低。

2. 以物联网环境下通信网络适应性研究为重点推动网络能力增强

网络技术的突破将使得海量节点进行高效数据传输成为可能。物联网通信以使用数据业务为主，在车载信息服务（telematics）等特定领域有少量语音服务需求；大部分物联网业务以传输小流量的数据为主，其中相当一部分小流量业务要求长时间在线；物联网业务主要使用反向信道，对通信服务质量（QoS）要求不一；物联网业务由程序自动化控制，具有“机器”自动化行为。因此，急需研究和开发适应物联网业务特性的通信网络，以及与之相适应的通信网络运营体系等。物联网环境下的通信网络主要有以下几方面的要求。

（1）网络层业务特性管理。通信网络不但能辨识出物联网业务，而且能对物联网业务区分不同的等级和种类，便于提供差异性服务。

（2）网络资源分配机制。与现有通信网络相比，物联网环境下的通信网络要具备能接入海量节点的能力，并且能根据不同的业务特征，针对性设计网络资源的分配机制，保证资源有效利用。

（3）网络性能优化机制。通信网络能进行针对性的性能优化措施（如拥塞控制等），保障物联网通信质量。

（4）灵活的 QoS 体系。针对物联网应用的差异性，通信网络要能够实现差异性的 QoS 策略，以及 QoS 保障机制。

（5）灵活的网络安全能力。物联网的安全涉及各层面，在通信网络层面，网络本身应当具备提供更高等级安全策略的能力，并且具备区分业务种类进行分别对待的能力。

（6）移动性管理机制。物联网应用往往会产生跨网络进行数据传输的场景，需要研究在不同网络之间进行移动性管理的措施。

（7）网络管理机制。能对物联网环境下种类繁多的网元进行有效的管理。

3. 以云计算技术研究为重点推动平台技术的演进

现阶段的物联网应用多为点状分布，每个应用独立封闭，相互间既不共享资源，也不实现互通。理想的物联网应用体系架构，应当具有共性能力平台，能够为各行各业提供通用服务，如数据集中管理、通信管理、基本能力调用（如定位等）、业务流程定制、设备维护服务等（图 6）。

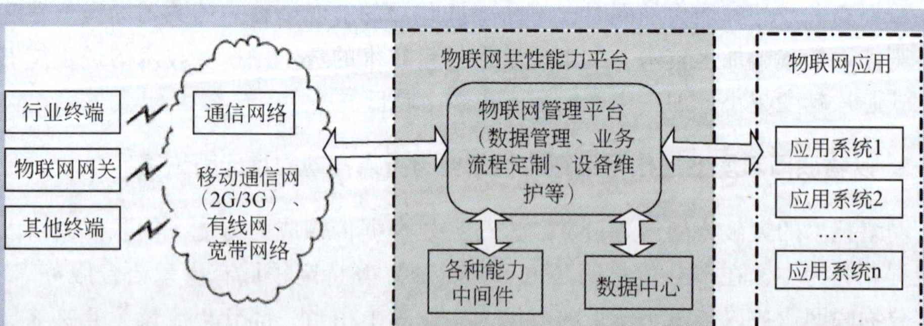

图 6　理想的物联网应用体系架构

物联网共性能力平台建设存在两个难点，一是对海量数据的组织、分析策略，这需要结合需求进行设计；二是如何有效利用资源、高效处理物联网的海量数据，这需要通过运用云计算技术来解决。云计算技术与物联网共性能力平台的结合，主要包括以下几方面。

（1）基础资源共享。通过虚拟化技术，提高物联网平台底层计算、存储、通信等资源的利用率和快速部署能力，实现物联网业务平台的高可靠性、高可扩展性和按需服务的能力。

（2）动态规模扩展。将计算、存储等资源通过抽象和整合，形成共享资源池，根据业务动态调整基础设施资源，实现计算资源的弹性伸缩。

（3）智能分析处理。通过分布式计算和存储技术，实现平台数据的海量数据分析和处理能力。

目前，国内外多家运营商，包括一些虚拟运营商，均对建立理想模式的物联网应用体系架构进行了不同程度的尝试。如何通过运用云计算技术，建立起服务于全社会的物联网共性能力平台，不仅对普及物联网行业应用意义重大，更重要的是将成为物联网基础设施之一，对推进"智慧城市"建设等物联网应用具有重要作用。

The Technological Bottleneck and the Research Focuses of the Internet of Things

Li Anmin

(Shanghai Research Institute of China Telecom Corporate Limited)

Considering IOT (the Internet of Things) applications, some technical bottlenecks are discussed, including the sensor technology, the network technology, the platform technology and the security technology. In order to resolve these technical bottlenecks, the key points of the IOT research in future are given.

5.5　中国疫苗产业化现状及发展方向

杨晓明

（中国生物技术集团公司）

疫苗的诞生为人类预防和战胜传染性疾病做出了不可磨灭的贡献。由于疫苗的广泛使用，天花病毒、脊髓灰质炎病毒灭绝，多种传染病的发病率和病死率得到有效的控制。疫苗已经成为人类预防和控制疾病最重要、最有效、最经济的手段。

一、国外疫苗产业化现状

近年来，世界范围内新疫情不断，传染性非典型肺炎（SARS）、禽流感、甲型H1N1流感的流行对世界各国疫情的防治与控制提出挑战，也推动了全球疫苗产业的迅速发展。

1980～2000年的20年间，全球疫苗市场规模增长了10倍多。美国Kalorama Information研究报告显示，2004～2008年，全球疫苗行业的年复合增长率约为28.4%，2009年全球疫苗产业规模已达到141亿美元。随着新品种疫苗不断上市，预计2009～2013年，全球疫苗市场的复合增长率将维持在13.1%左右，2013年全球疫苗市场规模将超过360亿美元。

全球疫苗产业和市场整体呈高度集中态势。截至目前，全球已有29家被世界卫生组织认定的疫苗生产商，其中最具规模的五大跨国疫苗生产企业葛兰素史克（GSK）公司、默克（Merck）公司、赛诺菲巴斯德（Sanofi-Aventis）公司、诺华（Novartis）公司和辉瑞－惠氏（Pfizer-Wyeth）公司，2008年占有全球81.4%的疫苗市场份额（图1）。这些企业疫苗品种齐全，产品结构完整，规模化和集约化程度高。跨国企业主要依赖高额研发投入、专利独享、高技术含量等优势，维持疫苗销售的高速增长。Pfizer-Wyeth公司的7价肺炎球菌结合疫苗（Prevnar）因用途广泛，效果卓

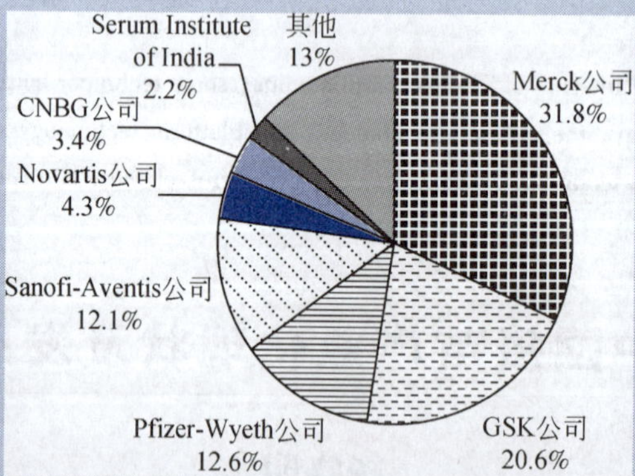

图1　2008年全球五大跨国疫苗生产企业竞争格局

数据来源：The Vaccines Market Outlook To 2014，Annual Report of 2008，http：//www.GlaxoSmithKline.com，www.Sanofi-Aventis.com，www.novartis.com，www.Merck.com，www.Pfizer.com.cn

越，销售额超过10亿美元。Merck公司的宫颈癌疫苗（Gardasil）上市后第一年销售额已达到15亿美元。2007～2009年，全球五大跨国疫苗生产企业销售金额仍持续稳定增长（图2）。根据IMS Health、Business Insight预测分析，2010～2014年，五大跨国疫苗生产企业平均年复合增长率为11.4%，继续引领全球疫苗产业的发展。

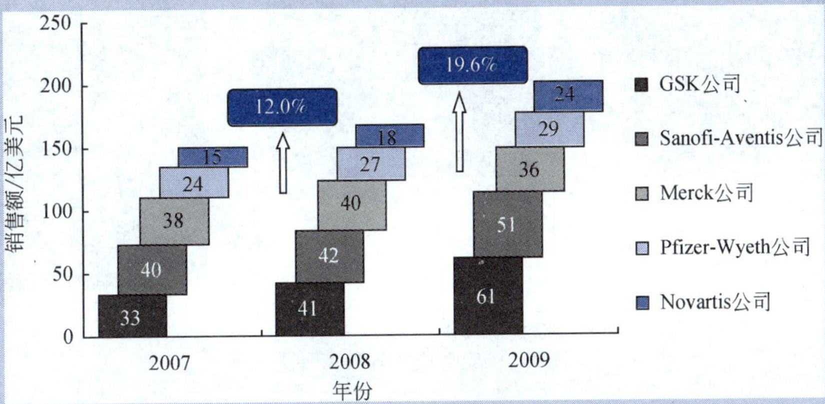

图2 2007～2009年全球五大跨国疫苗生产企业销售额对比

数据来源：根据各公司网站年度报告整理

二、中国疫苗产业化现状

（一）产业规模不断扩大

近年来，我国疫苗产业发展迅猛。2007年，我国疫苗产业规模仅为70.3亿元。2009年我国疫苗产业规模达105.4亿元，比2008年增长23.7%。在我国生产的疫苗被分为两类，一类疫苗和二类疫苗。

一类疫苗是指政府免费向公民提供的疫苗，公民应依照政府的规定受种，包括国家免疫规划疫苗、特种储备疫苗（用于防御生物恐怖袭击和生物战争）等。政府制定使用计划，采取招投标等方式采购。我国国家免疫规划疫苗品种由1978年的“4苗防6病”发展到2007年的“14苗防15病”（图3）。中央财政安排27亿元专项资金，用于支持扩大国家免疫规划的实施。

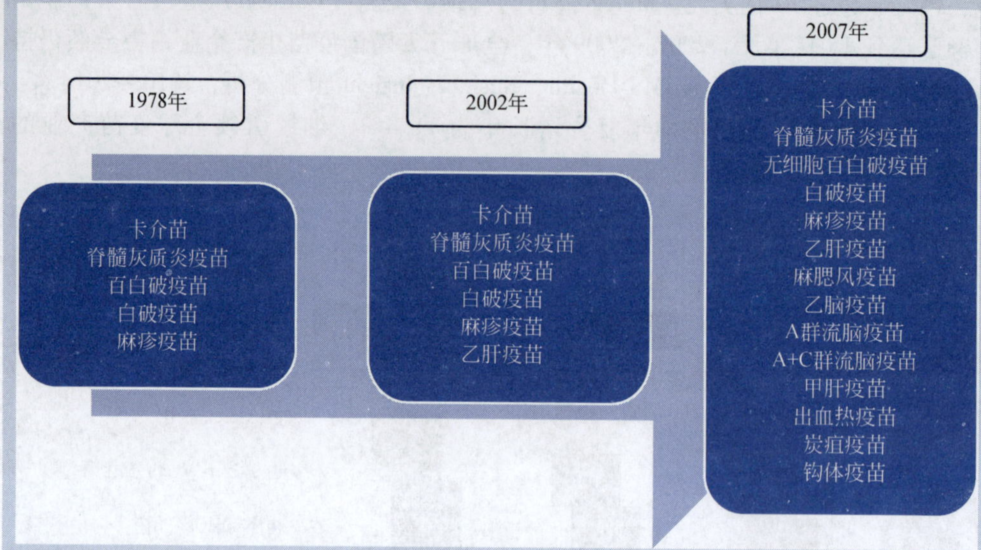

图 3　国家免疫规划疫苗种类

二类疫苗是指公民自费并且自愿受种的其他疫苗，价格较贵。20 世纪 90 年代初，二类疫苗进入市场，疫苗市场规模 10 年间增长了 4 倍。从生产数量看，一类疫苗从 2007 年的 3.3 亿剂量增至 2009 年的 6.5 亿剂量。疫苗总体生产数量从 2007 的 7.4 亿剂量增到 2009 年的 10.8 亿剂量，短短两年内增长 46%。2009 年我国一类疫苗销量占整个疫苗市场销量的 80%，销售收入占整个疫苗市场收入的 39%。二类疫苗销量占整个疫苗市场销量的 20%，但销售收入占整个疫苗市场收入的 61%（图 4）。

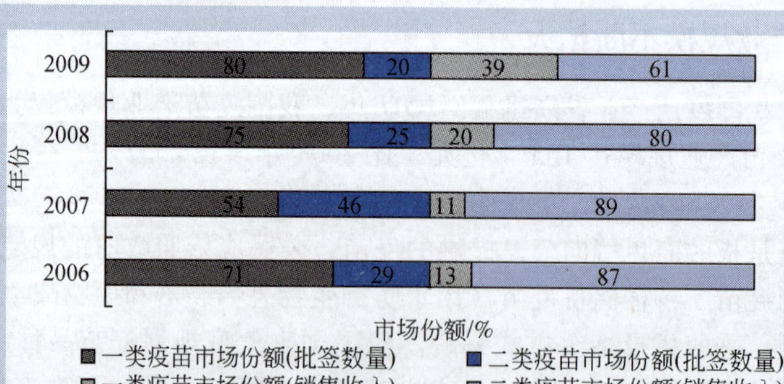

图 4　2006～2009 年国内各类疫苗所占市场份额

数据来源：生物制品批签发统计，http：//www.nicpbp.org.cn

据统计，从2008年~2010年10月，共有15种国外疫苗（23种规格）正式进入国内市场，国内14家疫苗生产企业生产的10种疫苗（17种规格）占总量的67%；GSK公司等5家外企生产的6种疫苗（6种规格）占总量的33%。除GSK公司的无细胞百白破与b型流感嗜血杆菌（结合）联合疫苗，以及Wyeth公司的7价肺炎球菌结合疫苗为新品种外，其他全部为国内仿制同类疫苗产品。

（二）多联多价疫苗、灭活疫苗成为发展方向

近年来，随着国内疫苗生产技术的提升，国家免疫规划用疫苗及二类疫苗逐渐从传统的单价、减毒疫苗向多联多价疫苗发展。麻腮风联合疫苗逐渐替代麻疹、风疹单价疫苗的使用，无细胞百白破疫苗逐渐替代吸附百白破疫苗的使用，以减少不良反应的发生。

“十一五”规划实施以来，国家“863”计划大力扶持疫苗新产品的研发。我国第三军医大学研制的世界首个预防胃溃疡疫苗——口服重组幽门螺旋杆菌疫苗（Hp疫苗）已取得国家新药证书，为近年首个创新型国家一类药物。与此同时，“863”计划也在多联多价疫苗、结合疫苗等新技术研发方面给予大力扶持。国内新近研发的CpG ODN佐剂疫苗、9价肺炎结合疫苗、13价肺炎结合疫苗、人乳头瘤病毒6/11型疫苗已正式申请药品注册。

（三）国内市场需求潜力巨大

2007年以来，随着扩大国家免疫规划的实施，民众预防保健意识的加强，疫苗使用越来越受到人们的关注。新型农村合作医疗制度的不断推进将大大增加农村人口对疫苗的需求量。2007年中央财政安排补助资金101亿元，接种疫苗的农村人口快速增加，为疫苗的快速发展提供了十分有利的市场契机。同时，我国人口众多、经济增长迅速，新生儿出生量每年约1700万，相当于包括美国、日本及欧洲若干国家在内的8个发达国家新生儿总出生量的2倍，儿童疫苗市场潜力巨大。此外，我国正步入老龄化阶段，2008年我国老年人口总数已达1.6亿，到2020年将达到2.48亿，庞大的老龄人口将对流感疫苗、肺炎疫苗等疫苗提出巨大需求。

（四）疫苗技术创新活跃

（1）新型疫苗产品不断出现。活载体疫苗、核酸疫苗、肿瘤疫苗等新疫苗的涌现，甲型H1N1流感、艾滋病、疯牛病等新发传染病的爆发流行，以及近年来备受各国政府关注的生物安全等相关问题，加速了疫苗研究技术的发展。仅2009年，国内就有30个疫苗品种申报药品注册，国产冻干A、C群脑膜炎球菌多糖结合疫苗、

ACYW135 群脑膜炎球菌多糖疫苗 2 种疫苗多价联合疫苗也正式投入市场。

（2）疫苗生产工艺不断改进。随着动物细胞大规模培养技术的日趋成熟，我国疫苗生产技术得到了迅猛发展。我国实现了微载体高密度生物反应器（Bioreactor）进行大规模细胞培养；全自动、封闭式生产、连续灌流收获技术得到了大规模应用；流感疫苗生产过程实现了病毒接种和培养液收获自动化；基因工程菌生产过程实现了管道化输送，并实施符合 GMP 标准的批次管理控制与数据收集软件控制，在规模化生产的基础上确保产品的活性和稳定性。

三、中国疫苗产业面临问题

（一）企业规模小，产业集中度低

我国是全球疫苗生产企业数量最多的国家，现有疫苗生产企业共 38 家，可生产抵抗 26 种传染病的 49 种疫苗。然而，我国目前的疫苗产业存在企业规模小、产业集中化程度低等问题，例如在 2008～2009 年，我国前五大疫苗生产企业销售额占全国疫苗销售总额的比重不足 30%。

我国能够生产 10 个以上疫苗产品的疫苗生产企业只有国药中生集团（包括下属 7 家疫苗生产企业），而仅生产一种产品的疫苗生产企业就有 20 家（表 1）。这些疫苗生产企业生产规模小，生产的疫苗均为二类疫苗，产品工艺技术落后。其中流感疫苗和狂犬疫苗两个市场竞争尤为突出，两种疫苗均有超过 10 家企业生产。重复开发造成资源浪费和同质产品间的激烈市场竞争，将严重制约我国疫苗生产企业规模化、集约化发展。然而，过去 20 年间，国际跨国疫苗生产企业通过加速疫苗行业的整合，在全球范围内并购重组疫苗生产企业，从 26 家疫苗生产企业合并形成目前五大国际疫苗生产巨头，市场呈高度集中态势，形成了垄断全球市场的格局。

表 1　国内疫苗生产企业及产品数量统计

企业名称	企业数量/家	品种数量/种
中国生物技术集团公司（国药集团）	1（下属 7 家疫苗生产企业）	48
长春长生生物科技股份有限公司	1	10
浙江天元生物药业股份有限公司	1	8
江苏延申生物科技股份有限公司	1	7
集团北京科兴生物制品有限公司	1	6

续表

企业名称	企业数量/家	品种数量/种
中国医学科学院医学生物学研究所	1	5
辽宁成大生物股份有限公司	1	4
华兰生物疫苗有限公司	1	4
大连汉信生物制药有限公司	1	3
北京绿竹生物制药有限公司等	9	2
北京民海生物科技公司等	20	1

数据来源：生物制品批签发统计．http：//www. nicpbp. org. cn

（二）市场竞争激烈

目前，我国新型疫苗市场产品种类单一，不同疫苗生产企业产品生产线重复设置，同质化现象严重，同类产品市场竞争激烈。此外，受金融危机影响，欧美等国家主流医药消费市场进入低迷期。跨国疫苗生产企业为继续强化其全球市场控制力，纷纷把目光转移到中国、印度等新兴医药市场。跨国疫苗生产企业通过兼并重组快速占有国内销售网络，直接进入终端市场，利用现有的研发技术平台，从源头上掌握和控制疫苗技术、研发人才及国内疫苗终端销售市场，一定程度上加剧了疫苗生产企业的市场竞争。

目前国内市场中，以 ACYW135 群脑膜炎球菌多糖疫苗（4 价）为例，已有 3 个产品进入市场，未来一两年，仍将有 4 家疫苗生产企业的同类产品投放市场，7 家疫苗生产企业抢夺市场份额，参与竞争。7 价肺炎结合疫苗作为 Pifzer-Wyeth 公司的“重磅炸弹”进入中国两年来，市场销量增长 4.5 倍。国产 9 价、13 价肺炎结合疫苗目前正在申请临床批件，有望近年上市销售。2010 年 12 月，新型疫苗国家工程中心研究开发的手足口病 EV71 型（肠病毒 71 型）灭活疫苗，作为具有自主知识产权的一类新药，获得国家食品药品监督管理局的临床研究批件，这是我国疫苗研究领域的一项重大突破。目前国内有 3 家疫苗生产企业正在加紧进行临床试验研究，疫苗有望在不远的将来问世。此外，国内研制的治疗性乙肝疫苗（乙克）已顺利完成Ⅱ期临床试验，结果令人满意，现已进入Ⅲ期临床试验阶段。治疗性乙肝疫苗势必将给国内上千万乙肝患者带来福音。

（三）自主创新能力较弱，产业关键技术缺乏

国内疫苗品种单一，缺乏自主知识产权的高附加值产品，多为仿制疫苗。我国

疫苗产业关键技术匮乏，在疫苗、抗体等生物治疗药物研发过程中应用的细胞基质，只有 2BS 细胞和 CHO 细胞具有自主知识产权，广泛应用的 Vero 细胞和多种基因工程载体均为国外引进产品；新型佐剂研究技术相对落后，仍以铝佐剂使用为主；在抗原筛选技术、反向疫苗学技术方面与国外也存在较大差距。国内生产疫苗企业规模小、研发资金投入不足，是造成疫苗产业自主创新能力弱的主要原因。大部分疫苗生产企业研发投入占销售收入的比重不足 5%。而 2008 年，Merck 公司研发投入高达 48 亿美元，占企业销售收入的 20.1%；Novartis 公司研发投入 72 亿美元，占企业销售收入的 17.4%。此外，印度等新兴发展中国家近年来疫苗产业发展迅速，25 家疫苗生产企业在研发方面的投入总体增加 17%，其中有些疫苗生产企业的研发经费投入增幅超过 40%。

（四）产业国际化水平尚待提高

经世界卫生组织认证的可在全球范围内供应疫苗的疫苗生产企业有 29 家，印度已有 7 家疫苗生产企业通过认证，可供应 19 种疫苗；巴西已有 1 家疫苗生产企业通过认证，可供应 2 种疫苗。这些国家在产业国际化进程中，远远走在我国疫苗生产企业前面。中国国家疫苗监管部门（卫生部、国家食品药品监督管理局）尚未通过世界卫生组织的质量认证，但目前中国医药集团总公司成都生物制品所等正在积极准备一些疫苗（如乙型脑炎减毒活疫苗）的世界卫生组织质量预认证检查，有望成为中国首家获得世界卫生组织质量预认证的疫苗生产企业。

四、中国疫苗产业化发展建议

世界生物技术正处于大规模产业化的初始阶段，我国也出台或即将出台一系列强化生物产业技术创新能力、促进产业集聚、优化创新环境等的扶持政策，加大新型疫苗研发力度，实现新型疫苗佐剂、大规模细胞培养及蛋白纯化等技术突破。

1. 强化新型疫苗研发投入，开拓治疗性疫苗和成人疫苗产品技术

随着生物技术的不断发展，疫苗技术已经从传统减毒和灭活疫苗向活载体疫苗、核酸疫苗、肿瘤疫苗等新型疫苗转变。传统疫苗主要以预防传染病为主，而新一代疫苗的研发正在向治疗疾病的方向发展。近年来，多价联合疫苗（如 DTaP-Hep-Hib-Men/A + C 等），改变给药方式的改良制剂，院内感染疫苗，成人、老年人用疫苗（新型佐剂），癌症疫苗，治疗用疫苗成为疫苗研发主要方向。同时，基于从疫苗成本效益方面的考虑，政府应根据现有国情和企业产能，尽量将水痘疫苗、肺炎

疫苗和轮状病毒疫苗等预防类疫苗纳入国家计划免疫范围。目前全球已有165个国家将b型流感嗜血杆菌结合疫苗纳入免疫规划范围，有42个国家将肺炎疫苗纳入儿童免疫计划。

2. 加快企业优化整合，提高企业核心竞争力

我国应规范新型疫苗市场准入，提高行业准入门槛，加快调整产业布局，引导企业通过收购兼并实行战略性重组，促进品种、技术、渠道等资源向优势企业集中，实现市场竞争中的优胜劣汰；强化新型疫苗公共信息服务平台、创新创业服务平台、知识产权和科技成果转化服务平台等产业创新支撑体系建设，鼓励企业开展新型疫苗技术研发，着力提升产品工艺水平和规模产业化程度，形成大中小企业协调、上下游配套的产业链和创新链。

3. 鼓励企业积极参与国际合作与竞争

我国应鼓励企业加强国际合作，充分利用国内国外创新资源，积极探索国际合作新模式，走开放创新和国际化发展道路；引导企业在生产过程中采用国际质量认证，并积极参与国际标准制定；充分发挥我国新型疫苗产业比较优势，积极承接生物医药研发外包转移，迅速扩大产业规模，建设世界生物医药产业的重要研发基地，融入国际生物医药产业链和创新链，推动中国疫苗产业走向国际化发展道路。

参 考 文 献

[1] 侯爱军. 2008. 2008年基因工程疫苗产业发展态势//国家发展和改革委员会高技术产业司，中国生物工程学会. 中国生物产业发展报告2008. 北京：化学工业出版社：75～88

[2] 任志武. 2009. 深度解析《促进生物产业加快发展的若干政策》. 见：国家发展和改革委员会高技术产业司，中国生物工程学会. 中国生物产业发展报告2009. 北京：化学工业出版社：28～38

[3] 赛迪顾问股份有限公司. 2010. 2009～2010年中国生物医药产业发展研究年度报告

[4] 沈心亮. 2010. 建设中的新型疫苗国家工程研究中心. 生物产业技术，(2)：76～78.

[5] 天相投资顾问有限公司. 2009. 疫苗行业：经济效益、技术革新将推动疫苗行业长足发展. 行业深度研究报告

[6] Business Insight. 2009. The Vaccines Market Outlook To 2014

The Recent Chinese Vaccine Industry and the Development Trends

Yang Xiaoming
(China National Biotec Group)

Vaccine is an essential tool for the prevention and control of infectious diseases in healthy people. Nowadays, vaccine industry is on the upswing, and are greatly supported by the Chinese government.

The global vaccine market has been growig rapidly in recent years, and is highly concentrated. In 2008, the five leading multinational players occupies over 81.4% of the market share in the world. The multinationals are ambitious in expending their market shares in Asia, and to deepen their market penetration with innovative, patented technologies, and hi-tech products.

Chinese vaccine industry has been growing fast in recent years. In 2009, the industrial scale reached 10.5 billion RMB, and the total output was 10.8 billion doses. The domestic market demand has been soared since the EPI expansion in 2007 and the Chinese market is less concentrated in compare with other developing countries. There are 38 vaccine manufacturers in China, and most of them are in small scale. The manufacturers are facing increasing challenges due to the fierce market competition. Advices and suggestions are given in the article on how to cope with the changing situation in the Chinese market.

5.6 我国卫星导航应用技术创新与产业发展趋势

陈秀万　万家欢　刘　晶
（北京大学地球与空间科学学院　地球观测与导航教育部工程研究中心）

全球导航卫星系统（GNSS），又称天基PNT（位置、导航、时间）系统，是空间信息化建设的重要组成部分和国家空间与信息体系的重要基础设施。我国在“北斗”（BeiDou，又称COMPASS）导航卫星试验系统（即“北斗一代”）基础上，正稳步加快业务化区域导航卫星系统和全球系统构建进程。截至2010年12月底，我国已经成功发射7颗“北斗二代”导航卫星，并预计在2012年建成覆盖亚太地区的导航、定位和授时以及短报文通信功能的区域系统，并于2020年左右建成全球PNT系统。“北斗”与美国全球定位系统（GPS）、俄罗斯“格洛纳斯”（GLONASS）系统、欧盟“伽利略”（Galileo）系统四大GNSS系统的快速建设、系统性能的不断提升以及兼容互操作策略的逐步实施，必将导致在世界范围内不断深化卫星导航应用技术创新、逐步扩大应用领域与规模、加速形成大众化市场与产业化服务。

一、卫星导航应用技术创新趋势

鉴于GNSS在军民两大领域的不可替代性，世界上主要国家纷纷建立或完善导航卫星系统。美国正在大力开展GPS Ⅲ计划，进一步提升其全球定位系统的现代化水平和性能，维持其在GNSS领域的全球霸主地位。俄罗斯的GLONASS系统虽因2010年12月发射的三颗导航卫星全部坠毁而遭受重大挫折，但是重建GLONASS系统的国家意志没有任何改变。欧盟克服内部重重分歧，于2010年重新启动了Galileo系统建设进程，志在2014年之前打造自己独立的卫星导航系统。几大系统齐头并进的态势表明卫星导航应用技术创新的热潮已是大势所趋。

目前，我国在兼容导航芯片、室内外无缝导航、导航与无线通信融合、高性能导航应用终端、位置服务等若干领域的技术创新已经取得长足的进展，某些方面已经具备取得突破的基础和条件。例如，“十一五”期间国家“863”计划中地球观测与导航技术领域重大项目“新一代空中交通管理系统”已圆满完成并通过国家验收，形成了我国具有自主知识产权的新一代空管系统核心技术框架，为卫星导航系统，特别是“北斗”系统在空管领域的广泛应用奠定了坚实基础。“北斗”系统民用市场开发与产业化专项所支持的软件接收机、IC芯片组、高精度定位终端、移动位置服务等关键技术攻关也已取得重要进展。随着相关国家重大科技专项、“863”计划、科技支撑等国家科技计划的深入推进以及加快培育战略性新兴产业等相关政策的实施，可以预计，在“十二五”期间，我国卫星导航应用技术将实现一系列实质性突破。

1. 高性能兼容导航芯片与接收机技术

由于即将形成多个卫星导航系统并存的局面，采用多GNSS系统兼容定位与导航，不仅可使用户摆脱对单一导航系统的依赖，大大增强导航系统的可用性，而且可有效提高定位、导航与授时精度。基于多GNSS系统的兼容导航芯片与接收机技术特别是高精度、高灵敏度、高动态以及软件接收机技术早已成为国际卫星导航终端研发技术创新的热点[1,2]。“十二五”期间，我国“北斗”区域导航系统将逐步组网建成，“北斗”系统与其他系统的兼容接收机已经成为并将进一步成为卫星导航接收机研发的重要方向，也是我国摆脱美国 GPS 技术垄断和国外核心技术封锁的关键着力点。

2. 基于位置的服务技术

作为一种依赖于移动设备位置信息的空间信息服务，基于位置的服务（Location Based Service，LBS）是当前 GNSS 应用的热点[3]。未来 LBS 技术的发展方向是集成“3S”技术［遥感（RS）、地理信息系统（GIS）和全球导航卫星系统（GNSS）］、信息技术、网络与通信等多种技术，吸纳所有与位置相关的信息，为全社会各领域提供基于位置的多需求解决方案[4]。针对 LBS 未来的发展方向和我国 LBS 产业发展的现状，我国急需构建国家级导航与位置服务公共平台（LBCS），实现由系列多分辨率遥感数据仓库与全球影像无缝可视化系统、遥感数据融合处理与卫星导航应用信息智能化提取系统、导航电子（影像）地图资源共享系统、实时交通信息与位置服务系统、卫星导航应用产品检测与空间信息综合服务系统等系统的有效融合和集成创新，为地理位置服务产业提供可共享的海量空间信息资源和高速信息处理与高效服务支撑平台。

3. 室内外无缝导航技术

通过集成卫星导航、无线通信、伪卫星等技术以实现室内外无缝导航，将是 GNSS 应用技术研发的另一个热点。GNSS 与无线通信技术组合产生了 GPSone 这样的经典应用。未来 GNSS 技术与各种辅助定位技术如伪卫星、无线定位技术（无线通信信号、射频无线标签、超声波、光跟踪、无线传感器定位技术等）、其他定位技术（计算机视觉、航位推算等）进行组合导航定位的研究将继续向纵深发展，实现高精度组合导航定位、三维动态导航定位、无覆盖盲区的导航定位等功能，既可以提供较好的精度、响应速度和用户体验，又可以覆盖较广的范围，更好地满足实际应用需求，应对各种突发事件[5~7]。

4. 与物联网的融合技术

自 2009 年 8 月温家宝总理提出“感知中国”以来，物联网（Internet of things）被正式列入国家战略性新兴产业规划，写入政府工作报告。物联网是通过射频识别、红外感应器、GNSS、激光扫描器等信息传感设备，按约定的协议，将任何物品与互联网相连接，进行信息交换和通讯，以实现智能化识别、定位、追踪、监控和管理的一种网络技术，与“云计算”一起构成“智慧地球”、“感知中国”等智慧应用的核心技术，拥有巨大的发展潜力和广阔的市场空间[8]。在《国家中长期科学和技术发展规划纲要（2006～2020年）》和“新一代宽带移动无线通信网”重大专项中也将传感网（狭义上的物联网）列入重点研究领域[9]。物联网技术应用领域的拓展，与空间信息的共享是不可或缺的。物联网与空间信息共享服务的紧密结合，必将带动GNSS在物联网领域的应用及技术创新，并将为卫星导航定位产业的发展提供巨大的应用空间，未来GNSS与物联网中各种传感器的有机融合将是该领域技术创新的重点[10]。

众所周知，GNSS的应用限制“仅源于人们的想象力”，卫星导航应用技术与模式的创新将无穷无尽。卫星导航应用技术的创新将面向各行各业和广大民众的各类需求，在提高定位导航精度与覆盖度、改进产品可靠性与可用性、提升服务便捷性、推动终端产品小型化与低成本等方面不断取得技术突破，为应用模式创新与产业化发展提供保障。

二、卫星导航应用产业进入爆发性增长的孕育期

卫星导航应用领域极为广泛、应用模式层出不穷，这正是卫星导航应用的生命力和产业源泉所在。近年来，全球的卫星导航应用产业日益壮大。2005年，全球卫星导航产业规模仅为约700亿美元。到2009年，产业规模已达到约1400亿美元。按年均增长率15%计算，到2015年，全球卫星导航产业规模将达到约3000亿美元（图1），其中LBS和车辆导航将占据主要的应用市场份额（图2）。届时，若我国的卫星导航产业规模占全球10%份额的话，则将达到近2000亿元人民币，产业化前景十分可观。

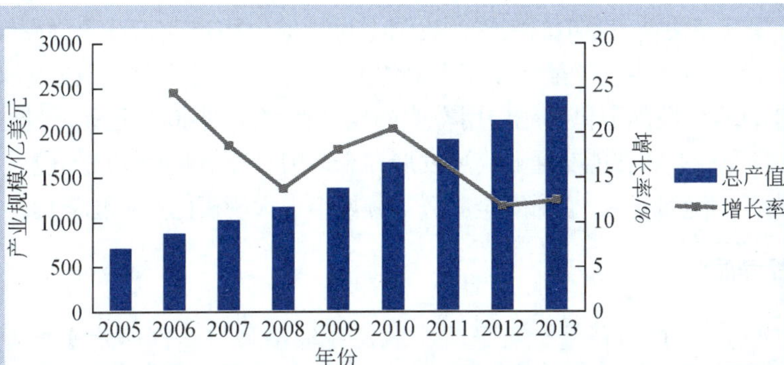

图1 全球卫星导航产业应用市场产值增长趋势

数据来源：ABI Research

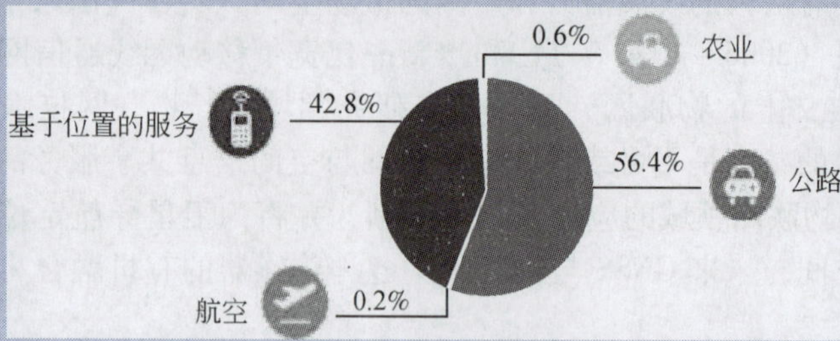

图 2　2010～2020 全球卫星导航产业市场累计产值预估

数据来源：欧洲全球卫星导航系统监督局

卫星导航在中国的应用与产业化发展虽然仅有 20 多年的历史，但却以强劲的增长速度渗透到国民经济的各个领域，并对国家经济的腾飞起到了重要的推动作用。《国家中长期科学和技术发展规划纲要（2006～2020 年）》将卫星导航列入优先和重点发展领域，宣告我国卫星导航应用服务产业被正式纳入国家经济工作层面。2007 年，国家专门出台《关于促进卫星应用产业发展的若干意见》，明确提出到 2020 年"使卫星应用产业产值年均增速达到 25% 以上，成为高技术产业新的增长点"的发展目标，并制定相应的扶持措施。2010 年公布的《国务院关于加快培育和发展战略性新兴产业的决定》也将卫星导航作为重要内容予以考虑，充分表明了未来若干年其在我国创新型国家建设、国防现代化和战略高科技及其产业化发展中具有举足轻重的地位，我国卫星导航产业发展面临着难得的历史性机遇。在国家政策大力扶持下，我国的卫星导航应用与服务产业整体框架已粗具轮廓。伴随着自主导航卫星系统的建设及国家相关重大专项的实施，我国卫星导航应用产业正进入爆发性增长的孕育期[11]。2010 年我国卫星导航市场年产值约为 500 亿元，并以每年接近 25% 的速度增长，预计到 2020 年我国卫星导航应用产业的年产值将达到 4000 亿元。借势我国移动通信产业、汽车产业和智能交通业高速发展，未来卫星导航将在车载导航、手机定位、地理位置服务、物流监控、生命安全服务等领域形成大规模的产业化应用。

1. 车载导航

GNSS 应用最大的市场是车载导航领域，在经济最发达同时汽车产业也极为繁荣的美国、欧洲、日本三个国家和地区，由于电子地图与消费电子技术的高度发达，再加上智能型运输系统的成熟应用，成为汽车导航普及率最高的三个国家和地区，很多汽车生产公司将车载导航产品作为车辆的标准配置。我国汽车产业发展迅猛，据统计，2010 年汽车销售量近 1800 万辆，超越美国成为全球第一大汽车销售国，汽车保有量超过 7000 万辆，预计到 2020 年将超过 2 亿辆。受益于中国汽车市场的快速发展，近几年来中国车载导航系统的发展速度逐渐加快，2010 年车载导航设备装载量达 570 万台，形成了国内卫星导航应用最为成熟的市场，带动电子地图、电子设备等相关产业的快速发展，其中在电子地图行业，本土地图产品还占据了绝对优势地位。但是相较于欧美成熟的车载导航产业，中国车载导航产业的潜力还远未得到释放，前装和后装市场发展不均衡，车载导航设备的装载主要集中在中高档汽车上，国产汽车装载率远低于国外品牌汽车，车载导航设备的核心部件还依赖于进口。未来车载导航将向“导航 + 通信”，或“导航 + 通信 + 移动电视”的方向发展，导航系统与车体系统合二为一。

2. 手机定位

手机定位被广泛应用于基于位置的各种个性化服务如公共安全、跟踪监控、导航等服务中。由美国高通公司开发的 GPSone 技术，将无线通信网络与卫星导航定位系统结合起来，实现了高精度、高可靠性和较高速度定位，成为被广泛使用的个人移动电话、车载终端、特殊智能终端的首选。GPSone 技术在欧洲、美国、日本等发达国家及地区得到广泛应用，目前全球已有 1 亿多用户。作为全球拥有移动电话用户数量最多的国家，截至 2010 年底，我国移动用户达到 8.5 亿，3G 用户超过 4000 万，并继续保持高速增长的态势，手机定位在我国拥有广阔的应用前景。但从目前的实际应用情况来看，手机定位用户规模依然较小，2010 年 GPS 手机销售量仅为 2000 万部，手机定位占移动运营商增值服务收益的比重还比较低，手机定位产业在我国还仅仅处于市场培育阶段。针对中国 3G 用户快速增长的现状以及国内移动通信用户的特点，移动通信运营商与 GNSS 领域相关厂家需要形成良好的联动机制，推出价格低廉的具有定位功能的 3G 手机，提供自主导航定位、自主导航定位 + 增值服务、中心导航定位、双模导航等多种模式的手机定位导航服务，实现地图搜索、周边查询、行车导航、步行导航等多项导航功能，提供实时交通信息、深度兴趣点（PoI）信息、电影院线资讯、旅游资讯、新闻、天气资讯等多项即时服务。

3. 地理位置服务

LBS 一直被公认为继短信之后的移动通信基础性应用之一，有着巨大的市场规模和良好的盈利前景。LBS 的全球总收入从 2008 年的 17 亿美元增加到 2010 年的 40 亿美元，年平均涨幅近 150%。预计未来几年，全球 LBS 市场将呈现平均 80% 增长率的快速成长，到 2014 年，LBS 全球总收入将超过 140 亿美元，其中亚洲的 LBS 市场规模将达到36亿美元，较2007年增长60倍，而作为全球经济发展最快的中国，将是该地区市场规模最大、增长速度最快的国家。当前LBS与Web2.0应用（如社交网络、微博等）、3G移动通信网络、物流等相结合，开辟了移动定位社交服务（Location-Based Social Networking Service，LBSNS）、融合性位置服务（如Check in、兴趣点搜索）、车联网（vehicular networking）等新型地理位置服务应用领域，促使LBS实用性的优势得到充分体现与释放，极大地推动了LBS的应用空间与实际价值[12,13]。随着我国移动通信网络条件质的飞跃和3G终端的加速普及，由LBS与移动通信、互联网等技术整合而成的地理位置服务产业将成为GNSS应用领域最具增长性的新兴产业之一。

4. 物流监控

随着我国物流产业以及交通业的快速发展，基于车辆导航与监控功能融合的汽车信息系统（telematics），因其可以提供安全信息服务（包括自动撞车报警、道路援助、远程解锁服务、免提电话、远程车辆诊断和逐向道路导航等）和对物流配送车辆进行实时监控和调度，在我国得到了较快的发展。2009年9月，广东省在全省范围内强制推广应用卫星定位汽车行驶记录仪工作，为卫星导航应用于物流监控产业提供了政策上的保障和良好的示范带动作用。2010年中国物流产业产值达1.2万亿，公路网总里程达到398.4万千米，5年新增63.9万千米，其中高速公路由“十五”期末的4.1万千米发展到7.4万千米，居世界第二位。按照规划速度，未来两年中国高速公路里程数将超过10万千米，超过美国跃居世界第一。这些基础设施的不断完善，使物流监控产业迎来了蓬勃发展的新时代。对于国内的物流监控产业来说，将相对成熟的GPS与正在快速发展的“北斗”系统相结合，研发出兼容GPS和“北斗”系统的芯片，实现两个系统之间的兼容和互操作，融合GNSS、车辆、手机、计算机，推出具有导航、通讯、监控、管理、安防、上网、办公、娱乐、信息服务、远程诊断等功能的国产数字化汽车信息系统，将成为相关产业发展壮大的关键。

5. 生命安全服务

生命安全服务是GNSS应用及产业发展的制高点。GNSS应用于生命安全领域主要包括交通运输（航空、航海等）、安全保障（个人保镖、安全防恐、交通监控、危险品运输和司法应用）、应急联动（医疗急救、防灾救灾、火警盗警、搜索救援、重大事故应对和公共健康与安全）等服务，国内在生命安全服务领域推出了新的概念如数字健康、数字旅游等，并推出了相关应用及示范项目。这些应用与示范项目带动了互联便携式导航设备（call center portable navigation device，CPND）等新型手持导航设备的发展。当前中国约有1.3亿65岁以上老人，如果数字健康服务于1%的对象，将会产生一个年产值近40亿的市场。2010年国内旅游人数近21亿人次，而且旅游散客化、自助化、信息化等趋势逐步加强，对基于GNSS的生命安全服务需求逐步增大。可以预见，以CPND为代表的GNSS技术应用在这些特殊的领域将形成新的产业。

然而，我国卫星导航应用产业化还面临一系列问题。首先，长期以来由于缺乏自主卫星导航系统，并面临欧美等先进国家在高新科技和国防领域的技术封锁政策，我国卫星导航应用领域自主核心技术研发始终难以实现关键性突破，芯片、终端等基础类产品几乎全部依靠进口，高端用户精密定位依赖的增强系统尚不完善，并缺乏性能完善的增值服务系统，这极大地制约了卫星导航应用产业规模化发展。其次，我国卫星导航应用领域专业化人才存在较大缺口。据测算，到2020年，卫星导航从业人员需求80万人，其中GNSS专业人才需求为8万人左右①。我国缺乏卫星导航学科专业和完整的人才培养体系，还没有建立与卫星导航关键技术攻关、系统建设和产业化应用相适应、年龄结构和知识层次合理的卫星导航人才队伍。此外，我国卫星导航产业发展保障体系尚不完善，缺乏国家级卫星导航应用基础设施和公共平台，难以有效支撑产业的整体发展，也不利于培育大型骨干企业。

三、政策建议

为推动我国卫星导航应用技术创新和产业化发展，应建立健全科学高效的卫星导航管理体制和运行机制，推动国家级卫星导航应用公共平台建设，加快关键核心技术自主研发及产业化推广应用，强化卫星导航人才培养体系建设，并充分利用国际资源，开展广泛的交流与合作。

（1）建立健全国家卫星导航协调管理体制和产业发展保障机制。建立国家卫星导航跨部门协调管理机制，对国家卫星定位导航授时领域重大规划、政策法规、标准体系、对外交流和国际合作等事务进行统筹协调、审查审批和决策。组建国家级专家咨询团队，负责国家卫星定位导航授时系统的发展战略、政策法规、系统建设与运营服务、应用产业化及国际合作等重大问题提供咨询。加快制定产业发展规划，建立健全导航产品质量检测系统和认证制度，引领应用与服务产业快速良性发展。对于涉及国民经济和国家安全的重要行业，确定时间表，逐步过渡到采用北斗卫星导航系统与其他卫星导航系统兼容的服务体系，鼓励民用市场采用兼容设备及其服务产品。

（2）着力强化国家级卫星导航应用基础设施建设。加大卫星导航应用系统重要

① 预计到2020年，我国卫星导航产业产值达4000亿元，按人均年产值50万元计，从业人员将达80万人。假设GNSS专业人才占从业人员约10%，即需8万人。

基础设施投入，强化产业基础能力建设。以市场需求为导向，建设产、学、研、用联合的卫星导航应用技术研发平台。加强卫星导航应用的基础保障体系与服务平台建设，建设包括国家级位置服务公共平台（LBCS）、卫星导航应用论证平台、应用产品信息发布与用户服务平台、质量检测与认证平台、卫星导航应用信息共享服务平台、卫星导航专业应用服务运营平台等一体化公共服务平台，支撑卫星导航应用技术研发和产业化。

（3）加快推进卫星导航技术研发和应用示范。依托国家重大科技专项和国家科技计划，着力提升自主原始创新和集成创新能力，实现具有自主知识产权和国际领先水平的核心元器件和基础产品的设计研发和生产制造。通过集成创新和引进消化吸收再创新，逐步实现国内卫星导航系统关键设备的国产化，推动建立起自主知识产权的设计、研发和制造体系。加速卫星导航应用标准的顶层设计和重要基础性标准的研究制定，加强关键技术标准的制定与推广。开展具有重大影响和带动作用的卫星导航综合应用示范工程，建设应用示范区和产业发展基地，加速形成卫星导航应用产业发展的基础条件。结合国家总体规划和区域发展战略布局，选择重点领域和重要区域积极推动卫星导航的行业应用、区域综合应用，以及与其他应用卫星（遥感、通信广播）的融合应用，扩大卫星导航应用领域与产业规模，提高自主卫星资源利用率和应用效益。

（4）加速构建卫星导航人才培养体系。紧密结合国家人才发展战略和教育发展规划，研究构建具有中国特色的卫星导航人才培养体系，满足自主导航系统建设和应用产业发展的需要。组建若干实训实习基地和卫星导航教育培训资源共享网络系统，建设国家级卫星导航教学实习共享平台，开展多层次的卫星导航应用技术在职培训和继续教育，培养卫星导航领域专业技术人才和高技能人才。开展卫星导航应用科普工作，建立“北斗”成果展示与宣传普及平台，提高全社会对卫星导航领域的认识和理解。

（5）积极开展国际交流与合作。充分利用双边、多边政府间合作渠道和学术交流平台，加强政府与政企之间的合作交流。强化基于自主导航系统的建设与应用推广，建立“北斗”政策与信息发布平台、“北斗”国际交流与合作研究平台等国际合作服务平台，构建“北斗”全球监测服务与应用推广网络，建设国际卫星导航人才培养与实训实习基地，稳步推进“北斗”系统国际协调、国际卫星导航科技交流与合作研究、全球应用推广、国际人才交流与培养等。

参 考 文 献

[1] Prim D F. Dilution of precision and total interference level on a GPS + Galileo compatible receiver. In: IEEE/ION Position Location and Navigation Symposium, Indian Wells, CA, USA, 2010: 909

[2] Kondoh Y, Ishijima Y, Kawano I, et al. Development of a new generation spaceborne GPS receiver. Aerospace conference, MT, 2009: 1

[3] Abbas R. An approach to studying location-based Services regulation in Australia. In: IEEE International Symposium on Technology and Society, Wollongong, NSW, 2010: 77

[4] 郭信平. 用"位置云"赢得国际 GNSS 竞争. 数字通信世界, 2010, (1): 84

[5] 祝曙光. 卫星导航系统及产业发展趋势研究. 数字通信世界, 2010, (1): 34

[6] Piras M, Marucco G, Charqane K. Statistical analysis of different low cost GPS receivers for indoor and outdoor positioning. In: IEEE/ION Position Location and Navigation Symposium, Indian Wells, CA, USA, 2010: 838

[7] 陈向东. 我国未来卫星导航与卫星移动通信结合发展与应用构想. 卫星与网络, 2010, (10): 18

[8] Liu L, Li D, Yang B, et al. Smart planet based on geomatics. In: Conference on Multimedia Technology, Ningbo, China, 2010: 1

[9] 王亚唯. 物联网发展综述. 科技信息, 2010, (3): 37

[10] Wang Z, Xiao L. Modern Logistics Monitoring Platform Based on the Internet of Things. In: International Conference on Intelligent Computation Technology and Automation, Changsha, China, 2010: 726

[11] 曹冲. 卫星导航系统及产业现状和发展前景研究. 全球定位系统, 2009, (4): 1, 4

[12] Fleming B. Global positioning system and telematics . Vehicular Technology Magazine, 2010, 5 (2): 6, 7

[13] Scopigno R, Cozzetti H A. GNSS Synchronization in Vanets. In: International Conference on New Technologies, Mobility and Security, Cairo, 2010: 978

Trends of GNSS Application Technology Innovation and Industry Development in China

Chen Xiuwan, Wan Jiahuan, Liu Jing

(School of Earth and Space Sciences, Peking University; Engineering Research Center of Earth Observation and Navigation, Ministry of Education, P. R. China)

The trend of Global Navigation Satellite System (GNSS) application technology innovation and industry development is analyzed in this paper. Based on the discussion of the national policy and measurements for promoting GNSS application industry and the mechanism of GNSS education and training, some recommendations and proposals for its sustainable development of GNSS application technology innovation and industry in China are made for reference.

第六章 高技术产业创新能力与国际竞争力评价

6.1 中国高技术产业创新能力分析与建设思路[①]

陈　芳　穆荣平

（中国科学院科技政策与管理科学研究所）

“十一五”期间，中国高技术产业快速发展，在促进产业结构优化升级和支撑发展方式转变方面发挥了重要作用。但是，中国高技术产业仍然面临提升自主创新能力和国际竞争力的艰巨任务。高技术产业创新能力是指高技术产业在一定发展环境和条件下，从事技术发明、技术扩散、技术成果商业化等活动，实现节能、降耗、减排和获取经济收益的能力。产业创新能力的强弱决定产业发展水平，并在一定程度上决定一个国家或区域的产业结构和国际竞争力。创新能力强的产业通常提供的是高端产品和服务，其创新活动具有效率高、效益好的特点，在产业分工中居于价值链的高端，占据竞争主动地位，并能有效驱动经济社会可持续发展。本文研究对象是中国高技术产业及其包括的医药制造业、航空航天器制造业、电子及通信设备制造业、电子计算机及办公设备制造业、医疗设备及仪器仪表制造

① 数据来源：本文数据如无特殊说明，均来自《工业企业科技活动统计资料》（2007～2010年）（国家统计局和国家发展和改革委员会编，北京：中国统计出版社），数据是指大中型企业数据。

业5个行业。本文借鉴制造业创新能力评价指标体系设计思路①，拟从创新实力、创新效力和创新环境3个方面分析中国高技术产业创新能力进展，识别影响创新能力建设的关键因素，为优化创新资源配置，推进中国高技术产业创新能力建设提供有效决策支撑。

一、中国高技术产业创新实力

高技术产业创新实力主要涉及高技术产业创新活动规模，可以从创新投入实力、创新产出实力和创新绩效实力3类10个总量指标予以表征。

1. 中国高技术产业创新投入实力

中国高技术产业创新投入实力主要体现在研发（R&D）人员、R&D经费、新产品开发经费、消化吸收经费等4个方面。

中国高技术产业创新投入规模总体上大幅增加，产业规模增长相对缓慢。2006~2009年，中国高技术产业R&D人员全时当量、R&D经费内部支出和新产品开发经费年均增速约为20%。其中，医疗设备及仪器仪表制造业和航空航天器制造业创新经费投入快速增长，R&D经费内部支出分别增长38.4%、25.4%，新产品开发经费分别增长42.4%、29.8%，如表1所示。同期，中国高技术产业从业人员年平均人数增加到958万人，年均增速8.8%，其中，航空航天器制造业（3.0%）和医药制造业（7.2%）年均增速低于高技术产业整体水平；中国高技术产业总产值（当年价，下同）增加到60 430.5亿元，年均增速达12.9%，其中电子及通信设备制造业（10.9%）和电子计算机及办公设备制造业（9.2%）年均增速低于高技术产业整体水平。②

中国高技术企业平均规模相对稳定，企业规模与发达国家相比差距仍然较大。2006~2009年，中国高技术产业企均总产值稳定在2.2亿元左右，其中航空航天器制造业企均总产值增幅最大，由4.8亿元增加到6.2亿元。2009年，电子计算机及办公设备制造业企均总产值最大，为9.7亿元，但仍远低于美国惠普公司主营业务收入（773亿美元）；医疗设备及仪器仪表制造业企均总产值不足1亿元，远低于美国制药企业辉瑞公司（500.1亿美元）和瑞士罗氏公司（471.1亿美元）主营业务

① 数据来源：中国科学院创新发展研究中心．中国创新发展报告2009. 北京：科学出版社．2009

② 数据来源：国家统计局．中国高技术产业统计年鉴2010. 北京：中国统计出版社．2010

收入①。

电子及通信设备制造业 R&D、新产品开发经费投入规模遥遥领先，医疗设备及仪器仪表制造业和航空航天器制造业相对较小。2009 年，电子及通信设备制造业 R&D 人员全时当量名列第一，达到 18.3 万人年，约为航空航天器制造业的 8 倍；R&D 经费内部支出和新产品开发经费分别为 454.8 亿元、544.3 亿元，约为医疗设备及仪器仪表制造业的 8.3 倍、7.8 倍。中国医药制造业消化吸收经费投入最多。2009 年，中国医药制造业消化吸收经费支出为 4.2 亿元，在中国高技术产业中名列第一，约为电子计算机及办公设备制造业的 11 倍，如表 1 所示。

表 1　中国高技术产业创新投入规模情况（2006～2009 年）

指标	产业分类	2006 年	2007 年	2008 年	2009 年	3 年年均增长率/%
R&D 人员全时当量/万人年	高技术产业合计	18.9	24.8	28.5	32.0	19.2
	医药制造业	2.5	3.1	4.0	5.1	26.3
	航空航天器制造业	2.7	2.7	1.9	2.3	-5.6
	电子及通信设备制造业	9.8	14.2	17.2	18.3	23.2
	电子计算机及办公设备制造业	2.5	3.0	3.1	3.5	12.9
	医疗设备及仪器仪表制造业	1.4	1.8	2.2	2.7	25.6
R&D 经费内部支出/亿元	高技术产业合计	456.4	545.3	655.2	774.0	19.3
	医药制造业	52.6	65.9	79.1	99.6	23.7
	航空航天器制造业	33.3	42.6	52.0	65.8	25.4
	电子及通信设备制造业	276.9	324.5	402.9	454.8	18.0
	电子计算机及办公设备制造业	72.9	81.8	80.9	98.9	10.7
	医疗设备及仪器仪表制造业	20.7	30.5	40.3	54.9	38.4
新产品开发经费/亿元	高技术产业合计	510.0	652.0	798.4	925.1	22.0
	医药制造业	55.8	73.9	87.2	107.3	24.4
	航空航天器制造业	35.0	43.8	49.4	76.5	29.8
	电子及通信设备制造业	312.2	392.9	486.6	544.3	20.3
	电子计算机及办公设备制造业	82.8	101.3	125.2	127.1	15.4
	医疗设备及仪器仪表制造业	24.2	40.0	50.0	69.9	42.4

① 数据来源：中国数据来源于《中国高技术产业统计年鉴 2010》，依据《中国统计年鉴 2010》汇率计算而得：1 美元 =6.831 人民币。国外数据来源于《财富》2010 年度世界 500 强公司排名。

续表

指标	产业分类	2006年	2007年	2008年	2009年	3年年均增长率/%
消化吸收经费/万元	高技术产业合计	110 043	137 407	150 163	106 224	-1.2
	医药制造业	34 896	42 544	43 133	42 094	6.5
	航空航天器制造业	3 432	3 578	420	27 586	100.3
	电子及通信设备制造业	61 971	61 184	65 222	22 483	-28.7
	电子计算机及办公设备制造业	4 453	18 939	25 453	3 835	-4.9
	医疗设备及仪器仪表制造业	5 291	11 162	15 935	10 226	24.6

2. 中国高技术产业创新产出实力

中国高技术产业创新产出实力主要体现在发明专利、注册商标和标准数3个方面。

中国高技术产业发明专利创造能力大幅提升。2006~2009年，中国高技术产业有效发明专利数和发明专利申请数年均增速分别是57.5%、28.7%。其中，医疗设备及仪器仪表制造业发明专利申请数增速最快，年均增长50.2%；电子及通信设备制造业有效发明专利数增速最快，年均增长77.5%；电子计算机及办公设备制造业有效发明专利数和发明专利申请数年均增速均位居第二，分别是52.8%、42.6%。同期，医药制造业发明专利申请数和有效发明专利数年均增速为25.8%，均低于高技术产业整体年均增速，其原因很可能是医药产品专利保护周期较长、新产品开发周期较长所致。2006~2009年中国高技术产业发明专利情况如表2所示。

表2　中国高技术产业发明专利情况（2006~2009年）

指标	产业分类	2006年	2007年	2008年	2009年	3年年均增长率/%
发明专利申请数/件	高技术产业合计	14 882	22 191	23 131	31 715	28.7
	医药制造业	1 475	1 483	2 538	2 938	25.8
	航空航天器制造业	225	318	467	622	40.3
	电子及通信设备制造业	11 163	17 820	16 988	22 069	25.5
	电子计算机及办公设备制造业	1 553	1 649	1 967	4 506	42.6
	医疗设备及仪器仪表制造业	466	921	1 171	1 580	50.2

续表

指标	产业分类	2006 年	2007 年	2008 年	2009 年	3 年年均增长率/%
有效发明专利数/件	高技术产业合计	8 141	13 386	23 915	31 830	57.5
	医药制造业	1 965	2 482	3 170	3 911	25.8
	航空航天器制造业	228	270	400	565	35.3
	电子及通信设备制造业	3 807	6 532	15 418	21 298	77.5
	电子计算机及办公设备制造业	1 174	3 210	3 344	4 192	52.8
	医疗设备及仪器仪表制造业	967	892	1 583	1 864	24.5

电子及通信设备制造业发明专利创造能力最强，医药制造业拥有商标和标准的规模最大。2009 年，电子及通信设备制造业发明专利申请数和有效发明专利数分别达到 22 069 件、21 298 件，约为航空航天器制造业（均排名最后）的 35.5 倍和 37.7 倍，如表 2 所示。2009 年，医药制造业拥有注册商标数、形成国家或行业标准数分别达到 21 118 件、2115 件，约为航空航天器制造业（均排名最后）的 38.3 倍、24.6 倍，如图 1 所示。

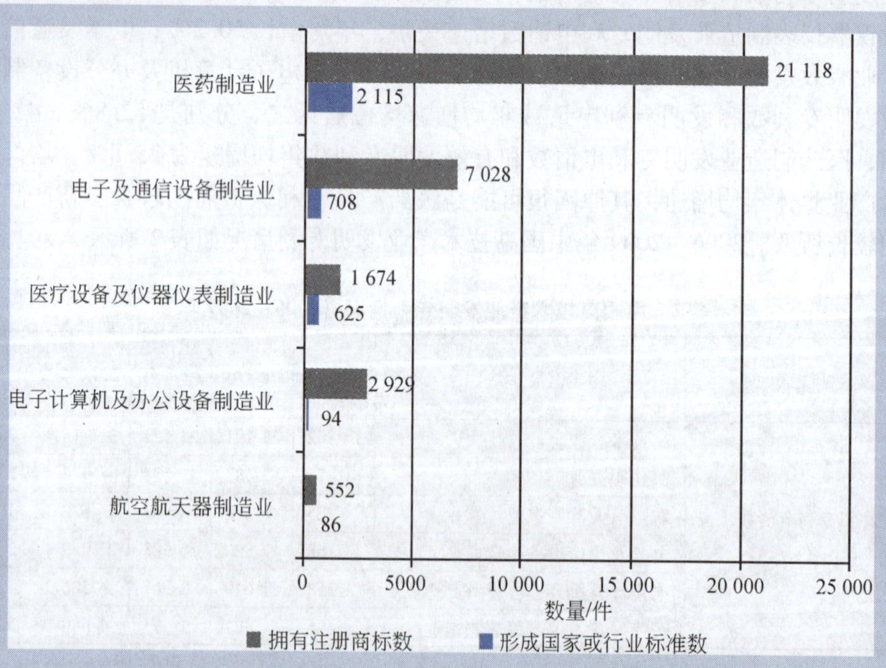

图 1　中国高技术产业商标数和标准数（2009 年）

3. 中国高技术产业创新绩效实力

中国高技术产业创新绩效实力主要体现在利润总额和新产品销售收入两个方面。

中国高技术产业创新绩效水平不断上升，医药制造业和医疗设备及仪器仪表制造业增长较快。2006～2009年，中国高技术产业利润总额年均增速21.3%，其中，医药制造业和医疗设备及仪器仪表制造业年均增速较快，分别高达34.3%、33.3%。同期，中国高技术产业新产品销售收入年均增长15.2%，其中，医疗设备及仪器仪表制造业和医药制造业年均增速较快，高达35.4%、29.9%。值得注意的是，电子计算机及办公设备制造业和航空航天器制造业新产品销售收入2008年达到最大值，2009年迅速下降，如表3所示。

表3　中国高技术产业创新绩效情况（2006～2009年）

指标	产业分类	2006年	2007年	2008年	2009年	3年年均增长率/%
利润总额/亿元	高技术产业合计	1 405.0	1 902.2	2 147.6	2 508.7	21.3
	医药制造业	276.4	413.1	535.7	669.4	34.3
	航空航天器制造业	41.3	59.1	59.4	84.0	26.6
	电子及通信设备制造业	753.9	876.4	873.3	1 075.6	12.6
	电子计算机及办公设备制造业	240.6	414.0	496.8	459.9	24.1
	医疗设备及仪器仪表制造业	92.8	139.5	182.5	219.8	33.3
新产品销售收入/亿元	高技术产业合计	8 248.9	10 303.2	12 879.5	12 595.0	15.2
	医药制造业	569.9	712.7	948.9	1 248.3	29.9
	航空航天器制造业	305.0	379.1	473.0	272.2	-3.7
	电子及通信设备制造业	4 173.5	6 013.0	6 759.1	8 232.8	25.4
	电子计算机及办公设备制造业	2 963.1	2 814.7	4 227.7	2 253.1	-8.7
	医疗设备及仪器仪表制造业	237.3	383.6	470.8	588.6	35.4

电子及通信设备制造业创新绩效规模最大，航空航天器制造业最小。2009年，电子及通信设备制造业利润总额和新产品销售收入分别为1075.6亿元和8232.8亿元，约为航空航天器制造业的12.8倍和30.2倍，如表3所示。

中国高技术产业“三资”企业发展相对缓慢，但仍举足轻重。2006～2009年，中国高技术产业“三资”企业总产值年均增速低于高技术产业整体增长水平，“三资”企业占高技术产业总产值比重不断下降。尽管如此，2009年“三资”企业总产值比重仍高达65.7%，其中电子计算机及办公设备制造业、电子及通信设备制造业

"三资"企业占高技术产业总产值比重分别高达90.4%、71.1%。2008年，"三资"企业占高技术产业固定资产原价比重为67.6%，其中电子计算机及办公设备制造业、电子及通信设备制造业"三资"企业占高技术产业固定资产原价比重分别高达90.8%、80.2%，占据绝对的主导地位。①

二、中国高技术产业创新效力

高技术产业创新效力主要涉及高技术产业创新活动效率与效益，可以从创新投入效力、创新产出效力和创新绩效效力3类11个相对指标予以表征。

1. 中国高技术产业创新投入效力

中国高技术产业创新投入效力主要体现在R&D人员占从业人员比例、R&D经费内部支出占主营业务收入比例、新产品开发经费占主营业务收入比例、消化吸收经费支出与引进技术经费支出比例4个方面。

中国高技术产业创新投入强度加大，航空航天器制造业创新经费投入强度增幅最大。2006~2009年，中国高技术产业R&D人员占从业人员比例、R&D经费内部支出占主营业务收入比例和新产品开发经费占主营业务收入比例分别上升了约1.42个百分点、0.30个百分点和0.46个百分点，消化吸收经费支出与引进技术经费支出比例增加0.02个百分点。其中，航空航天器制造业R&D经费内部支出占主营业务收入比例、新产品开发经费占主营业务收入比例、消化吸收经费支出与引进技术经费支出比例分别增长了约1.0个百分点、1.7个百分点和0.94，增幅位于第一。同期，航空航天器制造业R&D人员占从业人员比例下降了3.1个百分点，与其他高技术产业呈现出反方向趋势，如表4所示。

表4　中国高技术产业创新投入效力情况（2006~2009年）

指标	产业分类	2006年	2007年	2008年	2009年	2009年与2006年的差值
R&D人员占从业人员比例/%	高技术产业合计	4.11	4.65	4.68	5.53	1.42
	医药制造业	4.07	4.64	5.40	7.01	2.93
	航空航天器制造业	11.42	11.19	9.29	8.34	-3.09
	电子及通信设备制造业	3.91	4.75	4.88	5.72	1.81
	电子计算机及办公设备制造业	2.58	2.66	2.36	2.85	0.27
	医疗设备及仪器仪表制造业	4.58	5.19	6.05	7.60	3.02

① 数据来源：张晓强．中国高技术产业统计年鉴2010．北京：北京理工大学出版社．2010

续表

指标	产业分类	2006年	2007年	2008年	2009年	2009年与2006年的差值
R&D经费内部支出占主营业务收入比例/%	高技术产业合计	1.31	1.30	1.41	1.61	0.30
	医药制造业	1.76	1.82	1.74	1.83	0.06
	航空航天器制造业	4.36	4.40	4.80	5.40	1.04
	电子及通信设备制造业	1.54	1.51	1.75	1.92	0.38
	电子计算机及办公设备制造业	0.61	0.57	0.52	0.63	0.02
	医疗设备及仪器仪表制造业	1.67	1.83	1.97	2.64	0.97
新产品开发经费占主营业务收入比例/%	高技术产业合计	1.46	1.55	1.72	1.93	0.46
	医药制造业	1.87	2.04	1.92	1.97	0.10
	航空航天器制造业	4.57	4.53	4.56	6.27	1.70
	电子及通信设备制造业	1.73	1.83	2.11	2.30	0.56
	电子计算机及办公设备制造业	0.70	0.71	0.80	0.82	0.12
	医疗设备及仪器仪表制造业	1.95	2.41	2.44	3.36	1.41
消化吸收经费支出与引进技术经费支出比值	高技术产业合计	0.14	0.10	0.18	0.16	0.02
	医药制造业	1.09	1.40	0.95	0.99	-0.09
	航空航天器制造业	0.09	0.16	0.06	1.03	0.94
	电子及通信设备制造业	0.10	0.06	0.09	0.05	-0.06
	电子计算机及办公设备制造业	0.05	0.10	0.95	0.07	0.02
	医疗设备及仪器仪表制造业	0.42	0.49	0.35	0.27	-0.16

中国高技术产业消化吸收投入不足，仍以引进技术为主。2006～2009年，中国高技术产业消化吸收经费支出没有增加，消化吸收经费支出呈现波动性下滑，2006～2008年上升，到2009年又减少到10.6亿元。同期，电子及通信设备制造业下降幅度最大，高达28.7%，如表1所示。2009年，中国高技术产业消化吸收经费支出与引进技术经费支出比例为0.16∶1，除航空航天器制造业外，其他高技术产业消化吸收经费支出均少于引进技术经费支出，尤其电子及通信设备制造业、电子计算机及办公设备制造业消化吸收经费支出不足引进技术经费支出的10%，如表4所示。

航空航天器制造业创新投入强度最高，电子计算机及办公设备制造业最低。2009年，航空航天器制造业R&D人员占从业人员比例、R&D经费内部支出占主营业务收入比例分别为 8.3%、5.4%，分别比电子计算机及办公设备制造业高出 5.4 和 4.8 个百分点；新产品开发经费占主营业务收入比例达到 6.3%，高出电子计算机及办公设备制造业 5.5 个百分点；消化吸收经费支出与引进技术经费支出比例为 1.03∶1，电子计算机及办公设备制造业仅为 0.07∶1。如表 4 所示。

2. 中国高技术产业创新产出效力

中国高技术产业创新产出效力主要体现在单位 R&D 人员的发明专利申请数、单位 R&D 经费内部支出的发明专利申请数、单位 R&D 人员的有效发明专利数、单位 R&D 经费内部支出的有效发明专利数等 4 个方面。

中国高技术产业创新产出效力提升较快。2006～2009 年，中国高技术产业每万名 R&D 人员发明专利申请数、每亿元 R&D 经费内部支出对应的发明专利申请数、每万名 R&D 人员有效发明专利数、每亿元 R&D 经费内部支出对应的有效发明专利数分别增加了 171 件、8 件、472 件、23 件。其中，电子计算机及办公设备制造业每万名 R&D 人员发明专利申请数、每亿元 R&D 经费内部支出对应的发明专利申请数增加最多，分别达到 536 件、24 件；电子及通信设备制造业每万名 R&D 人员有效发明专利数、每亿元 R&D 经费内部支出对应的有效发明专利数增加最多，分别达到 658 件、33 件，如表 5 所示。

医药制造业和医疗设备及仪器仪表制造业发明专利创造效率较低。2006～2009 年，医药制造业每万名 R&D 人员发明专利申请数和有效发明专利数分别减少了 11 件和 15 件。医疗设备及仪器仪表制造业平均每万名 R&D 人员的有效发明专利数和每亿元 R&D 经费内部支出对应的有效发明专利数分别减少了 44 件和 13 件，如表 5 所示。

电子及通信设备制造业、电子计算机及办公设备制造业发明专利创造效率较高，航空航天器制造业发明专利创造效率最低。2009 年，电子计算机及办公设备制造业每万名 R&D 人员发明专利申请数和每万名 R&D 人员的有效发明专利数分别达到 1090 件、1014 件，名列第一，电子及通信设备制造业名列第二。电子及通信设备制造业每亿元 R&D 经费内部支出对应的发明专利申请数、每亿元 R&D 经费内部支出对应的有效发明专利数分别为 49 件、47 件，名列第一，其次为电子计算机及办公设备制造业。医药制造业、航空航天器制造业、医疗设备及仪器仪表制造业发明专利创造效率低于整个高技术产业水平，如表 5 所示。

表5　中国高技术产业创新产出效力情况（2006～2009年）

指标	产业分类	2006年	2007年	2008年	2009年	2009年与2006年的差值
单位R&D人员的发明专利申请数/(件/万人)	高技术产业合计	659	770	710	830	171
	医药制造业	464	387	526	453	－11
	航空航天器制造业	68	96	172	240	172
	电子及通信设备制造业	956	1098	904	1020	63
	电子计算机及办公设备制造业	554	492	568	1090	536
	医疗设备及仪器仪表制造业	288	437	419	469	181
单位R&D经费内部支出的发明专利申请数/(件/亿元)	高技术产业合计	33	41	35	41	8
	医药制造业	28	23	32	29	1
	航空航天器制造业	7	7	9	9	3
	电子及通信设备制造业	40	55	42	49	8
	电子计算机及办公设备制造业	21	20	24	46	24
	医疗设备及仪器仪表制造业	23	30	29	29	6
单位R&D人员的有效发明专利/(件/万人)	高技术产业合计	360	464	734	833	472
	医药制造业	618	648	657	603	－15
	航空航天器制造业	69	81	147	218	149
	电子及通信设备制造业	326	402	820	984	658
	电子计算机及办公设备制造业	419	958	966	1014	595
	医疗设备及仪器仪表制造业	598	423	566	554	－44
单位R&D经费内部支出的有效发明专利/(件/亿元)	高技术产业合计	18	25	37	41	23
	医药制造业	37	38	40	39	2
	航空航天器制造业	7	6	8	9	2
	电子及通信设备制造业	14	20	38	47	33
	电子计算机及办公设备制造业	16	39	41	42	26
	医疗设备及仪器仪表制造业	47	29	39	34	－13

3. 中国高技术产业创新绩效效力

中国高技术产业创新绩效效力主要体现在利润总额占主营业务收入比例、新产品销售收入占主营业务收入比例和新产品出口销售收入占新产品销售收入比例等3个方面。

中国高技术产业创新绩效效率整体有所提升，新产品出口出现波动性下滑。与2006年相比，2009年中国高技术产业利润总额占主营业务收入比例增加1.2个百分点，其中医药制造业和医疗设备及仪器仪表制造业增加约3个百分点；新产品销售收入占主营业务收入比例增加2.6个百分点，其中电子及通信设备制造业和医疗设备及仪器仪表制造业新产品销售收入占主营业务收入比例分别上升11.6和9.1个百分点。2006~2008年，中国高技术产业新产品出口销售收入占新产品销售收入比例大幅增加，2008年达到49.2%，2009年受国际金融危机影响下滑了11个百分点，如表6所示。

表6　中国高技术产业创新绩效效力情况（2006~2009年）

指标	产业分类	2006年	2007年	2008年	2009年	2009年与2006年的差值
利润总额/主营业务收入/%	高技术产业合计	4.03	4.53	4.64	5.22	1.20
	医药制造业	9.28	11.41	11.78	12.27	2.99
	航空航天器制造业	5.41	6.11	5.48	6.89	1.48
	电子及通信设备制造业	4.18	4.09	3.79	4.54	0.36
	电子计算机及办公设备制造业	2.03	2.89	3.19	2.95	0.93
	医疗设备及仪器仪表制造业	7.49	8.39	8.92	10.57	3.08
新产品销售收入/主营业务收入/%	高技术产业合计	23.64	24.51	27.81	26.22	2.58
	医药制造业	19.12	19.69	20.86	22.88	3.75
	航空航天器制造业	39.88	39.16	43.65	22.32	-17.56
	电子及通信设备制造业	23.14	28.03	29.34	34.73	11.59
	电子计算机及办公设备制造业	24.95	19.65	27.12	14.46	-10.49
	医疗设备及仪器仪表制造业	19.16	23.06	23.02	28.30	9.14
新产品出口销售收入/新产品销售收入/%	高技术产业合计	40.51	42.24	49.24	37.93	-2.58
	医药制造业	13.00	19.74	15.42	11.62	-1.38
	航空航天器制造业	4.07	3.13	4.92	8.00	3.93
	电子及通信设备制造业	35.59	48.76	53.65	42.23	6.64
	电子计算机及办公设备制造业	57.89	39.79	57.44	45.29	-12.60
	医疗设备及仪器仪表制造业	22.85	38.49	24.88	19.32	-3.53

医药制造业和医疗设备及仪器仪表制造业盈利水平相对较高，电子及通信设备制造业新产品开发能力强。2009年，医药制造业利和医疗设备及仪器仪表制造业润

总额占主营业务收入比例均达到10%以上，电子计算机及办公设备制造业和电子及通信设备制造业利润总额占主营业务收入比例不足5%，低于高技术产业水平；电子及通信设备制造业新产品销售收入占主营业务收入比例高达34.7%，新产品出口销售收入占新产品销售收入比例达42.2%，比2006年上升了约7个百分点，如表6所示。

中国高技术产品进出口总额不断增加，贸易顺差快速扩大，但电子技术产品贸易逆差巨大。2006~2009年，中国高技术产品进出口总额由5288亿美元增加到6868亿美元，年均增速为9.1%；高技术产品贸易顺差由342亿美元增加到671亿美元，年均增速高达25.2%。从技术领域分布看，2009年，计算机与通讯技术领域和生命科学技术领域高技术产品进出口贸易是顺差，贸易顺差额分别为2088.8亿美元、15.8亿美元。其他技术领域高技术产品进出口贸易均是逆差，其中，电子技术、光电技术、计算机集成制造技术、航空航天技术领域高技术产品贸易逆差分别达到974.1亿美元、176.1亿美元、145.9亿美元、113.5亿美元。同期，计算机与通讯技术领域高技术产品出口额占中国高技术产品出口额比例为74.9%。[①]

加工贸易仍然是中国高技术产品出口的主要方式，三资企业占据主导地位。从贸易结构看，2009年，中国高技术产品出口中，进料加工贸易和来料加工装配贸易占81.5%（其中进料加工贸易为72.4%），一般贸易仅为13.7%。同期，三资企业占83.2%，其中外商独资企业占67.5%，中外合资企业占15.7%。[②]

三、中国高技术产业创新环境

中国高技术产业面临日趋友好的创新环境。2006年以来，中国政府颁布实施了《〈国家中长期科学和技术发展规划纲要（2006~2020年）〉若干配套政策》（以下简称《配套政策》）及其实施细则以及地方政府政策规章，涉及科技投入、税收激励、金融支持、引进消化吸收再创新、知识产权创造与保护、科技创新基地与平台建设等方面，力图推动中国高技术产业创新发展。本文重点考察国家颁布实施激励创新的财税、金融等政策措施落实情况。

中国高技术产业创新得到财税优惠政策支持力度明显加大，研发支出加计扣除优惠政策落实效果不显著。2006~2009年，中国高技术产业“使用来自政府部门的

---

①② 数据来源：中国高技术产业数据2010，科技部网站．http：//www.sts.org.cn/sjkl/gjscy/data2010/2010-2.htm

科技活动资金”由39.1亿元增加到84.4亿元，年均增速为29.3%，其中，电子计算机及办公设备制造业、航空航天器制造业年均增速分别达到33.8%、31.3%，高于高技术产业增速。2009年，中国高技术产业“高新技术企业减免税额”高达90.3亿元。2008年，国家高新区科技活动经费筹集额中来自政府资金达到172.6亿元，比2007年增长37.1%，远高于全国科技活动经费筹集总额中来自政府资金增速（增长11.7%）①。2009年，中国高技术产业“研究开发费用加计扣除减免税额”为31.0亿元，不及“高新技术企业减免税额”和“使用来自政府部门的科技活动资金”的一半。从研究开发费用加计扣除减免税额占R&D经费内部支出比例看，2009年，中国高技术产业为4.0%，低于制造业水平（4.7%）。

中国航空航天器制造业来自政府部门科技活动资金位居前列。2009年，航空航天器制造业“使用来自政府部门的科技活动资金”最多，高达44.6亿元，约占高技术产业53%；电子计算机及办公设备制造业最少，为2.7亿元，仅占高技术产业约3%。电子及通信设备制造业企业享受税收优惠政策较好。2009年，电子及通信设备制造业“高新技术企业减免税额”最高，为57.2亿元，约占高技术产业63%，为航空航天器制造业的40.6倍。同期，电子及通信设备制造业“研究开发费用加计扣除减免税额”最多，为15.4亿元，约占高技术产业50%，是航空航天器制造业的8.6倍。

国家高新区人才和金融等相关政策措施有待进一步落实。《配套政策》提出“国家高新技术产业开发区要推进‘二次创业’，努力成为抢占世界高技术产业制高点的前沿阵地”，随后发布了相关实施细则旨在加强国家高新技术产业开发区建设。但是，从高新区留学人员看，2008年，高新区留学归国人员为2.9万人，比2007年减少了3000人，占高新区从业人员比例下降了0.9个百分点。2009年，国家高新区科技活动经费筹集额中来自金融机构资金仅为90.4亿元，比2008年减少1.1亿元。②

国家高技术产业基地建设逐步完善，推动了产业集群化和专业化发展。截至2008年年底，我国已经建立37个国家高技术产业基地，包括6个综合性国家高技术产业基地，31个专业性国家高技术产业基地。专业性国家高技术产业基地覆盖6大产业，分别为信息产业（9个）、生物产业（8个）、新材料产业（7个）、民用航空产业（4个）、新能源产业（2个）和微电子产业（1个），有力地推动了我国高

①② 数据来源：科学技术部发展计划司，《科技统计报告：2008年国家高新技术产业开发区科技创新能力分析》和《科技统计报告：2009年国家高新技术产业开发区科技创新能力分析》。

技术产业集群化、专业化发展。[①]

四、主要结论及建议

综合中国高技术产业创新实力、创新效力和创新环境分析，可以得出以下两点结论。

1. 十一五期间中国高技术产业整体创新能力持续增强，但与发达国家相比仍存在较大差距

2006～2009 年，中国高技术产业创新规模和创新效率效益呈现增长态势，创新规模增幅较大。2009 年，中国高技术产业 R&D 支出占工业总产值比例仅有 1.6%，比 2006 年增加 0.3 个百分点，但仍然远低于 2006 年美国（16.4%）、英国（11.0%）、日本（10.6%）、德国（8.3%）高技术产业 R&D 支出占工业总产值比例[②]。2008 年，中国高技术产业全员劳动生产率 21.3 千美元/人，约为美国（2006 年，143.4 千美元/人）、日本（2006 年，106.8 千美元/人）、德国（2007 年，86.9 千美元/人）高技术产业全员劳动生产率的 1/7～1/4。[③]

目前，中国高技术产业中电子及通信设备制造业创新规模最大，其创新投入、产出和绩效均遥遥领先其他高新技术产业，航空航天器制造业创新规模最小。中国高技术产业中航空航天器制造业创新投入效力最强，创新产出效力最弱；电子及通信设备制造业创新产出效力和新产品开发能力较强；电子计算机及办公设备制造业创新产出效力强，创新投入效力最弱；医药制造业和医疗设备及仪器仪表制造业盈利水平较高。需要指出的是，中国高技术产业消化吸收投入不足，主要仍是依靠引进技术。

2. 财税政策激励是中国高技术产业创新能力增强的主要因素，创新效力有待进一步提升

2006 年以来，由于我国政府加大了研究开发的财税政策激励力度，促进了高技术产业创新活动规模的快速扩张，显著增强了我国高技术产业创新实力，但高技术

① 数据来源：依据国家发展改革委网站公布资料整理而得。http://gjss.ndrc.gov.cn/gjscyzdspdh/jdjj/[2011-1-12]

② 数据来源：《中国高技术产业统计年鉴 2010》大中型企业数据计算而得。

③ 数据来源：中国高技术产业数据 2010，科技部网站. http://www.sts.org.cn/sjkl/gjscy/data2010/2010-1.htm

产业创新效力改进相对缓慢，成为创新能力快速提升的主要“瓶颈”。中国高技术产业的有效发明专利数占发明专利申请数比例由2006年的0.55上升到2008年的1.03，2009年回落到1.0，其中，医疗设备及仪器仪表制造业和航空航天器制造业分别下降0.90、0.10。中国高技术产业的消化吸收经费支出与引进技术经费支出比例由2006年的0.14∶1上升到2009年的0.16∶1，其中，医疗设备及仪器仪表制造业、医药制造业、电子及通信设备制造业均有下降，下降幅度分别为0.16、0.09、0.06。

为了提升中国高技术产业创新能力，本文建议应该着力解决以下4个问题。

（1）加大自主创新政策落实力度，加快高端创新资源向高技术企业集聚，提升高技术产业创新效率和效益，逐步形成大规模高附加值生产能力。

（2）加强产业创新基础能力建设，突破航空航天、低成本新药和先进医疗设备、精密仪器仪表、电子及通信设备等领域关键核心技术研究开发和推广应用，促进传统产业改造升级。

（3）加强技术工程化平台、产业化示范基地和中间试验基地建设，加快国家高新技术产业开发区及高技术产业化基地建设，构建技术交流与技术交易信息平台，支持创新中介服务机构开展技术开发与服务活动，促进高新技术产业化。

（4）优化布局国家高技术产业基地，积极培育有国际影响力的龙头高技术企业。推进高技术产业由制造业向服务业领域延伸发展，抢占高技术产业发展的战略增长点。

参考文献

［1］国家统计局．2009. 中国高技术产业统计年鉴2009. 北京：中国统计出版社

［2］国家统计局，国家发展和改革委员会．2007 ~ 2010. 工业企业科技活动统计资料2007 ~ 2010年. 北京：中国统计出版社

［3］张晓强．2010. 中国高技术产业发展年鉴2010. 北京：北京理工大学出版社

［4］中国科学院．2009. 2009高技术发展报告．北京：科学出版社

［5］中国科学院．2010. 2010高技术发展报告．北京：科学出版社

［6］中国科学院创新发展研究中心．2009. 中国创新发展报告2009. 北京：科学出版社

［7］中华人民共和国国务院．2006. 国家中长期科学和技术发展规划纲要（2006 ~ 2020年）

［8］中华人民共和国国务院．2006. 国务院关于实施《国家中长期科学和技术发展规划纲要（2006 ~ 2020年）》若干配套政策的通知（国发［2006］6号）

The Analysis and the Building Way of Innovation Capacity of Chinese Hi-Tech Industry

Chen Fang, Mu Rongping

(Institute of Policy and Management, Chinese Academy of Sciences)

The paper analyses high-tech industry (including: manufacture of medicines, manufacture of aircrafts and spacecrafts, manufacture of electronic equipment and communication equipment, manufacture of computers and office equipments, manufacture of medical equipments and measuring instrument) innovation capacity in China, based on the analysis framework which consists of the innovation strength and the innovation effectiveness and the innovation environment. The innovation strength and the innovation effectiveness are both described from three aspects, namely: innovation input, innovation output, and innovation performance. The innovation environment mainly analyzes innovation policies concerning the financial incentives and revenue policies. 5 industries of Chinese High-Tech Industry (CHTI) are selected for comparative studies.

The innovation capacity of CHTI has continuously been strengthened in general from 2006 to 2009; however there is still big gap in innovation capacity between CHTI and that of developed countries. CHTI has experienced fast growth during 2006 to 2009 in both the innovation strength and the innovation effectiveness and the innovation strength of CHTI grows faster compared with the innovation effectiveness. R&D intensity (R&D inputs on values added) of Large-Middle (L-M) enterprises for CHTI is 1.6 percent in 2009, increasing by 0.3 percent than 2006, but which is much lower than that of America (16.4%), England (11.0%), Japan (10.6%) and Germany (8.3%) in 2006. Labor productivity of CHTI is 21.3 thousand $ per person, which is about from 1/7 to 1/4 of that of America (2006, 143.4 thousand $ per person), Japan (2006, 106.8 thousand $ per person) and Germany (2007, 86.9 thousand $ per person).

At present, the innovative scale of manufacture of electronic equipment and communication equipment is largest among CHTIs and that of manufacture of aircrafts and spacecrafts is smallest. The innovation input effectiveness of manufacture of aircrafts and spacecrafts is strongest among CHTIs, the innovation output effectiveness of which is weakest. The innovation output effectiveness and new product development capacity of manufacture of electronic equipment and communication equipment is strong. The innovation output effectiveness of manufacture of computers and office equipments is strong, the innovation input effectiveness of which is weakest. The return rate of manufacture of medicines, and manufacture of medical equipments and measuring instrument is high. It is worthy noting that CHTI falls short in assimilation and absorbability inputs and is mainly dependent on technology-introducing.

The financial incentives and tax policies are the main factors to enhance CHTI innovation capacity, but the innovation efficiency and benefit need promoting further. Because the Chinese government enhances financial and tax policies' support for technological development activities from 2006, CHTIs quickly expand their scales of innovative activities, obviously reinforcing their innovation strength. However, the innovation effectiveness makes a little progress that has been the important factor to hinder promoting the innovation capacity rapidly.

In order to enhance innovation capacity of CHTI, the paper puts forwards four crucial issues to resolve, namely: (1) to enhance the carrying-out of innovation policies, quicken high-end innovation resources input to high-tech enterprises, promote CHTI innovation efficiency and benefit, and form large-scale throughput that has high value added; (2) to build industry innovation infrastructure so as to break through the key technology development, extending and application in some fields concerning aircrafts and spacecrafts, low-cost new medicines, advanced medical equipments and measuring instrument, and electronic equipment and communication equipment to speed up the upgrading and the optimization of traditional industries; (3) to build engineering technology platform, industrialization demonstration base and middle trial base, quicken building state-level S&T industrial parks and high-tech industrialization base, build technology communion and trade-off information platform in order to support technology development and service activities to promote high-tech industrialization; (4) to optimize state-level high-tech industrial bases, actively breed large-scale high-tech enterprises having international force, to boost the upgrading, extension and development towards the service sector for CHTI to take up the strategic growth of high-tech industries.

6.2 中国航空航天器制造业国际竞争力评价

曲　婉　穆荣平　王　婷

（中国科学院科技政策与管理科学研究所）

一、中国航空航天器制造业发展概述

航空航天器制造业包括飞机制造及修理、航天器制造和其他飞行器制造。航空航天器制造业是技术密集、资本密集产业，代表着未来科技和产业发展方向。近年来，中国航空航天器制造业产业规模迅速扩大，技术水平快速提升，自主创新能力

显著增强，在保障国家安全和促进经济社会发展方面的作用日益凸显。

中国航空航天器制造业产业规模快速发展，但增速低于高技术产业。1995～2009 年，中国航空航天器制造业工业总产值①从 260.5 亿元增加到 1281.5 亿元，年均增长 12.05%，约为高技术产业工业总产值年均增速的一半②。同期，中国航空航天器制造业产值利润率总体呈上升态势，2009 年产值利润率为 6.68%，比 1995 年增加 6.13 个百分点。但中国航空航天器制造业发展速度相对较慢，中国航空航天器制造业总产值（当年价）占高技术产业的比重从 1995 年的 10.21% 下降到 2009 年的 2.63%，从业人员占高技术产业的比重从 22.58% 下降到 4.52%（图 1）。

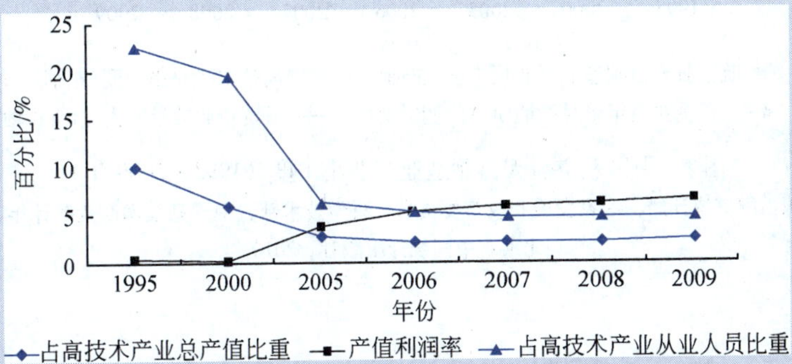

图 1　中国航空航天器制造业生产经营情况（1995～2009 年）

数据来源：国家统计局，国家发展和改革委员会，科学技术部，中国高技术产业统计年鉴 2010，北京：中国统计出版社，2010

中国航空航天器制造业是资金和技术密集型产业，近年来企业规模显著提高，“三资”企业比例呈上升态势。2009 年，中国航空航天器制造业企业数量为 125 家，比上年下降 3.85%；企均总产值（当年价）达 10.25 亿元；“三资”企业数量和总产值（当年价）占中国航空航天器制造业的比重分别为 47.20% 和 15.11%，远高于 1995 年的比重，如图 2 所示。

本文将在相关研究基础上，从竞争实力、竞争潜力、竞争环境和竞争态势 4 个方面分析中国航空航天器制造业国际竞争力。

① 所有数据如无特殊说明，均采用当年价，统计口径为大中型工业企业，下同。

② 数据来源：国家统计局，国家发展和改革委员会，科学技术部，中国高技术产业统计年鉴 2010，北京：中国统计出版社，2010

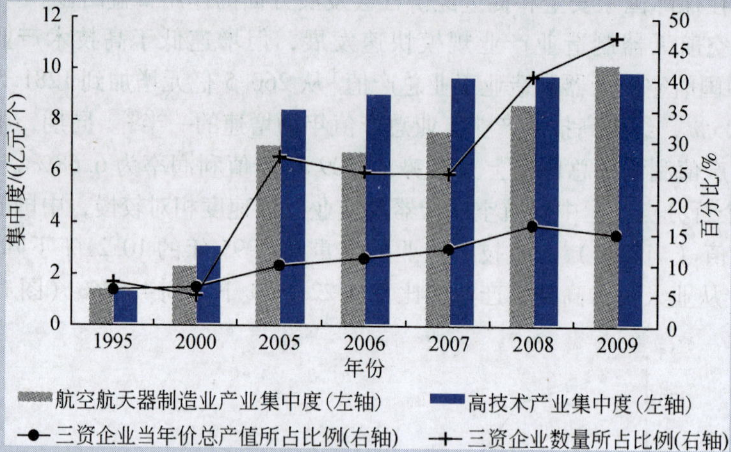

图 2　中国航空航天器制造业产业集中度（1995～2009 年）

数据来源：国家统计局，国家发展和改革委员会，科学技术部，中国高技术产业统计年鉴 2010，北京：中国统计出版社，2010

二、中国航空航天器制造业竞争实力

竞争实力主要体现在资源转化能力、市场竞争能力和技术能力 3 方面，本文将从这 3 项指标评价中国航空航天器制造业竞争实力。

1. 资源转化能力

资源转化能力衡量生产要素转化为产品与服务的效率和效能，主要体现在全员劳动生产率①和产值利税率②等 2 个指标。全员劳动生产率是企业生产技术水平、经营管理水平、职工技术熟练程度和劳动积极性的综合体现；产值利税率反映产业的生产盈利能力。

与制造业和高技术产业平均水平相比，中国航空航天器制造业全员劳动生产率较低。2009 年，中国航空航天器制造业全员劳动生产率为 40.56 万元/(人·年)，分别比制造业和高技术产业全员劳动生产率低 21.51 万元/(人·年) 和 29.01 万元/(人·年)。其中，飞机制造及修理业全员劳动生产率为 40.96 万元/(人·年)，略

① 全员劳动生产率（万元/人·年）＝总产值（当年价）/全部从业人员平均人数。

② 产值利税率＝（利税总额/工业总产值）×100%。

高于航空航天器制造业平均水平，航天器制造业全员劳动生产率仅为34.66万元/(人·年)，比航空航天器制造业平均水平低5.90万元/(人·年)，见表1。

中国航空航天器制造业产值利税率高于高技术产业平均水平，但低于制造业平均水平。2009年，中国航空航天器制造业产值利税率为8.30%，高于高技术产业1.12个百分点，但低于制造业2.08个百分点。其中，飞机制造及修理业产值利税率低于航空航天器制造业平均水平，航天器制造业产值利税率比航空航天器制造业高2.43个百分点，如表1所示。

表1　航空航天器制造业主要经济指标（2009年）

产业	制造业	高技术产业	航空航天器制造业	飞机制造及修理	航天器制造
全员劳动生产率/(万元/人·年)	62.07	69.57	40.56	40.96	34.66
产值利税率/%	10.38	7.18	8.30	8.15	9.62

数据来源：国家统计局，国家发展和改革委员会，科学技术部，中国高技术产业统计年鉴.2010，北京：中国统计出版社，2010

与发达国家相比，中国航空航天器制造业的全员劳动生产率仍然很低。经济合作与发展组织（OECD）数据显示，法国2007年航空航天器制造业全员劳动生产率高达106.96万美元/(人·年)，英国2007年航空航天器制造业全员劳动生产率37.70万美元/(人·年)，美国2006年航空航天器制造业全员劳动生产率32.26万美元/(人·年)。2009年，中国航空航天器制造业全员劳动生产率仅为5.44万美元/(人·年)，仅为发达国家的5%～20%。

总体上来看，中国航空航天器制造业的资源转化能力仍然较弱，劳动生产率较低，经济效益和盈利能力较差，与美国、法国、英国等发达国家存在较大差距。

2. 市场竞争能力

市场竞争能力主要由产品目标市场份额、贸易竞争指数①和价格指数②等3项指标表征。产品目标市场份额反映一国某商品对目标市场的贸易出口占目标市场该商品贸易进口的比例。贸易竞争指数反映了一国某商品贸易进出口差额的相对大小，1表示只有出口，-1表示只有进口。价格指数表明该国某商品进出口价格比率，0到1之间表明该商品出口价格低于进口价格，大于1表明该商品出口价格高于进口价格。

---

① 贸易竞争指数 = （出口额 - 进口额）/（出口额 + 进口额）。

② 价格指数 = （出口额/出口数量）/（进口额/进口数量）。

中国航空器、航天器及其部分零件存在较大的贸易逆差，表明我国航空航天器国际市场竞争力相对较弱。海关统计数据显示，2009 年我国航空航天器制造业存在国际贸易的商品涉及 5 大类 17 种产品，共进口航空器、航天器及其零件（编号 88，下同）105.26 亿美元，出口 9.40 亿美元，贸易逆差 95.85 亿美元。其中，编号 8802 类［其他航空器、航天器（包括卫星）及其运载工具，下同］的商品进口数量最大，为 92.90 亿美元（52.18% 自美国进口，42.90% 自欧盟进口），出口 8.59 亿美元。

在航空航天器国际市场上，中国市场竞争力相对较弱，美国、法国和德国都表现出较强的国际市场竞争力。OECD 数据显示，2008 年，美国航空航天器进口 352.76 亿美元，出口 931.03 亿美元，贸易顺差高达 578.26 亿美元。同年，法国航空航天器进口 230.98 亿美元，出口 457.89 亿美元，贸易顺差为 226.91 亿美元；德国航空航天器进口 318.19 亿美元，出口 363.92 亿美元，贸易顺差 45.74 亿美元；俄罗斯航空航天器进口 2.05 亿美元，出口 10.10 亿美元，贸易顺差为 8.06 亿美元；而中国航空航天器进口 117.17 亿美元，出口 23.77 亿美元，贸易逆差高达 93.40 亿美元，如表 2 所示。

表 2　部分国家航空航天器进出口贸易情况（2008 年）　　（单位：亿美元）

	中国	美国	俄罗斯	德国	法国
进口	117.17	352.76	2.05	318.19	230.98
出口	23.77	931.03	10.10	363.92	457.89
贸易顺差	-93.40	578.26	8.06	45.74	226.91

数据来源：OECD. STI-STAN Bilateral Trade BTD. 2009

从贸易竞争指数来看，在全球市场，中国航空器、航天器及其运载工具缺乏竞争力，尤其是飞机、直升机等航空器及其零件的国际市场竞争优势十分薄弱。2009 年，中国航空器、航天器及其零件总体的贸易竞争指数为 -0.8360，17 种商品中仅有 3 种商品贸易竞争指数为正，其他均为负值，且有相当部分商品贸易竞争指数小于 -0.50，如表 3 所示。贸易竞争指数一方面表明我国航空航天器制造业处于快速发展阶段，相关产品国内需求增长显著；另一方面表明我国航空航天器制造业当前研发生产能力相对较低，国内产能无法满足市场需求。

航空航天器五大类商品中，中国仅在 8804 类商品国际贸易中显示出竞争优势，8802 类商品国际贸易中竞争劣势明显。编号 8802 和 8803 类商品国际贸易相对较大，2009 年进口额分别为92.90 亿美元和11.36 亿美元，出口额分别为8.59 亿美元和8.49 亿美元，贸易竞争指数分别为 -0.98 和 -0.14；编号 8801、8804 和 8805 三大类商品国际贸易较小，贸易竞争指数分别为 -0.04、0.89 和 -0.98。

表 3　2009 年中国航空航天器制造业贸易竞争指数和价格指数（全球市场）

编号	商品名称	全球市场	
		贸易竞争指数	价格指数
8801	气球及飞艇；滑翔机及其他无动力航空器	-0.0411	0.0001
	滑翔机及悬挂滑翔机	-0.4254	0.0363
	气球、飞艇及其他无动力航空器	-0.0091	0.0001
8802	其他航空器；航天器（包括卫星）及运载工具	-0.9817	0.0902
	直升机，空载重量≤2000 千克	-0.8700	0.6951
	7 000≥空载重量>2000 千克的直升机	-0.6490	0.6386
	飞机等航空器，空载重量≤2000 千克	-1.0000	-
	飞机等航空器，2000 千克<空载重量≤15 000 千克	-0.9613	0.0851
	45 000≥空载重量>15 000 千克的飞机等航空器	-0.5920	0.5125
	空载重量>45 000 千克的飞机等航空器	-0.9955	0.0559
	航天器及其运载工具、亚轨道运载工具	-0.9635	0.1857
8803	8801 或 8802 所列货品的零件	-0.1446	0.6218
	推进器、水平旋翼及其零件	0.0739	0.4408
	起落架及其零件	-0.4891	0.4596
	飞机及直升机的其他零件	-0.1414	0.6627
	航空器、航天器及其运载工具的未列明零件	0.8438	0.4338
8804	降落伞、旋翼降落伞及其零件、附件	0.8888	0.0429
8805	航空器发射及甲板停机装置等及其零件	-0.9795	0.3481
	航空发射装置和甲板停机装置等装置及零件	-0.9923	0.3719
	地面飞行训练用空战模拟器及其零件	-1.0000	-
	其他地面飞行训练器及其零件	-0.9784	0.3012

注：- 没有数据。

数据来源：中华人民共和国海关总署．中国海关统计年鉴 2009. 北京：中华人民共和国海关总署《海关统计》发行部，2010

航空航天器17种商品中，2009年，共有4种商品国际贸易金额超过1亿美元，主要集中在飞机和直升机领域，包括编号88024010商品（45 000≥空载重量>15 000千克的飞机等航空器，下同）、编号88024020商品（空载重量>45 000千克的飞机等航空器，下同）、编号88033000商品（飞机及直升机的其他零件，下同）和编号88021210商品（7000≥空载重量>2000千克的直升机，下同），国际贸易总额分别为72.54亿美元、18.44亿美元、17.34亿美元和1.20亿美元，贸易竞争指数分别为-0.59、-1.00、-0.14和-0.65。

从价格指数来看，在全球市场，中国航空航天器制造业出口产品价格相对较低，一方面表明我国航空航天器相关产品在市场上具有较强的价格优势，另一方面也反映出我国在该领域仍相对处于价值链低端环节，产品附加值较低，主要依靠低价格获取市场竞争优势。2009年，中国航空航天领域五大类17种商品中，所有商品价格指数均小于1。其中，4类商品（编号8801，8802，8804，8805）的价格指数小于0.4，编号8801类商品价格指数仅为0.0001，编号8802和8804类商品价格指数分别仅为0.09和0.04，编号8805类商品价格指数为0.37，编号5503类商品价格指数为0.62（表3）。

综合贸易竞争指数和价格指数来看，我国航空航天器制造业在国际市场上价格优势较为显著，但在不同空载重量飞机和直升机等主要领域市场竞争力较弱，出口商品数量偏少，商品单价偏低，表明中国航空航天器制造业主要面向低端市场。例如，2009年，中国8802类商品出口33架，出口单价为260.20亿美元，进口322架，进口单价为2885.22亿美元，进口单价为出口单价的11.09倍①。

在世界航空航天器制造领域，美国和欧盟凭借技术优势成为国际重要市场，也是中国在该领域的主要贸易伙伴。中国航空航天器制造业市场竞争能力，一定程度上能够从中国航空航天器产品在美国和欧盟两大目标市场的竞争能力上得到体现。海关数据显示，2009年，在航空航天器产品领域，中国从美国、欧盟进口金额分别占中国该领域进口总额的50.60%和43.89%，出口金额分别占中国该领域出口总额的29.56%和33.23%②

在美国目标市场，中国航空航天器制造业竞争能力相对较弱。海关数据显示，2009年，中国从美国进口航空航天器产品53.26亿美元，出口2.78亿美元，贸易逆差50.48亿美元③。同年，中国航空器、航天器及其零件总体的贸易竞争指数为-0.9008；五大类17种商品中，有三种商品贸易竞争指数大于0，但价格指数均小

①②③ 数据来源：中华人民共和国海关总署．中国海关统计年鉴2009．北京：中华人民共和国海关总署《海关统计》发行部，2010

于0.7，规模相对较小并主要属于起落架、推进器、降落伞等产品领域（表4），表明中国航空航天器产品领域在美国市场主要为低端产品，市场竞争能力主要依赖价格优势。

表4　2009年中国航空航天器制造业贸易竞争指数和价格指数（美国市场、欧盟市场）

编号	商品名称	美国市场		欧盟市场	
		贸易竞争指数	价格指数	贸易竞争指数	价格指数
8801	气球及飞艇；滑翔机及其他无动力航空器	-0.9990	0.0000	0.3308	0.0002
	滑翔机及悬挂滑翔机	-1.0000	-	-0.6421	0.0225
	气球、飞艇及其他无动力航空器	-0.9990	0.0000	1.0000	-
8802	其他航空器；航天器（包括卫星）及运载工具	-0.9932	0.0887	-0.9977	0.0455
	直升机，空载重量≤2000千克	-0.9899	0.1018	-1.0000	-
	7000≥空载重量>2000千克的直升机	-0.9000	0.3159	-1.0000	-
	飞机等航空器，空载重量≤2000千克	-	-	-1.0000	-
	飞机等航空器，2000千克<空载重量≤15 000千克	-0.8343	0.7227	-1.0000	-
	45 000≥空载重量>15 000千克的飞机等航空器	-1.0000	-	-	-
	空载重量>45 000千克的飞机等航空器	-1.0000	-	-0.9967	0.0342
	航天器及其运载工具、亚轨道运载工具	-0.9587	0.0949	-1.0000	-
8803	8801或8802所列货品的零件	-0.2859	0.6143	-0.3316	0.5552
	推进器、水平旋翼及其零件	0.0996	0.3997	0.1775	0.1933
	起落架及其零件	-0.8638	0.2123	-0.3158	0.5664
	飞机及直升机的其他零件	-0.2750	0.6349	-0.3643	0.6149
	航空器、航天器及其运载工具的未列明零件	0.9331	0.6727	0.7224	0.3745
8804	降落伞、旋翼降落伞及其零件、附件	0.3260	0.0218	0.9930	0.1438
8805	航空器发射及甲板停机装置等及其零件	-0.9931	0.5687	-1.0000	-
	航空发射装置和甲板停机装置等装置及零件	-1.0000	-	-	-
	地面飞行训练用空战模拟器及其零件	-1.0000	-	-1.0000	-
	其他地面飞行训练器及其零件	-0.9924	0.5927	-1.0000	-

注：-没有数据。

数据来源：中华人民共和国海关总署．中国海关统计年鉴2009．北京：中华人民共和国海关总署《海关统计》发行部，2010

欧盟是中国航空航天器产品第二大目标市场，中国欧盟航空航天市场进口商品主要为不同空载重量的直升机和飞机，出口商品主要为推进器、起落架等零件。海关数据显示，2009 年，中国从欧盟进口航空航天器产品 46.19 亿美元，出口 3.13 亿美元，贸易逆差为 43.07 亿元。同年，中国航空器、航天器及其零件总体的贸易竞争指数为 -0.8733；五大类 17 种商品中，4 种商品贸易竞争指数大于 0，其中编号 88010090 商品（气球、飞艇及其他无动力航空器，下同）为纯出口但金额较小（9.72 万美元），其他 3 种商品价值指数小于 0.1（表 4）。表明在欧盟市场，中国航空航天器制造业竞争优势主要来自低价格，市场竞争能力相对较弱。

综合考察中国航空航天器产品在全球市场、美国市场和欧盟市场等的市场份额、贸易竞争指数和价格指数，可以认为，目前我国航空航天器制造业尤其不同空载重量飞机和直升机的市场竞争能力仍然很弱，仅在推进器、起落架等领域显示出一定的竞争力，但竞争优势主要来自低价优势，高端产品在国际市场基本不具备竞争能力。

3. 产业技术能力

产业技术能力主要体现在产业关键技术水平、产业装备水平、新产品销售率①和新产品出口销售率② 4 项指标。产业装备水平和产业关键技术水平体现了这一产业的技术硬件水平，与技术能力的高低有着直接的关系。新产品销售率和新产品出口销售率从一定程度上反映了新技术的市场化收益，也是衡量产业技术水平的重要指标。

经过 60 多年发展，中国航空航天器制造业技术能力有较快提升，产业关键技术在若干领域取得一定突破。在航天领域，2007 年 10 月 24 日中国发射“嫦娥一号”卫星，成功传回月球图像并受控撞月，圆满完成“探月工程”一期的工程目标和探测任务，标志着我国已经进入世界具有深空探测能力的国家行列；2008 年 9 月，“神舟七号”载人飞船发射升空并首次实现出舱活动，标志中国已经成为世界上第三个独立掌握空间出舱关键技术的国家；2010 年 10 月，中国自主研制的第二颗月球探测卫星“嫦娥二号”卫星发射升空，成功传回月球虹湾地区局部影像图，标志探月工程任务取得圆满成功。

① 新产品销售率 =（新产品销售收入/产品销售收入）×100%。

② 新产品销售利润率 =（新产品出口销售收入/新产品销售收入）×100%。

在航空领域，中国已实现支线飞机、直升机、通用飞机的自主研制和产业化，大型客机研制取得重大进展。自主研制的新型150座级单通道窄体大型客机C919通过经济技术可行性论证并申请型号合格证，标志C919大型客机按照适航标准全面进入研制阶段；ARJ21－700新型涡扇支线飞机在上海成功实现首飞，具有完全自主知识产权的新舟60飞机取得大批量市场订单并成功运营，累计获得国内外订单162架，交付30多架，标志我国支线飞机在自主研发能力大幅提升；拥有“直8”、“直9”、“直11”三个系列多种型号中型和轻型直升机产品，自主研制的13吨级直8F（AC313）大型民用直升机首飞成功，7吨级、13吨级等第三代直升机和超轻型民用直升机正在研制，机载救援装备、探测系统研制达到较高水平；“小鹰500”通用飞机实现批量生产，自主研制的首架轻型水陆两栖飞机“海鸥300”进入制造阶段，30座级涡桨多用途飞机完成初步论证，“蛟龙600”大型水陆两栖飞机实现立项。

航空发动机是理论体系和整体结构最为复杂的产品，是航空航天器制造业的关键核心技术产品，是航空航天器技术能力的关键制约因素。目前，世界上掌握独立先进的航空发动机技术的国家仅有美国、英国、法国和俄罗斯，2009年美国通用电气公司航空发动机销售收入高达187亿美元，利润高达39亿美元[①]；罗尔斯·罗伊斯公司（Rolls-Royce，简称罗罗公司）民用航空发动机销售收入高达44.81亿英镑，税前利润4.93亿英镑[②]。中国航空发动机与发达国家相比技术差距显著，航空航天器产品主要采用国外动力系统，新研机型多购买或仿制发达国家的发动机，仅有“昆仑”涡喷发动机和“太行”涡扇发动机完成从预研到生产定型的研制过程并投入使用。

中国航空航天器制造业产业装备水平不高。2008年，中国航空航天器制造业固定资产中微电子控制设备比重仅为10.80%，比高技术产业平均水平（17.66%）低6.86个百分点；其中，飞机制造及修理固定资产中微电子控制设备比重（11.10%）略高于航空航天器制造业平均水平；航天器制造业固定资产中微电子控制设备比重相对较低，仅为7.18%，比中国航空航天器平均水平低3.62个百分点，比航天器制造业三资企业平均水平低11.01个百分点（表5）。

---

① GE. GE fourth quarter’09supplemental information. 2009

② Rolls-Royce Group plc. Annual report 2009. 2009

表 5　中国高技术产业固定资产中微电子控制设备比重（2008 年）　（单位:%）

产业	大中型工业企业	
	除“三资”企业以外的其他企业	“三资”企业
高技术产业	17.66	19.90
航空航天器制造业	10.80	6.40
飞机制造及修理	11.10	6.09
航天器制造	7.18	18.19

数据来源：国家统计局，国家发展和改革委员会，科学技术部，中国高技术产业统计年鉴 2010，北京：中国统计出版社，2010

中国航空航天器制造业新产品销售率和新产品出口销售率均不高。2009 年，中国航空航天器新产品销售率为 21.70%，与制造业新产品销售率（20.43%）相比高 1.27 个百分点，但比高技术产业新产品销售率（26.09%）低 4.38 个百分点。中国航空航天器制造业新产品出口销售率较低，2009 年仅为 4.92%，与同期中国高技术产业和制造业新产品出口销售率（49.24% 和 25.96%）相比存在巨大差距（表 6）。

表 6　中国航空航天器制造业部分技术指标（2009 年）　（单位:%）

产业	新产品销售率	新产品出口销售率
制造业	20.43	25.96
高技术产业	26.09	49.24
航空航天器制造业	21.70	4.92
飞机制造及修理	21.62	4.92
航天器制造	24.02	4.87

数据来源：国家统计局，国家发展和改革委员会，科学技术部，中国高技术产业统计年鉴 2010，北京：中国统计出版社，2010

总体而言，中国航空航天器制造业竞争实力不强，资源转化能力、市场竞争能力和产业技术相对较弱。与发达国家相比，中国航空航天器制造业全员劳动生产率和产值利税率均处于较低水平，部分产品依靠低价优势在国际市场获得一定竞争优势，技术发展仍处于模仿创新阶段，但在若干领域取得一些技术突破。

三、中国航空航天器制造业竞争潜力

竞争潜力体现在产业运行状态、技术投入、比较优势和创新活力 4 个方面。由于缺乏统计数据，本文仅从技术投入、比较优势和创新活力 3 个方面分析中国航空航天器制造业的竞争潜力。

1. 技术投入

技术投入强度高低直接影响产业未来技术水平和竞争力的提升。技术投入强度主要体现在 R&D 人员比例、R&D 经费强度、技术改造经费比例[①]以及技术引进经费与消化吸收经费的比例[②]等 4 项指标。

中国航空航天器制造业技术投入相对较高。2009 年，中国航空航天器制造业 R&D 人员比例为 7.29%，分别是高技术产业和制造业 R&D 人员比例的 1.59 倍和 5.26 倍；同年，中国航空航天器制造业 R&D 经费强度为 5.25%，远高于高技术产业和制造业的 R&D 经费强度（1.60% 和 1.08%）。从细分行业看，航天器制造业 R&D 人员比例和 R&D 经费强度较高，2009 年分别高达 12.00% 和 20.90%，远高于其他产业 R&D 投入水平，如表 7 所示。

表 7　中国航空航天器制造业技术投入指标（2009 年）　　（单位:%）

产业	R&D 人员比例	R&D 经费强度	技术改造经费比例	消化吸收经费占技术引进经费比例
制造业	1.39	1.08	1.16	38.64
高技术产业	4.57	1.60	0.42	16.49
航空航天器制造业	7.29	5.25	3.30	103.46
飞机制造及修理	6.97	4.36	3.38	103.59
航天器制造	12.00	20.90	1.91	–

数据来源：国家统计局，国家发展和改革委员会，科学技术部，中国高技术产业统计年鉴 2010，北京：中国统计出版社，2010

中国航空航天器制造业的技术改造经费比例较高，消化吸收经费占技术引进经费比例较低。2009 年，中国航空航天器制造业技术改造经费比例为 3.30%，分别比同年高技术产业和制造业平均水平高 2.88 和 2.14 个百分点；同年，中国航空航天

① 技术改造经费比例 =（技术改造经费/主营业务收入）×100%。

② 消化吸收经费比例 =（消化吸收经费/技术引进经费）×100%。

器制造业消化吸收经费占技术引进经费比例仅为103.46%，远高于高技术产业和制造业平均水平。从细分行业看，飞机制造及修理业技术改造经费比例和消化吸收经费占技术引进经费比例相对较高，如表7所示。

与发达国家相比，中国航空航天器制造业技术投入水平较低。按照R&D经费占工业增加值比重计算的R&D经费强度，2007年，中国航空航天器制造业R&D经费强度为15.39%，而2006年德国、英国、法国航空航天器制造业R&D经费强度分别高达32.89%、31.15%和31.08%，美国航空航天器制造业R&D经费强度为24.10%，分别比中国高出17.50、15.76、15.69和8.71个百分点。①

总体而言，中国航空航天器制造业技术投入高于中国高技术产业平均水平，主要是由于航空航天器制造业大规模技术进口受到限制，只能通过自主创新满足发展需求，在产业发展的同时逐步形成自主创新能力。

2. 比较优势

中国航空航天器制造业发展的比较优势主要体现在劳动力成本、产业规模和相关产品市场规模3个方面。

中国航空航天器制造业与发达国家相比劳动力成本优势明显。OECD数据显示，法国2007年航空航天器制造业劳动力成本为10.41万美元/年，英国2007年航空航天器制造业劳动力成本为9.70万美元/年，美国2006年航空航天器制造业劳动力成本为10.21万美元/年。2009年，中国制造业就业人员工资约合0.39万美元/年，仅为美国的3.84%，英国的4.05%，法国的3.77%。

中国航空航天器产业国内市场规模增长较快，产业发展空间巨大。2009年，中国航空航天器制造业总产值（当年价）为1281.5亿元，仅为高技术产业的2.63%。截至2008年年底，中国仅有294架民用直升机可用于救援，仅为发达国家平均水平的4%。同年，中国民航客运总量23 051.64亿人次，民航货运总量445.53万吨，分别比2008年增加19.74和9.30个百分点，其中民航客运总量仅为中国客运量的7.74%，航空消费市场增长潜力巨大。波音公司分析表明，中国将在2020年左右成为除美国之外的最大民用飞机市场，民用飞机需求将高达1900余架，价值约1650亿美元。空客公司预测，在未来20年中国至少需要1300余架干线飞机，总价值约1400亿美元；全球100座以上大型客机中，每12架飞机中就有一架被中国购买。未来10年间，中国通用飞机市场需求将呈快速增长态势，通用飞机需求高达4600

① 数据来源：国家统计局，国家发展和改革委员会，科学技术部，中国高技术产业统计年鉴2010. 北京：中国统计出版社，2010

余架，占世界通用飞机需求总量的10%左右。

与发达国家相比，中国航空航天器制造业产业规模较小。OECD数据显示，法国2007年航空航天器总产值（当年价）为715.63亿美元，英国为366.84亿美元，德国为316.04亿美元，美国（2006年）为1425.78亿美元。2009年，中国航空航天器制造业总产值（当年价）为187.7亿美元，仅是美国、法国、英国、德国航空航天器制造业产业规模的1/10～1/2。

综合考虑劳动力成本、产业规模和市场规模，可以认为，中国航空航天器制造业比较优势显著，产业规模和市场规模增长潜力巨大，劳动力成本优势明显，为航空航天器制造业提供广阔的发展空间。

3. 创新活力

创新活力主要体现在专利申请数、有效发明专利数和单位产值对应有效发明专利数[①]3个方面。

中国航空航天器制造业创新活力相对不足。2009年，中国航空航天器制造业在5大高技术产业中专利申请数和有效发明专利数最少，申请专利1504项，分别占高技术产业和制造业专利申请量的2.92%和0.93%；有效发明专利565项，分别占高技术产业和制造业有效发明专利数的1.78%和0.72%。中国航空航天器制造业专利主要集中在飞机制造业及修理业，2009年中国飞机制造及修理业发明专利申请量和有效发明专利数分别为1362项和480项，航天器制造业分别仅为113项和60项。中国航空航天器制造业单位产值对应有效发明专利数较低，为0.44项/亿元，比高技术产业每亿元产值对应的有效发明专利少0.21项；其中，航天器制造业单位产值对应有效发明专利数相对较高，为0.87项/亿元，飞机制造及修理业单位产值对应有效发明专利数仅为0.40项/亿元，如表8所示。

表8 中国航空航天器制造业专利情况（2009年）

	专利申请数/项	有效发明专利数/项	单位产值有效发明专利数/(项/亿元)
制造业	161 065	78 884	0.16
高技术产业合计	51 513	31 830	0.65
航空航天器制造业	1 504	565	0.44
飞机制造及修理	1 362	480	0.40
航天器制造	113	60	0.87

数据来源：国家统计局，国家发展和改革委员会，科学技术部，中国高技术产业统计年鉴.2010，北京：中国统计出版社，2010

① 单位产值对应有效发明专利数＝有效发明专利数/工业总产值。

与发达国家相比，中国航空航天器制造业创新活力仍然较弱。2009 年，波音公司在美国专利商标局发明专利申请数和有效发明专利数分别为 244 项和 538 项，洛克希德．马丁公司在美国专利商标局发明专利申请数和有效发明专利数分别为 159 项和 217 项，雷神公司在美国专利商标局发明专利申请数和有效发明专利数分别为 193 项和 171 项，诺斯罗普·格鲁曼公司在美国专利商标局发明专利申请数和有效发明专利数分别为 17 项和 121 项。而同年，中国航空航天器制造业发明专利申请数为上述企业发明专利申请总数的 2. 54 倍，但有效发明专利数仅为上述企业有效发明专利总数的 53. 96%。

综合考虑技术投入、比较优势和创新活力等因素，可以认为中国航空航天器制造业竞争潜力较大。虽然中国航空航天器制造业技术投入、创新活力与发达国家相比仍然存在较大差距，但是劳动力低成本优势和市场空间优势显著。

四、中国航空航天器制造业竞争环境

竞争环境主要体现在政治经济环境、贸易和技术环境、相关产业发展、产业政策环境等方面。总体上看，目前中国航空航天器制造业面临的竞争环境有 4 个主要特点。

1. 发达国家竞争优势仍然明显，后发国家追赶面临严峻挑战

金融危机后，发达国家重新强调空天产业在国民经济发展中的重要作用，充分利用其人才、技术和资本优势，推动航空航天产业全球化发展。一方面推进航空航天企业优化重组，完善全球化、专业化生产配套体系；另一方面，加快航空航天领域知识产权布局，把握产业发展主动权和主导权。

目前世界航空航天工业以美国、欧洲、俄罗斯、日本等发达国家领先的基本格局短期内难以改变。美国航空航天工业形成由波音公司、洛克希德·马丁公司、诺斯罗普·格鲁曼公司（Northrop Grumman）和雷神公司（Raytheon）等航空航天巨头占据支配地位的航空航天产业格局；欧洲航空航天工业基本上由空客公司、欧洲宇航防务集团、BAE 系统公司、MBDA 公司和阿斯特里姆公司等大型航空航天工业集团控制；俄罗斯政府重组兼并“伊尔库特”、“米格”、“苏霍伊”、“伊柳申”、“图波列夫”等俄罗斯航空制造骨干企业，形成由俄罗斯联合航空制造集团主导的航空航天工业格局；日本空间产业形成以三菱重工、三菱电机和东芝等大型集团公司为主的产业发展格局。

发达国家少数企业依靠技术创新和市场竞争，控制着产业关键核心技术。目前，

波音公司和空客公司主要控制着大型客机核心技术，庞巴迪公司和巴西航空工业公司主要控制着涡扇支线飞机核心技术，庞巴迪公司、豪客比奇公司等在高端公务机领域保持竞争优势，通用电气、罗罗公司和普惠公司或其联合体垄断着民用航空发动机技术。值得指出的是，空客公司已研制出四发550座级超大型远程宽体客机A380，并于2006年12月获得美国和欧洲的适航证，已占领大型客机主要国际市场；波音公司研制生产波音787客机并将于2011年第三季度交付使用，同时联合美国国家航空航天局（NASA）启动未来科技研究计划，旨在2030~2050年推出下一代客机。

市场和技术双重竞争抬高了航空航天产业进入的知识产权壁垒，使航空航天产业巨头能够利用其资本、技术和人才优势统筹全球创新资源布局，建立全球技术研发、生产和市场体系，后发国家企业只能成为全球航空航天产业分工体系中子系统和部件生产分包企业，难以进入产业价值链高端。中国航空航天器制造业发展将面临少数企业的高度技术和市场垄断为主要特征的竞争环境，并且在短期内难以改变这种竞争格局。

2. 主要国家和地区调整空间发展政策，着力把握国际竞争的主动权

美国、欧盟、俄罗斯、日本等发达国家和地区纷纷调整空间政策，加大空间活动经费投入，加快航空航天技术和产业发展，占领空间领域制高点。2009年，全球空间活动支出2616.1亿美元，比2008年增加16%①。奥巴马政府支持航空航天产业发展，出台《美国创新战略》② 和《重振美国制造业政策框架》③ 等，扶持航空航天等产业发展。2010年财政预算中，奥巴马政府向联邦航空局提供8.65亿美元资金，重点支持“下一代航空运输系统计划”，加快发展卫星监测系统。2010年6月28日，美国颁布新版《美国国家航天政策》④，明确美国航天活动的原则、目标和部门指导方针，提出强化美国在卫星制造、卫星服务、空间发射和天体应用领域的产业国际竞争力，积极扩展空间领域互惠性国际合作，并在国际合作协议框架下推进对美国商业太空产品与服务的购买和使用。

欧盟相继开展“欧洲空间计划”、“伽利略计划”和“全球环境安全监视计划”（EGNOS）等一系列空间计划项目，争取国际竞争与合作的主动权。2005年5月23

① The Space Foundation. The space report 2010. 2010

② Executive Office of the President. A strategy for american innovation: Driving towards sustainable growth and quality jobs. 2009

③ Executive Office of the President. A framework for revitalizing american manufacturing. 2009

④ The President of the United States. National space policy of the United States of America. 2010

日欧盟发布《欧洲航天政策》[①]，提出在2007~2013年，提供34.05亿欧元重点扶持“伽利略计划”和全球环境安全监视计划发展，向载人航天、微重力与探测领域和发射器领域提供42亿欧元和50亿欧元资金预算，以推动航空航天产业发展。

为维持空间大国地位，俄罗斯相继开展“联邦空间计划”（FSP）（2006~2015年)、“GLONASS联邦目标计划”（2002~2011年）和“俄罗斯航天发射基地发展联邦目标计划”（2006~2015年）等一系列计划项目，2010年拨款34.5亿美元发展民用航天，2011年拨款38亿美元用于航天项目，并计划修改“太空发展计划”以应对美国出台的新太空政策。

日本于2009年6月2日首次出台“宇宙基本计划”[②]，将航空航天发展重点从研究开发转向产业振兴和安全保障，计划在2009~2013年发射34颗人造卫星，在2020年左右实现双脚步行机器人探月，2009~2013年共提供260亿美元资金支持航空航天领域发展。

航空航天作为未来新的战略制高点和国际竞争前沿，已经成为美国、欧盟、俄罗斯、日本等发达国家和地区的共识，中国积极发展载人航天、人造卫星等空间产业，加快大飞机、通用飞机等研制进程，着力提升航空航天器制造业自主创新能力，推动产业跨越发展。

3. 经济社会发展需求大幅增加，拓展航空航天产业发展空间

航空航天产业发展重点正从传统意义上保障国家安全为主，转向满足经济社会发展需求。随着科技进步和经济社会发展，商用领域尤其新兴服务业对航空航天器制造业需求呈现多样化发展态势。物联网、现代物流、基于位置的信息服务(LBS)、室内外无缝导航（GPSone）服务等新兴业态蓬勃发展，对卫星应用和航空运输等领域的需求大幅增加，航空航天制造业发展商业应用空间广阔。据美国航天基金会统计[③]，2009年全球商业卫星服务市场价值达到905.8亿美元，占全球航天经济的35%，比2008年增加8%。

发达国家十分注重航空航天产业在商用领域的发展。2006年美国政府在国家空间政策中明确提出支持商业空间活动发展，出台《通信卫星法案》、《电信法案》、《为改善国际电信通信的开放市场重组法案》、《商业遥感政策》、《美国天基定位、导航和授时政策》等一系列政策扶持商业空间产业发展，同时调整出口管制政策，

---

① EU. European Space Policy-Preliminary Elements. 2005

② Strategic Headquarters for Space Policy of Japan. Basic Plan for Space Policy. 2009

③ The Space Foundation. The space report 2010. 2010

扩大美国在国际商业空间领域的市场份额。欧盟空间产业十分重视民用需求，提出用户驱动型空间技术发展战略，促进地球观测、卫星通信、卫星导航，以及多项空间技术在民用领域的整合应用，积极开展商用空间领域的政府采购。俄罗斯政府出台《到2015年空间产业发展战略》，积极推动卫星遥感、测绘和环境监测等空间应用活动的开展，组织实施“联邦空间计划”（FSP），重点开展通信卫星、水文气象学、地震侦测和紧急情况监测、自然资源监测、遥感等应用型空间活动研究，提升俄罗斯空间应用能力。

绿色发展概念对航空航天器制造业提出节能环保的新要求，绿色技术将成为航空航天器制造业未来发展的关键。2009年以来，美国、欧洲等都加大新一代发动机技术、绿色航空燃料技术等航空航天领域绿色技术投入，旨在满足未来社会对绿色、低碳的发展要求，占领未来航空航天市场。例如，美国在军事飞机和民用飞机上多次开展新型环保燃料测试，试图建立“绿色空中力量”；欧洲也将绿色技术视为能否继续与美国在航空领域展开竞争与合作的关键，欧洲宇航防务集团公司（EADS）积极开展包括生物燃料技术、太阳能推进技术和电力推进技术等的绿色燃料技术研究。

随着中国新型工业化和新型城市化进程的加快，以卫星通信、卫星遥感、卫星导航定位等为代表的空间基础设施将成为未来信息社会发展的基础，农业、制造业、通信、教育、交通、节能环保、城市规划、公共安全、防灾减灾等对航空航天产品提出一系列新需求，促进了航空航天产品的商业应用和绿色技术研发，显著拓展了中国航空航天器制造业发展空间，为经济社会发展奠定了重要物质基础。

4. 中国政府加大研发投入力度，若干技术领域发展成效显著

在2020年建设创新型国家的宏伟目标指引下，中国政府相继出台一系列增强自主创新能力、推动产业结构优化升级、加快发展方式转变的宏观政策，加速航空航天等高技术产业和战略性新兴产业的创新发展。

2006年2月，国家发布《国家中长期科学和技术发展规划纲要（2006～2020年）》及其配套政策和实施细则，将空天技术作为八大前沿技术领域之一，开展“大型飞机”、“高分辨率对地观测系统”和“载人航天与探月工程”等重大专项，加快推进航空航天领域技术创新与发展。2008年5月，中国商用飞机有限责任公司在上海成立，成为实施国家大型飞机重大专项中大型客机项目的主体，也是统筹干线飞机和支线飞机发展，实现我国民机产业化的主要载体。2010年，中国相继出台《国务院关于加快培育和发展战略性新兴产业的决定》和《中央关于国民经济和社会发展十二五规划的建议》，提出重点培育和发展节能环保、新一代信息技术、生

物、高端装备制造、新能源、新材料、新能源汽车等战略性新兴产业，在高端装备制造业中，重点发展以干支线飞机和通用飞机为主的航空装备，做大做强航空产业，推进空间基础设施建设，促进卫星及其应用产业发展。

在国家政策的大力支持下，中国航空航天器制造业在若干领域取得显著进展，已经形成门类齐全、具有相当规模的航空航天产业，产品涉及卫星、运载火箭、军用和民用飞机、直升机、通用飞机、发动机、机载武器系统和机载设备等广泛领域，产业整体技术水平和创新能力有较大提高。中国航天产业成功实现一系列关键技术突破，已经成为世界具有深空探测能力的国家和世界上第三个拥有空间出舱关键技术的国家，并成功开展一系列探月工程。中国航天产业在若干领域有显著进展，已初步形成与国际标准接轨的大型民用飞机设计、试验、大部件制造和总装集成能力，初步建立符合国际适航要求的质量保证体系，自主研制的大型客机 C919 完成可行性论证并进入工程发展阶段，中国第四代隐形战机歼-20 于 2011 年 1 月 11 日首次试飞成功，ARJ21-700 新型涡扇支线飞机、新舟 60 飞机、13 吨级直 8F（AC313）大型民用直升机、“小鹰 500” 通用飞机等取得首飞成功。

根据“十二五” 规划建议，国家正抓紧编制《战略性新兴产业发展“十二五” 规划》、《国家自主创新能力建设规划（2011 ~ 2015 年）》等专项规划，着力强调航空航天领域自主创新能力建设和产业规模发展，加快推进应用卫星及相应运载火箭、干线飞机、支线飞机、通用飞机主要机型研制及产业化，为航空航天产业发展提供良好的制度文化环境，加快中国航空航天器制造业创新发展进程。

五、中国航空航天器制造业竞争态势

竞争态势显示了产业竞争力演进的趋势和方向，主要表现在资源转化能力、市场化能力、技术能力和比较优势 4 个方面的变化。中国航空航天器制造业国际竞争力不仅取决于竞争实力、竞争潜力和竞争环境，还受到产业竞争态势的影响。

1. 资源转化能力竞争态势

资源转化能力竞争态势反映了全员劳动生产率和产值利润率的变化趋势，是把握资源转化能力发展趋势的重要前提。

2005 ~ 2009 年，中国航空航天器制造业资源转化能力有较大提高。全员劳动生产率呈持续增长态势，从 2005 年的 36. 70 万元/(人 · 年) 增加到 2009 年的 62. 07 万元/(人 · 年)，年均增幅高达 11. 74%，比高技术产业全员劳动生产率年均增幅高 8. 55 个百分点；产值利税率也经历较快增长，从 2005 年的 5. 28% 持续增加到 2009

年的8.30%，年均增幅达11.96%，分别比制造业和高技术产业高6.73和5.83个百分点（表9）。

表9　中国航空航天器制造业主要经济指标（2005～2009年）

行业	年份	全员劳动生产率/(万元/人·年)	产值利税率/%
制造业	2005	36.70	8.47
	2006	43.26	8.62
	2007	51.58	9.57
	2008	57.08	9.07
	2009	62.07	10.38
高技术产业	2005	61.37	5.66
	2006	64.03	5.82
	2007	68.25	6.10
	2008	67.96	6.51
	2009	69.57	7.18
航空航天器制造业	2005	26.02	5.28
	2006	27.16	7.10
	2007	32.87	7.16
	2008	37.38	7.31
	2009	40.56	8.30
飞机制造及修理	2005	26.48	4.96
	2006	27.53	6.95
	2007	33.57	6.99
	2008	37.97	7.22
	2009	40.96	8.15
航天器制造	2005	19.79	11.12
	2006	22.18	9.64
	2007	23.69	10.22
	2008	30.28	8.73
	2009	34.66	9.62

数据来源：国家统计局，国家发展和改革委员会，科学技术部，中国高技术产业统计年鉴2010，北京：中国统计出版社，2010

从细分行业看，2005～2009 年，飞机制造业及修理业资源转化能力有较快提升，全员劳动生产率和产值利税率分别从 26.48 万元/(人·年) 和 4.96% 持续增加到 40.96 万元/(人·年) 和 8.15%，年均增速为 11.52% 和 13.25%。然而，航天器制造业全员劳动生产率增长态势相对较快，从 19.79 万元/(人·年) 持续增加到 34.66 万元/(人·年)，但产值利税率则呈震荡下滑态势，从 11.12% 震荡下降到 9.62%（表 9）。

从资源转化能力发展态势来看，中国航空航天器制造业资源转化能力呈现整体上扬的发展态势，全员劳动生产率和产值利税率虽然与制造业存在一定差距，但是差距逐渐缩小，显示出强劲发展势头。

2. 市场竞争能力竞争态势

中国航空航天器制造业市场竞争能力有所提升，但与美国相比仍存在较大差距。海关统计显示，2005～2009 年，中国航空航天器制造业国际贸易总量呈震荡上升态势，进口额和贸易逆差均有较快增长。其中，国际贸易总额从 73.07 亿美元震荡增加到 114.66 亿美元，年均增幅为 11.92%；出口额从 7.46 亿美元震荡增加到 9.40 亿美元，年均增幅为 5.96%；进口额呈震荡上升态势，从 65.61 亿美元震荡增加到 105.26 亿美元，年均增幅高达 12.54%。同期，中国航空器航天器及其零件进口增长快于出口，贸易逆差不断扩大。2005 年，中国航空航天器制造业贸易逆差仅为 58.15 亿美元，到 2009 年震荡上升到 95.85 亿美元，年均增幅高达 13.31%（图 3）。

在全球目标市场，中国航空航天器产品的市场竞争能力主要表现出两大发展趋势（表 10）。2005～2009 年间，编号 8801 类商品和 8802 类商品贸易竞争指数呈震荡上升趋势，但商品仍以进口为主，尤其编号 8802 类商品贸易竞争指数均小于 -0.9；价格指数虽保持震荡上涨态势但均维持在较低水平（均小于 0.1），显示出中国在该领域市场竞争能力虽然很弱但呈上升态势，高端产品虽然主要还是依赖进口，但依赖程度有所下降。同期，编号 8803 类商品贸易竞争指数均为负值并呈震荡下滑态势，编号 8804 类商品贸易竞争指数虽均为正值但呈震荡下滑态势，编号 8805 类商品贸易竞争指数基本维持在 -0.9 左右且呈震荡下滑态势；三大类商品价格指数均呈快速下滑态势，表明近年来，中国在该领域市场竞争能力呈震荡下降态势，且依靠价格优势也无法抑制市场竞争能力的下滑。

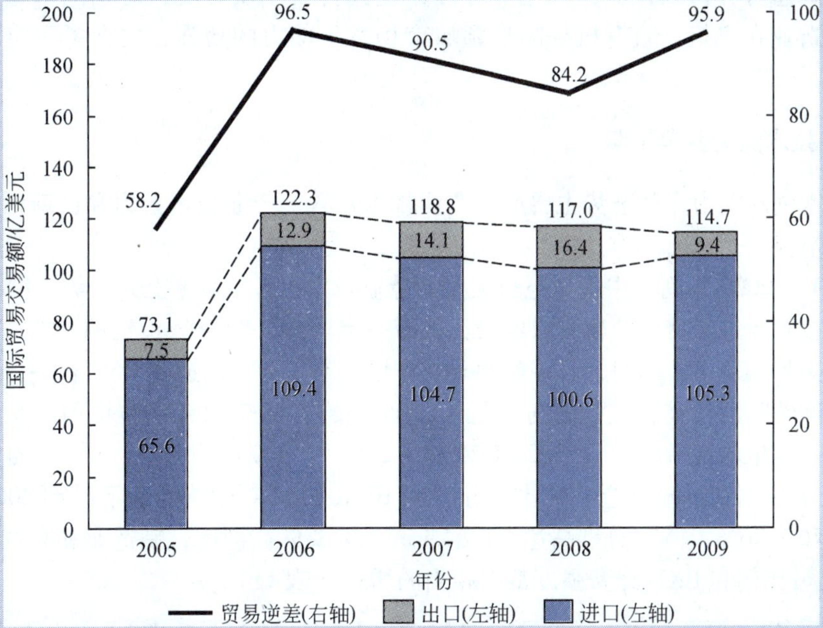

图3 我国航空器、航天器及其零件国际贸易（2005～2009年）

数据来源：中华人民共和国海关总署．中国海关统计年鉴 2005～2009. 北京：中华人民共和国海关总署《海关统计》发行部，2006～2010

表10 中国航空航天器制造业贸易竞争指数和价格指数（2005～2009年，全球市场）

商品编号	贸易竞争指数					价格指数				
	2005年	2006年	2007年	2008年	2009年	2005年	2006年	2007年	2008年	2009年
8801	-0.634	0.895	-0.537	0.163	-0.041	0.000	0.005	0.000	0.000	0.000
8802	-0.989	-0.945	-0.966	-0.903	-0.982	0.046	0.020	0.110	0.517	0.090
8803	-0.051	-0.038	0.066	-0.016	-0.145	0.909	0.917	0.896	0.693	0.622
8804	0.970	0.901	0.912	0.891	0.889	0.375	0.131	0.227	0.053	0.043
8805	-0.953	-0.792	-0.933	-0.998	-0.979	0.799	0.175	0.679	0.660	0.348

数据来源：中华人民共和国海关总署．中国海关统计年鉴 2005～2009. 北京：中华人民共和国海关总署《海关统计》发行部，2006～2010

总体而言，在全球市场，中国航空航天器制造业不同空载重量飞机和直升机等产品领域市场竞争力有所提高，在零件和降落伞等产品领域市场竞争能力则呈震荡下降态势，可以认为，大飞机等国家重大科技专项开展，对我国中国航空航天器制造业在飞机、直升机等高端领域市场竞争能力的增强，发挥了一定的推动作用。

3. 技术能力竞争态势

技术创新能力竞争态势主要反映产业技术投入、产业技术能力和创新活力等指数变化情况。

2005~2009 年间，中国航空航天器制造业技术投入呈震荡上升态势，R&D 经费强度和技术引进经费与消化吸收经费比例有一定增长，R&D 人员比例和技术改造经费比例则呈震荡下滑态势，且降幅明显。中国航空航天器制造业 R&D 经费强度和技术引进经费与消化吸收经费比例分别从 2005 年的 3.69% 和 4.73% 增加到 5.25% 和 103.46%，年均增幅分别为 9.22% 和 116.21%①。同期，中国航空航天器制造业 R&D 人员比例和技术改造经费比例分别从 10.10% 和 4.89% 震荡下滑到 2009 年的 7.29% 和 3.30%，降幅分别高达 -7.84% 和 -9.38%。同期，制造业和高技术产业 R&D 人员比例和 R&D 经费强度都有相当的增长（表 11）。

表 11　中国航空航天器制造业技术投入能力变化指数（2005~2009 年）　（单位:%）

行业	年份	R&D 人员比例	R&D 经费强度	技术改造经费比例	技术引进经费与消化吸收经费比例
制造业	2005	0.92	0.85	1.80	22.65
	2006	0.98	0.88	1.54	25.70
	2007	1.13	0.90	1.44	23.07
	2008	1.19	0.96	1.37	24.87
	2009	1.39	1.08	1.16	38.64
高技术产业	2005	3.67	1.26	0.55	32.42
	2006	3.46	1.31	0.49	14.00
	2007	3.99	1.29	0.50	10.50
	2008	4.14	1.43	0.48	17.81
	2009	4.57	1.60	0.42	16.49

① 航空航天器制造业技术引进经费与消化吸收经费比例指标 2009 年较为异常，可以视为畸点。

续表

行业	年份	R&D 人员比例	R&D 经费强度	技术改造经费比例	技术引进经费与消化吸收经费比例
航空航天器制造业	2005	10.10	3.69	4.89	4.73
	2006	9.44	4.36	4.23	9.32
	2007	9.15	4.42	5.42	16.36
	2008	6.41	4.69	3.00	5.97
	2009	7.29	5.25	3.30	103.46
飞机制造及修理	2005	10.08	3.35	4.95	4.97
	2006	9.14	3.94	4.39	9.41
	2007	8.80	4.07	5.54	15.14
	2008	5.96	4.25	2.92	3.29
	2009	6.97	4.36	3.38	103.59
航天器制造	2005	10.43	9.75	3.89	0.00
	2006	13.48	11.49	1.50	4.09
	2007	13.80	10.66	3.33	39.81
	2008	11.85	11.39	4.19	57.14
	2009	12.00	20.90	1.91	0.00

数据来源：国家统计局，国家发展和改革委员会，科学技术部，中国高技术产业统计年鉴.2010，北京：中国统计出版社，2010

2005～2009年，中国航空航天器制造业新产品销售率呈下降态势。航空航天器制造业的新产品销售率从2005年的44.75%震荡下滑到2009年的21.70%，年均降幅高达－16.55%。其中，飞机制造业及修理业新产品销售率有较快下降，从46.71%震荡下降到21.62%，年均降幅高达－17.52%；航天器制造业新产品销售率则呈快速增长态势，从9.51%持续增长到24.02%，年均增幅高达26.06%（表12）。

2005～2009年，中国航空航天器制造业创新活力呈持续提升态势。航空航天器制造业专利申请数和有效发明专利数均呈快速增长态势，分别从328项和192项持续增加到1504项和565项，年均增幅分别高达46.33%和30.97%；航空航天器制造业单位产值对应有效发明专利数也有较快增长，从2005年的0.25项/亿元震荡增加到0.44项/亿元，年均增幅达15.28%。从细分行业看，飞机制造及修理业创新活力有一定提升，但低于航空航天器制造业平均水平；航天器制造业创新活力呈快速提升态势，专利申请数、有效发明专利数和单位产值对应有效发明专利数分别从2005年的14项、7项和0.17项/亿元快速增加到113项、60项和0.87项/亿元，年均增幅分别高达 68.55%、71.11% 和 50.22%（表 12）。

表 12 中国航空航天器制造业产业技术能力与创新活力变化指数（2005～2009 年）

行业	年份	新产品销售率/%	专利申请数/项	有效发明专利数/项	单位产值对应有效发明专利数/(项/亿元)
制造业	2005	17.05	53 843	21 870	0.10
	2006	17.57	67 227	28 168	0.10
	2007	18.19	93 576	42 455	0.12
	2008	18.87	118 050	54 223	0.12
	2009	20.43	161 065	78 884	0.16
高技术产业	2005	24.02	16 823	6 658	0.23
	2006	23.60	24 301	8 141	0.23
	2007	24.46	34 446	13 386	0.32
	2008	28.03	39 656	23 915	0.51
	2009	26.09	51 513	31 830	0.65
航空航天器制造业	2005	44.75	328	192	0.25
	2006	39.87	510	228	0.29
	2007	39.30	810	270	0.28
	2008	42.71	1 036	400	0.35
	2009	21.70	1 504	565	0.44
飞机制造及修理	2005	46.71	314	185	0.25
	2006	41.58	477	226	0.30
	2007	40.72	745	257	0.28
	2008	43.55	946	357	0.34
	2009	21.62	1 362	480	0.40
航天器制造	2005	9.51	14	7	0.17
	2006	10.50	33	2	0.05
	2007	13.58	65	13	0.26
	2008	30.01	90	43	0.61
	2009	24.02	113	60	0.87

数据来源：国家统计局，国家发展和改革委员会，科学技术部，中国高技术产业统计年鉴 2010，北京：中国统计出版社，2010

然而，与国际大型航空航天企业相比，我国航空航天器制造业创新活力仍然较弱，但发展态势较好。据美国专利商标局统计，2005～2009年，波音公司的发明专利申请数从468项下降到244项，有效发明专利数从413项增加到538项；洛克希德·马丁公司的发明专利申请数从145项增加到159项；有效发明专利数基本维持在200项左右；诺斯罗普·格鲁曼公司的发明专利申请数从95项震荡下降到17项，有效发明专利从139项下降到121项；雷神公司发明专利申请数从115项增加到193项，有效发明专利数从151项增加到171项。上述四大公司发明专利申请总数呈震荡下降态势，从2005年的823项下降到2009年613项，有效发明专利则从903项增加到1047项，年均增速分别为－7.10%和3.77%；而同期中国航空航天器制造业发明专利申请数和有效发明专利数均呈快速增长态势，表明中国航空航天器制造业虽然创新活力与发达国家有较大差距，但差距逐渐缩小（表13）。

表13　美国航空航天领域著名企业专利情况（2005～2009年）　（单位：项）

公司名称	2005年		2006年		2007年		2008年		2009年	
	发明专利申请	有效发明专利	发明专利申请	有效发明专利	发明专利申请	有效发明专利	发明专利申请	有效发明专利	发明专利申请	有效发明专利
波音公司	468	413	407	490	384	436	408	442	244	538
洛克希德·马丁公司	145	200	139	230	127	241	217	213	159	217
诺斯罗普·格鲁曼公司	95	139	86	156	60	135	32	133	17	121
雷神公司	115	151	90	211	102	126	144	131	193	171
合计	823	903	722	1087	673	938	801	919	613	1047

数据来源：美国专利商标局．http：//www.uspto.gov/patft/index.html

总体而言，中国航空航天器技术投入有一定的增长，发明专利申请数和有效发明专利数均有较快增长，单位产值对应有效发明专利数显著提高，表明中国航空航天器制造业技术能力有所提升，但与发达国家相比技术能力还有较大差距。

4. 比较优势竞争态势

比较优势竞争态势反映中国劳动力低成本优势和中国高技术产业规模等的变化趋势。

2005～2009年，中国航空航天器制造业主营业务收入有较快增长，从753.9亿元增加到1254.0亿元，年均增幅为13.56%。其中，飞机制造及修理业主营业务收入从2005年的714.1亿元增加到2009年的1185.2亿元，航天器制造业主营业务收入从39.8亿元增加到66.3亿元，年均增幅分别为13.50%和13.60%。

与发达国家相比，中国航空航天器制造业产业规模较低，但增长态势显著。中国航空航天器制造业总产值（当年价）从2005年的95.1亿美元增加到187.7亿美元，年均增幅达18.52%。2003～2007年，法国、德国、日本和英国航空航天器制造业总产值（当年价）分别从386.90亿美元、189.70亿美元和251.59亿美元增加到715.63亿美元、316.04亿美元和366.84亿美元，年均增幅分别为16.62%、13.61%和9.89%。日本和美国航空航天器制造业总产值（当年价）分别从97.82亿美元和1225.74亿美元增加到2006年的107.66亿美元和1425.78亿美元，年均增幅分别为3.25%和5.17%（表14）。

表14 部分发达国家航空航天器制造业总产值（当年价） （单位：亿美元）

国家	2003年	2004年	2005年	2006年	2007年
法国	386.90	451.73	493.81	598.74	715.63
德国	189.70	214.09	226.81	253.00	316.04
日本	97.82	93.60	85.20	107.66	–
英国	251.59	275.93	272.45	324.91	366.84
美国	1225.74	1182.35	1384.80	1425.78	–

数据来源：OECD. STI-STAN Bilateral Trade BTD ed. 2009

中国航空航天器产品市场快速扩张，需求日益旺盛。2005年到2009年，中国民航运输线长度从199.85万千米增长到234.51万千米，年均增长4.08%；民航客运总量从2005年的13 827.00亿人次增长到2009年的23 051.64亿人次，年均增长13.63%；民航货运总量从2005年的306.70万吨增长到2009年的445.53万吨，年均增长9.78%（表15）。

表15 中国民航运输情况（2005～2009年）

	2005年	2006年	2007年	2008年	2009年
民航运输线长度/万千米	199.85	211.35	234.30	246.18	234.51
民航客运总量/亿人次	13 827.00	15 967.84	18 576.21	19 251.12	23 051.64
民航货运总量/万吨	306.70	349.43	401.85	407.64	445.53

数据来源：中华人民共和国国家统计局. 中国统计年鉴2010. 北京：中国统计出版社，2010

从劳动力成本来看，我国制造业职工平均工资从2005年的0.20万美元/年增长到

2009年的0.39万美元/年[①]，年均增幅高达18.81%。虽然中国制造业增幅巨大，但与发达国家劳动力成本相比仍然存在巨大差距，约为美日德等发达国家制造业雇员工资的3%～6%（表16）。可以预期，我国劳动力的低成本优势仍然会持续较长时间。

表16　部分发达国家航空航天器制造业劳动力成本（2003～2007年）

（单位：万美元/年）

国家	2003年	2004年	2005年	2006年	2007年
法国	6.79	8.69	8.27	8.90	10.41
英国	7.25	8.20	8.13	9.94	9.70
美国	8.80	10.27	9.86	10.21	-

数据来源：OECD. STI-STAN Bilateral Trade BTD ed. 2009

综上所述，中国航空航天器制造业国际竞争力呈良性发展态势，但是与主要发达国家相比仍然存在较大差距，主要表现在：①中国航空航天器制造业资源转化能力有所提升，全员劳动生产率和产值利税率呈上涨态势；②中国航空航天器制造业在国际市场竞争能力有所下降，贸易逆差持续扩大，但不同空载重量飞机、直升机等高端产品贸易竞争指数和价格指数有所上涨，市场竞争能力略有提升；③中国航空航天器制造业技术能力呈上升态势，技术投入、发明专利数量等有较快增长，但与发达国家相比差距仍然显著；④中国航空航天器制造业劳动力成本低、市场空间广阔等比较优势仍然显著，产业规模优势正在显现。

六、主要研究结论

综合分析中国航空航天器制造业竞争实力、竞争潜力、竞争环境和竞争态势，可以得出以下4点结论。

（1）产业竞争实力不断增强，但与发达国家相比差距仍然较大。中国航空航天器制造业资源转化能力较差，全员劳动生产率低于高技术产业平均水平；市场竞争能力不强，贸易逆差较大，贸易竞争指数和价格指数很低；产业技术能力较弱，虽然航天领域出现一系列重大技术突破，但还存在产业装备水平较低、发动机等关键核心技术受制于人等瓶颈问题。与发达国家相比，中国航空航天器制造业在全员劳动生产率、高端产品出口、产业关键核心技术等方面还存在较大差距。

（2）产业竞争潜力有所提升，相对发达国家产业比较优势显著。中国航空航天器制造业技术投入相对高技术产业较高，R&D经费强度较高；产业比较优势显著，

① 数据来源：国家统计局．中国统计年鉴2006．北京：中国统计出版社，2006

产业需求市场广阔，劳动力低成本优势明显；创新活力不足，发明专利申请和有效发明专利数与其他高技术产业相比很低，但单位产值对应有效发明专利数相对高技术产业较高。相对于发达国家，中国航空航天器制造业 R&D 经费强度、产业规模和发明专利等方面存在较大差距。

（3）产业竞争环境机遇与挑战并存。发达国家充分利用国际创新资源进行国际整合与产业调整，推进航空航天产业的国际分工和配套，并依靠知识产权壁垒和贸易壁垒进一步控制产业发展主动权；同时，发达国家纷纷调整空间政策，加大空间领域经费投入，积极战略航空航天战略制高点，要求中国发展必须加快航空航天自主创新能力建设，推动产业跨越发展。

（4）产业竞争态势有利向好，与发达国家差距逐渐缩小。中国航空航天器制造业竞争态势呈良性增长，资源转化能力有所提升，不同空载重量飞机、直升机等高端产品市场竞争能力不断增强，技术投入、发明专利均有较快增长，劳动力低成本优势和产业需求市场优势将长期存在。与发达国家相比，中国航空航天器制造业国际竞争力虽然还存在较大差距，但差距逐渐缩小。

参 考 文 献

[1] 国家统计局，国家发展和改革委员会，科学技术部. 2010. 中国高技术产业统计年鉴 2010，北京：中国统计出版社.

[2] 中华人民共和国海关总署. 2010. 中国海关统计年鉴 2009. 北京：中华人民共和国海关总署《海关统计》发行部.

[3] EU. 2005. European Space Policy-Preliminary Elements. http：//www. gmes. info/pages-principales/library/reference-documents/？ no_cache = 1&cHash = 38d6990b73e76fd272c15c38b4e7fcf6 [2005-12-1]

[4] Executive Office of the President. 2009. A framework for revitalizing American manufacturing. http：// www. whitehouse. gov/sites/default/files/microsites/20091216-maunfacturing-framework. pdf [2009-12-16]

[5] Executive Office of the President. 2009. A strategy for American innovation：Driving towards sustainable growth and quality jobs. http：//www. whitehouse. gov/assets/documents/innovation _ three-pager_9-20-09. pdf [2009-9-20]

[6] Strategic Headquarters for Space Policy of Japan. 2009. Basic plan for space policy. http：// www. kantei. go. jp/jp/singi/utyuu/basic_plan. pdf [2009-6-30]

[7] The President of the United States. 2010. National space policy of the United States of America. http：//www. whitehouse. gov/sites/default/files/national _ space _ policy _ 6-28-10. pdf [2010-6-28]

[8] The Space Foundation. 2010. The space report 2010. http：//www. thespacereport. org [2010-12-1]

The Evaluation of International Competitiveness of Chinese Aircraft and Spacecraft Industry

Qu Wan, Mu Rongping, Wang Ting
(Institute of Policy and management, Chinese Academy of Sciences)

The paper analyzes the international competitiveness of the Chinese aircraft and spacecraft industry from four aspects, including the competitive strength, the competitive potential, the competitive environment, and the competitive tendency. On the basis of statistical data and systematic analysis, four conclusions are drawn as follows:

First of all, the competitive strength of Chinese aircraft and spacecraft industry continues to grow, but the great gap between China and the developed countries still exists. Although there are some breakthroughs in the space area recently, the resource transformation and the competitiveness of Chinese aircraft and spacecraft in the international market are weak; and the key technologies are still controlled by developed countries.

Secondly, the competitive potential of Chinese aircraft and spacecraft industry keeps developing, and there is a huge comparative advantagecompared to the developed countries. The technological input is high compared with other high-tech industries in China, and there is huge comparative advantage including a broad market and the low-cost labor force. However, compared to the developed countries, the innovation capacity is still weak in terms of the R&D intensity and the invention patents.

Thirdly, the competitive environment of the Chinese aircraft and spacecraft industry is full of opportunities and challenges. The developed countries promote the international division of labor based on their international advantage of the innovative resources, the IPRs, and the trade barrier. Meanwhile, the developed countries enlarge the input on the space area and put more policy focus on the space industry. In order to gain competitive advantage, Chinese aircraft and spacecraft industry should accelerate the development of innovation capacity and lead the leapfrogging.

Fourthly, the competitive tendency of the Chinese aircraft and spacecraft industry is improving with a narrowing gap compared to the developed countries. The international competitiveness of the aircrafts and the helicopters is greatly improving, and the technological input and the invention patents experience a fast-growing period. Besides, the comparative advantage of the low-cost labor force and the broad market will exist for a long term.

第七章 高技术与社会

7.1 合成生命的伦理问题及其社会规制

张新庆[1] 邱仁宗[2]
([1] 北京协和医学院；[2] 中国社会科学院哲学研究所)

2010 年 5 月 20 日，当美国科学家克雷格·文特尔在《科学》杂志上宣布首次人工合成了生命细胞后，一时间合成生物成为科学界和世界各大媒体争相关注的焦点。实际上，20 世纪 80 年代以来，合成生物学就已经取得了一系列重大突破。1980 年，Barbara Hobom 借助重组 DNA（脱氧核糖核酸）技术尝试着对细菌基因组进行人工改造。2002 年，Wimmer 宣布用 DNA 片断化学合成有感染活力的脊髓灰质炎病毒，开辟了从寡核苷酸化学合成具有感染活性病毒的先例。[1] 2004 年美国的《技术评论》(*Technology Review*) 杂志将合成生物学评为改变世界的十大新技术之一。2005 年，加拿大、美国和日本的科学家人工合成了流感病毒。2007 年，Rockx 等人化学合成了 SARS（传染性非典型肺炎）病毒。2008 年，克雷格·文特尔的研究团队首次用化学法合成并装配了简单微生物的基因组。2010 年 5 月 20 日，克雷格·文特尔及其团队发表论文称合成了可自我复制的细胞——“辛西娅”(Synthia)。[2] 这意味着人类设计、合成、装配及移植合成基因组将成为可能。

国际社会对克雷格·文特尔里程碑式的科学发现反响强烈。2010 年 5 月 24 日，美国总统奥巴马责成总统生命伦理委员会（Presidential Commission for the Study of

Bioethical Issues）在6个月内评估合成生命在医学、环境、生物防护等方面的潜在受益和风险。事实上，合成生命引发的主要问题有：合成生命是否挑战了传统上的生命观念？合成生命能否得到伦理上的辩护？现有的评估和监管手段能否应对合成微生物释放到环境时所引发的生物安全和生物防护问题？合成生命能否申请专利？针对以上问题，我国应尽快鉴定围绕合成生命的生物安全、生物防护，以及其他伦理问题，研究并构建符合国情的合成生命的伦理－政策框架，使这一新技术为大众和社会造福，并在大众和社会支持下得以可持续发展[3]。

一、构建伦理－政策监管框架的必要性

合成生命引发社会各界强烈关注的一个重要原因是合成生物学研发的产业前景诱人，利用它有望开发全新的生物能源，净化温室气体，清除危险化学物质，培育合成流感病毒毒株，加速疫苗生产步伐等。在这种背景下，各国纷纷加大投入，配置资源，争相抢占先机。2006年，美国投入2000万美元资助建立“合成生物学工程研究中心”，由哈佛大学等4家单位共建。欧盟于2007年启动了18项合成生物学新出现的科学技术引导项目。我国也已加大科研投入，加强国际合作，并努力打造基础性技术平台。2007年，天津大学与英国爱丁堡大学成立了国内首家合成生物学研究机构。2009年，中国科学院合成生物学重点实验室在上海成立。

关于需不需要尽快制定相关的伦理－政策监管制度和机制，有一种意见认为我国应该抢占先机，做了再说。这种观点主张：第一，国家的最大风险是如果合成生命技术得不到迅速发展，民族产业和国民经济将丧失发展和增长的重大机遇；第二，当前我国政府不应为合成生命研究设定严格的伦理规范，更是没有必要纠缠于永远也没有标准答案的伦理争论，从而丧失宝贵的研发机会；第三，当前合成生命技术并非要用于改造人或高等动物，伦理问题讨论就显得太超前了。这种“做了再说”论点在科学界颇有市场。实际上，这种拒斥伦理规范的论点是错误的、有害的，若不加以澄清将会引发误解，造成科技决策偏差。历史上，忽视科学技术负面作用的教训比比皆是。利用核能造成的污染以及DDT广泛应用导致的生态破坏就是典型的例子。在“做了再说”的观点指导下，我们或许根本不需要知道纳米实验室和制造纳米材料空间的纳米粒子浓度有多少，对人体可能或已经产生了什么样的影响，排出到的纳米污染物究竟有多少，对环境影响如何？但是2009年《欧洲呼吸杂志》已经报道了纳米颗粒直接对人类造成伤害的第一宗病例。北京朝阳医院职业病科医师宋玉国在该文章中称，7名油漆工厂的女工因为在没有适当保护的环境下持续工作，吸入过量的细微粉尘颗粒而使肺部严重受损，其中两人稍后死亡[4]。

从合成生命本身来看，生物安全和生命防护是一个实实在在的问题。20 世纪 70 年代诞生的重组 DNA 技术安全性、人类操纵遗传密码的适当性和不确定性引发了科学界和社会公众的高度关注。为规避重组 DNA 技术在健康和环境方面的负效应，斯坦福大学教授伯格郑重建议要暂停实验，并联合众多知名科学家于 1975 年召开了国际会议，制定了规范和准则，开创了自觉伦理规范约束生命科技的范例。那时科技发展和社会政治情况与现今不同，基因逸出及被恶意利用的可能性比较小。但即使是在那样的情况下，当时的科学家尚且谨小慎微。而在合成或修改致病微生物的可能性大为增加的今天，社会政治情势远比那时复杂，难道我们不应该更为谨慎、更加周密地防范吗?

此外，我国科学家群体中的另一种意见也值得深入探讨。2010 年 7 月，在中国科学技术协会举办的“合成生物学的生物安全与伦理问题”学术沙龙上，有与会科学家认为，合成生物学尚处于初期，其安全性在人类能力掌控范围内，未必真正构成生物安全挑战；不要故意渲染其安全防范问题，不要走转基因作物和干细胞研究被伦理规则束缚过紧的老路[5]。这一论点更有商榷的必要。实际上，在中国转基因作物和干细胞研究并没有受到过于严厉的伦理约束。我国根本没有转基因方面的伦理规范。关于干细胞研究，2003 年 12 月科技部和卫生部颁布的《人胚胎干细胞研究的伦理指导原则》，没有对干细胞研究单位和研究人员的科学和伦理资质要求，不要求准入，不需要审批，不要求提供年度报告，不进行监督和管理；虽然制订了一些禁令（例如禁止克隆人、配子和胚胎的买卖等），但没有罚则。至于干细胞治疗，据估计现在我国可能有数百家单位在从事未经证明、不受管理的干细胞治疗，谁也不知道他们所用的干细胞是否真是干细胞，如何进行质量控制，对于这种治疗是否进行了临床试验，是否进行了必要的受益/风险评价，对患者是否进行了知情同意，是否有伦理委员会审查，收费是否合理等。对这一切全无规定，全无规范，因此转基因作物和干细胞研究根本就没有被伦理规则束缚，怎么能说是“被伦理规则束缚过紧”?

对科研采取放任政策是非常危险的。在发展合成生命学与遵守伦理规范之间寻求一种动态平衡，伦理规范追求的是风险最小化、受益最大化，尊重受试者和病人，公平分配受益和负担，保护环境。在这样的伦理规范之内、以最小的风险获得合成生命研究成果带来的最大受益。对此，政府要构建一个合乎我国国情的伦理－管理监管框架，建立一个有多元利益攸关者参与的治理机构和机制。

二、合成生命的正当性

在不同的理论语境下，人们对“生命”概念的诠释不同。例如，希腊文中的

“Zoe”指所有生物共有的生命过程（类似中文的“生物”），“Bios”是指社会文化层面的人类生命（类似中文的“生活”）。生物学意义上的“生命”是“作为客体的身体”，是区分活有机体与无机物的基本前提；社会文化意义上的“生命”是“赋体的存在”，是与个体自我经验相联系的身体。生命是自生、自成、自在的，那么合成生命会不会破坏这些关于生命属性的基本信念呢？

如今，合成生命将可能打破“生命”与“非生命”、“自然”和“人工”、“进化”和“设计”之间的天然界限，在技术上做到“无中生有、创造生命”，这势必会对传统“生命”含义、本质、价值和意义等观念构成巨大冲击。

关于合成生命，目前存在以下两种主要的反对观点。

第一种观点认为，科学家不应该“扮演上帝的角色”。美国天主教会就警告说：生命是唯一的，科学家不应冒犯生命的尊严，人类没有权利制造新的生命形态。在欧美国家的文化语境中，从重组 DNA 技术、试管婴儿技术和转基因技术，到克隆技术，借助于“扮演上帝”论来反对新技术的声音不绝于耳。“扮演上帝”的含义并不确切，那些坚持基本教义的人有可能借此来反对科学技术上任何一次突破。这一论点难以成为令人信服的反论证。尊重或敬畏自然和自然生命的观点是对的，但那是指我们应该维护自然的整体性和自然界物种的多样性，维护未来世代享有繁荣丰富生态环境的权利。科学家要对科学进步的后果负有道德责任的要求也是对的，但这只是说明要加强对科学研究的管理，并不能以此为理由限制和禁止科学发展。有学者断言，假若抛开较为激进的宗教情感，理性的人会倾向于在道德上接受合成生命[6]。

第二种观点认为，创造出自然界没有的新生命是“不自然”的行径，在道德上得不到辩护。实际上，“不自然”的存在物在现代社会比比皆是，居住在都市的人们时时处处被各类人造产品和服务包围着。而且，“不自然”并不等于“反自然”，合成生命也可能是遵循了自然的基本规律，能够与自然生命系统和谐相处。当然，假如合成的有机体逸出到大自然中，形成了一种强大的破坏力，造成生态系统的不稳定，对自然物种构成实质性威胁，则这种“不自然”的合成生命在伦理上是不可接受的。总体而言，“不自然”论证不必然得出合成生命得不到伦理辩护的结论。

在全球多元文化背景下，对合成生命的不同态度，反映了不同的宗教、习俗和文化。我们既要坚持理性态度，在相关伦理问题充分探讨基础上做出妥善决策；同时也要在不同文化代表之间加强协商与沟通，获得更大的社会支持。因此，我们的观点是：人类社会要慎重对待合成生物学研究和应用，但不应对合成生命下道德禁令。人类社会要以一种开放包容的心态对待新鲜事物。但同时我们也应该看到：贬低自然生命故有的价值，丧失对自然生命的敬畏感，乃全球生态环境灾难和环境危机的哲学根源之一。因此，人类应当慎重对待人工生命。

三、合成生命的可专利性

2006 年 10 月，克雷格·文特尔向美国专利局提交了一项名为“微小细菌基因组”的专利申请，诉求包括了对可以生长和复制的活的合成有机体独占所有权。申请人克雷格·文特尔并没有提供证据证明合成有机体的功能，但他将致力于构造一个有工业用途的、如同计算机操作系统“微软视窗”那样的合成有机体基础研究和应用平台。如果上述专利申请获得批准的话，就意味着克雷格·文特尔可能打造合成生物学领域的“微软”，垄断关键技术的所有权和控制权。2007 年 4 月 27 日，克雷格·文特尔还向世界知识产权组织（WIPO）提出国际专利申请。克雷格·文特尔对合成生命进行专利申请是对现行专利制度的一个严峻考验。目前，需要尽快研究的紧迫论题有几方面：是否应给予合成生命独占性的专利保护？合成生命属于科学发现，还是技术发明？考虑到生物安全和生物防护以及其他伦理问题，是否需要对合成生命的专利设定限制？

显然，克雷格·文特尔人工合成的细胞有机体不是“自然物”，而且在农业、医疗和环保等领域有潜在的积极效果。基于此类原因，美国《时代周刊》把“人造生命细胞”评选为 2010 年度生物工程类最佳发明之一。但需要注意的是，《时代周刊》是从长远视角看待合成生命的应用前景，并不意味着当下的某项合成生物学研究成果就一定应该被授予专利。克雷格·文特尔的“微小细菌基因组”尚不具备实际应用性，因而更应属于科学发现范畴。但也有人认为，合成生命细胞显示了独特的应用价值，已经是一种创造生命的技术发明了。争论表明了合成生命的基础研究与应用性研究间界限模糊。

英国 Nuffield 生命伦理学理事会在《生物燃料新思路报告》中主张：合成生物学知识产权问题与其他生物学的工业应用可能很相似，没有显著差异。按理，借助合成生物学原理和方法而合成的微生物也可类似地视为新的微生物品种，合成微生物的方法可以申请专利。当合成的有机体具有社会实践价值时，就应纳入方法专利保护效力延伸的范围，给予间接的保护。如果合成的有机体能得到专利保护，有助于激发发明人和研究者的积极性和创造性，以更好地服务于社会公众。

对合成生命的专利保护还涉及伦理道德问题。目前合成生命虽然尚未出现明显违反伦理道德或危害社会的事例，但存在误用或滥用的可能性。专利法一方面可以通过赋予发明人以专利权换取发明的公开，激励发明人从事合成生命研究，鼓励后来者；另一面又要合理限制专利权人的权益，以保障社会公共利益。国家既要在内在专利保护和公开科研成果以利于推广之间寻找平衡[7]，又要在专利保护与防止利用专利保护的科学成果危害公共利益之间寻找平衡。因此，我国可考虑给予合成生命技术以专利保护，同时制定另外的法律或行政规章限制其应用。有关合成生命的专利保护，要看到其对工业应用尚远，目前主要还处于基础性研究工作，急于授予专利，不利于更多的人从事开发研究工作，可能会阻碍最终产品的产业化。由于我国在合成生物学尚在起步阶段，与发达国家差距大，当前应从严掌握专利申请的批准，以利于合成生物学的研发。

四、合成生命的风险及防范

合成生命的潜在风险（或伤害）有物理性和非物理性两大类，其中物理性风险包括生物安全（biosafety）和生物防护（biosecurity）问题①。

生物安全问题主要是指合成有机体与环境或其他生物互动而引发对人类或其他动物的健康风险或生态环境的危害。合成微生物不仅存在于实验室，也可能会被释放到环境中。如果大量的合成微生物进入到本来就脆弱的生态系统，可能会引起基因水平转移，对人类生存的环境产生潜在的破坏。为此，需要开展合成生命的环境和健康风险评估。在风险评估中特别要注意严重的不可逆风险，例如引起人和动物发生残疾和死亡的风险，为此需要进行科学和伦理（风险）的评估。

生物防护问题是指因人为误用或滥用合成生物学成果而在公共安全和国家安全等方面的负面影响或威胁。若恐怖主义分子有能力制造出致命的合成病毒（如合成天花病毒），就有可能制造颇具杀伤力的生物恐怖袭击。有人主张诸如抗鼠疫的基因工程疫苗或人工合成小儿麻痹病毒的研究成果不应公开发表。的确，在互联网时代，任何人可以在互联网上进入公共的DNA数据库，免费下载DNA设计软件，订购合成的DNA。公共DNA数据库应禁止或限制那些指向生物武器的合成生物学信息公之于众，与致病微生物有关的或严重危险性的合成生物学产品应严格限制。鉴于合成生命技术具有显著的双重使用的特点，因此，国家既要强调科学家的自律，又要加强外部监管和公众监督，构建一个综合性的治理机制。合成生命的生物防护策略可借鉴各国政府和国际组织在防止恐怖分子获得生化的、辐射和核材料等方面的成功做法。

---

① 尽管有关“生物安全”和“生物防护”的定义较多，但在合成生命研究和应用中产生的生物安全和生物防护问题却没有权威的解释。因此，本文借助于生命安全和生物防护的一般性界定，自行给出一个解释性的界定。

合成生命还存在非物理性风险，包括合成生物学开发应用后的受益，及由此可能获得的利润可能不能公平地分配，财富很可能在从事合成生物学研究应用的科学家及相关公司一端积累，而公众尤其是贫困人群一端则受益甚少。这样就加剧了社会的不平等，加深了贫富鸿沟。同时，合成生物学的开发利用有可能解决发展中国家面临的种种问题（例如粮食、营养等），但也可能造成这些国家对发达国家的公司的依赖，加深国际关系中的不平等。

实际上，包括克雷格·文特尔在内的不少科学家较为乐观地宣称：不必担心合成生命的风险和危害，因为合成细胞一旦离开实验室环境就无法存活；而且合成细胞很脆弱，只要遗传密码中出现一个小错误，其就失去自我复制功能。在这些技术乐观派看来，科研人员完全可以控制合成生命引发的风险，不会引发严重的生物安全和生物防护问题。因此只要科学家严格自律，不需外部的严格监管。

技术谨慎派坚持则应该采取一种“防范性”策略：当人类行动可导致道德上不可接受的伤害，只要这种伤害在科学上是可行的，即使是不确定的，也应该采取行动来避免或减少这种伤害。对人的生命或健康或环境造成严重和不可逆的伤害在道德上不可接受的。在伤害发生前应采取的行动或干预以谋求避免或减少伤害。并且所采取的行动应该与潜在的伤害的严重性相称，要考虑到行动的正面和负面的后果，要评估采取行动和不采取行动的道德含义。

为此就需要首先评估可能的风险。即使这种评估可能是不确定的，但只要科学上有道理，就应该考虑采取相应的防范行动，并做好应对或防范的准备。这种评估不完全是与科学有关的，需要科学家、伦理学家、法学家、环境保护人员、科学管理者及公民代表共同参与评估。对于处理和防范科研及其应用中可能发生的风险，既需要科研人员的自律，也需要外部监督和审查、社会和公众参与，要求第三方对风险受益进行评估。2010 年 9 月，美国一项调查显示：有 52% 的人主张合成生命应由联邦政府严格监管，有 36% 的人主张让产业界和政府在自愿基础上共同制定规则。假若科研人员、公司和政府向民众提供更多的信息，公众在合成生命研究的“上游”就能够参与管理，就有可能避免类似石棉、DDT 等在风险得到充分评估前进行研发、应用的教训。

事实上，当前技术乐观派的主张并没有提供足以让人信服的证据，因为合成生物学在风险和受益两方面均有诸多不确定性。

（1）技术的不完备性，即使是合成最简单的病毒，科学家也难以掌控系统内的每个参数，难以准确预测系统动力学特性。

（2）没有人能准确预测合成有机体对生态环境和人类健康的风险类型、发生几率和危害程度。正是由于不确定性的存在，各利益攸关者也就难以在“风险”和“受益”博弈中找到可接受的平衡点，因此，环境科学家及伦理学家参与长期动态的环境－健康风险评估是十分必要的。

五、建立适合于合成生物学研究的伦理－政策框架和监督管理机制

当前，欧美国家对合成生物学研究社会监管机制或模式尚在探索之中。不过，欧美国家在规范重组 DNA 技术、转基因作物等方面已经积累了丰富的经验，也有可参照的伦理准则和政策法规，以及系统的伦理－政策研讨机制。相对而言，我国在合成生命的伦理－政策研究方面相对滞后。因此，就如何建立适合于合成生物学研究的伦理－政策和监督管理机制，本文作如下建议。

第一，要在科学家、人文社科专业人员、环保专家、科研管理者及公民代表参加下制订合成生物学研究和应用的伦理准则，以用作为从事合成生物学研究、开发、应用的科研人员、单位和管理机构的行动规范。

第二，对合成生命的风险，主要是生物安全和生物防护问题进行评估。要评估合成生命对人体的健康和环境可能存在的风险和伤害；探究为防范这些风险可能采取的措施，并对这些措施进行比较，选择最有利的措施作为应对措施，做好应对可能发生的伤害的准备。

第三，在合成生物学研发的上游设计阶段考虑其伦理问题，即应该做什么和应该如何做的问题。在合成生物学研究课题申请指南和研究方案中，要有伦理学上的要求，承担合成生物学科研的机构要对研究方案和研究过程中存在的伦理问题进行审查和监督。

第四，尊重社会公众的知情权和参与权，政府和科学界要引导公众参与对话和讨论，以此赢得公众的理解和信任，营造支持创新的学术研究氛围；不断提高公众科学素养和对科学研究的理解，并形成理性的判断。

第五，大众媒体要客观、全面、公正地对合成生物学的研究进行报道，引导正确的方向。例如，2003～2008 年，美国媒体报道的重心为合成生物学潜在的益处；而欧盟媒体关注的则是生物安全和生物防护问题，以及创造生命的伦理难题。因此，我国媒体要有正确的导向，防范可能发生的偏颇。

第六，加强国际的交流合作。参与国际上在合成生命生物安全、伦理规范等方面的讨论，并根据国际准则和我国情况制订相应的规范。

参 考 文 献

[1] Cello J, Paul A V, Wimmer E, et al. Chemical synthesis of p021iovirus cDNA: generation of infectious virus in the absence of natural template. Science, 2002, 297 (5583): 1016 ~ 1018

[2] Daniel G G, et al., Creation of a bacterial cell controlled by a chemically synthesized genome. Science, 2010, 329 (5987): 52 ~ 56

[3] 翟晓梅，邱仁宗. 合成生物学的伦理和管治. 科学时报，2010-7-16，A3 版

[4] Song Y, Li X, Du X. Exposure to nanoparticles is related to pleural effusion, pulmonary fibrosis and granuloma. European Respiratory Journal. 2009, (3): 559 ~ 567

[5] 王学健. 如何让合成生物学不重蹈转基因覆辙? 科学时报，2010-7-20，A1 版

[6] Henk B. Playing God in Frankenstein's footsteps: synthetic biology and the meaning of life. Nanoethics. 2009, 3 (3): 257 ~ 268

[7] Henkel J, Maurer S M. The economics of synthetic biology molecular systems. Biology, 2007, 3 (117): 1 ~ 4

Synthetic Life and its Ethical and Regulatory Implications

Zhang Xinqing[1], Qiu Renzong[2]

([1] Peking Union Medical College; [2] Institute of Philosophy, Chinese Academy of Social Science)

Abstract: The paper explores three major areas of concern with respect to the ethical and regulatory impacts of creating a living organism: the meaning of synthetic life, biosafety and biosecurity, and patenting. It argues that it is high time for Chinese science community to develop an ethical-regulatory framework to address the issues of potential health, security or other risks. This paper intends to encourage all stakeholders to participate in a continuous dialogue in the field of safety, security, ethics and the science-public interface, with the ultimate goal of providing a basis for multi-stakeholder governance in synthetic biology.

7.2 我国转基因食品安全立法思考①

刘旭霞 欧阳邓亚

（华中农业大学）

从 1983 年第一株转基因烟草诞生以来，植物基因工程技术已广泛应用于作物品

① 课题资助：国家重大科技专项的重大研究课题（007AA10Z188）；教育部人文社会科学规划基金项目（07JA820007）。

质改良、抗病性、抗虫性、抗病毒性、抗除草剂、杂种优势的利用等方面。全球转基因植物种植面积迅猛发展，大豆、玉米、棉花、油菜、番茄等许多转基因农作物都已经实现商品化，转基因食品越来越多地出现在人们的餐桌上。然而，转基因食品的安全性问题，却一次次受到了人们的质疑。在这种背景下，世界各国不断完善相关立法，以预防和规制这一新兴的食品类型所引发的安全问题。

一、转基因食品的安全问题

随着越来越多的转基因食品进入市场，人们对于其安全性的问题展开了争论。反对转基因食物的人们认为，转基因食品是不安全的，一是认为其对人体健康有影响，其中包括食品的毒性问题、过敏性问题、使人产生抗药性的问题、降低食物营养价值的问题等；二是在生产、销售、回收、利用、循环等过程中对环境的影响，包括转基因生物可能诱发害虫、野草的抗药性，可能诱发自然生物种群的改变，可能诱发食物链的破坏等。支持转基因食品的观点则认为转基因食品比传统食品更安全，原因一是它的上市比传统食品经历了更为严格的安全评价和监管，人类已经消费转基因食品 10 多年，还没有报告 1 例因食用转基因食品而致害的案例[1]；二是转基因作物的抗虫抗病性使得作物药物残留较少，因此比传统食品更环保。新一代的转基因食品将增强其功能性，可以更富营养，甚至可以对人体健康有保健或治疗作用[2]。

至今为止，现有的科学技术难以对转基因食品进行长远的安全性评估，转基因食品的安全性尚无定论。传统食品是与人类经过数千年形成的饮食习惯相适应的，作为新事物的转基因食品并没有经过这样被人类选择的过程[3]。而如何正确利用转基因技术，发展转基因食品，就需要人类不断进行理性的反思和抉择。

二、国外转基因食品安全的立法实践

转基因食品的发展离不开转基因技术本身，同时也离不开其所处的文化土壤中所积累的传统文化和观念。目前，世界各国的转基因技术发展程度不同，出于各自的国家利益和独特的文化观念，对转基因食品的立法规制也呈现出不同的特点。

1. 以美国为代表的“宽松式”立法

美国对转基因食品的管理十分宽松，且未对转基因食品安全做出专门立法。美国采用“可靠科学原则”作为转基因食品监管的理论基点。美国没有将转基因食品特殊化，认为转基因食品并不比传统食品危险，不需要进行特殊的监管。只有可靠的科学证据证明风险确实存在并可能导致损害时，政府才能采取特殊的手段进行管制。因此，美国对转基因食品的上市审批管理比较宽松，实行转基因食品自愿标识制度，由生产者或销售者根据市场趋势或消费者偏好，自行决定是否对产品加以标识。

这种宽松式的立法和监管模式与美国在国际贸易中的地位息息相关。大量转基因作物的种植和转基因食品出口给美国带来了巨大的经济利益，对转基因食品进行严格管制无疑会给其经济利益带来损害。但“宽松”并不代表美国对转基因食品的管理放任自流，其食品召回制度为消费者的权益提供了保障，产品责任巨额赔偿责任制度对食品生产者和销售者形成了很大的威慑力，也为美国转基因食品宽松式管理提供了事后保障[4]。与美国类似，在加拿大，政府也没有要求强制性地对所有转基因食品作标识表述，只要表述是真实、无误导的，就允许并鼓励食品生产商进行资源性的标识表述。

2. 以欧盟为代表的“严格式”立法

欧盟国家是排斥和抗拒基因改良作物及转基因食品的典型。与美国不同，欧盟采用“预防原则”作为其转基因食品立法和监管的基本原则。欧盟国家认为，人类健康和生态环境一旦受到损害就不可逆转，加之科学自身也具有一定的局限性和不确定性，政府不能等到最坏的结果发生后才采取行动，而应当事先积极防止损害的发生。据此，欧盟主张对转基因食品进行严格的监控，并通过大量的指令与条例严格规范欧盟转基因食品的管理，通过对转基因食品生产、销售、流通等各个环节的严密监控，防止风险的发生。

欧盟关于转基因产品的最新立法可以归结为新的追踪制度和统一的审批、标识制度[5]。2003 年 9 月，欧盟在经历两年的反复修改和讨论后，通过了 1829/2003 号和 1830/2003 号两部新条例，规定了转基因食品管制的基本制度、转基因食品追踪制度和标识制度。新条例取消了各成员国进行风险评估和审批的能力，统一交由欧盟行使，所有的转基因食品都必须经过正常审批程序加以评估；同时，新条例不再赋予各成员国暂时或禁止转基因食品流通、销售的权利，并且设立了更为严格的标识制度，将标识的阈值由 1% 修改为 0.9%[6]。这种基于生产过程的严格监管模式一方面预防了风险的发生，但另一方面也导致欧盟在转基因食品国际贸易中的诸多纠纷，影响了成员国食品和饲料的供应。因此，欧盟对待转基因食品和饲料的态度也开始趋于缓和，等待成员国批准的新指令修改了其对未经批准的转基因作物在食品和饲料的“零容忍”，改为最高 0.1% 的检测阈值（该指令如果被成员国批准，将于 2011 年 4 月生效）。

与欧盟国家一样对转基因食品进行严格的立法规制的国家还有许多，如澳大利亚、巴西等。澳大利亚的《基因技术法》规定对用基因工程技术生产的食品必须进行安全性评价，如在安全性评价中未获认可的，将不得进入市场[7]。

3. 以日本为代表的“折中式”立法

对日本而言，转基因食品及其原料可为消费者提供廉价且多样的食品，同时也能解决其耕地极少而人口密集的实际困难。但是作为全球最大的转基因食品及饲料进口国，转基因食品不确定的风险让日本不得不重视对它的监管。特殊的国情决定了日本在对待转基因食品的态度上既不同于美国也不同于欧盟，而是采用自己独特的“折中式”立法对转基因食品进行管理。基于此种理念，日本对转基因食品实行区别性生产流通管理，对转基因食品标识采用强制标识与自愿标识相结合的方法，其《转基因食品标识法》对已经通过安全性认证的5种农产品及以这些指定农产品为主要原料、加工后仍然残留重组DNA或由其编码的蛋白质的食品，制定了具体标识方法，并对无需标识的加工食品以及不得出现在食品标签上的用语进行了规定[8]。

与日本相似，韩国消费者对转基因食品不拒绝，但是对其安全性持保留态度。韩国的相关立法主要集中在两个方面上，一是安全评价体系，韩国通过颁布实施《转基因食品安全评价办法》和《转基因饲料安全评价办法》对转基因食品的安全评价内容做出了详细规定；二是转基因食品标识，韩国《转基因食品标识基准》规定了对转基因食品标识的要求和违法责任[9]。

三、我国转基因食品安全的立法现状及问题

（一）我国转基因食品安全的立法现状

自20世纪80年代以来，转基因技术及其产品已经发展了近30年。我国目前的转基因食品安全监管法律制度主要包含上市审批和标识管理两大制度。前者包括转基因食品的上市申请、安全性评价和审批、生产经营管理、卫生监督制度，主要由卫生行政部门负责；后者由各级农业行政主管部门负责农业转基因生物标识的监督管理工作，国家质量监督检验检疫总局负责进口农业转基因生物在口岸的标识检查验证工作。

在没有专门的转基因食品安全法律、法规出台之前，转基因食品安全相关法律问题适用《中华人民共和国食品安全法》。该法对食品的上市审批、检验检疫、食品召回，以及监管主体和违法责任的规定都对转基因食品安全管理有指导意义。2001年5月国务院颁布施行的《农业转基因生物安全管理条例》，对农业转基因生

物研究与试验、生产加工、进出口、经营、监督检查及法律责任等都做出了规定。随后颁布的《农业转基因生物安全评价管理办法》、《农业转基因生物进口安全管理办法》和《农业转基因生物标识管理办法》三个配套规章，对《农业转基因生物安全管理条例》规定的相关制度进行了细化，初步确立了我国农业转基因生物安全评价制度、进出口安全审批制度以及强制标识制度。

1. 安全评价制度

《农业转基因生物安全评价管理办法》规定，凡是在我国境内从事农业转基因生物的研究、试验、生产、加工、经营，以及进口、出口活动的都应进行安全评价工作。该工作由国家农业部转基因生物安全委员会负责具体实施。该办法将农业转基因生物安全分为3个类别共4个等级，作为安全评价的标准，并对安全评价的程序进行了规定：评价的过程应当包括受体生物安全等级评定、基因操作对受体生物安全等级影响评定、转基因生物安全等级评定、生产加工活动对转基因生物安全影响评定、转基因产品安全等级评定5个程序。

2. 进口安全审批制度

为了保证我国转基因食品进口安全，《农业转基因生物进口安全管理办法》对进口安全审批制度进行了规定。该办法按照用于研究和实验的、用于生产的以及用作加工原料3种不同用途对农业转基因生物安全进口程序进行了不同的规定。进口者必须按照不同用途提交不同的材料证明，通过审批后，由国务院行政主管部门颁发进口许可证，确保农业转基因生物进口的安全。

3. 强制标识制度

《农业转基因生物标识管理办法》确立了我国转基因产品强制标识制度，对农业转基因生物标识的范围和方法进行了说明。该办法规定了第一批实施标识管理的农业转基因生物目录，包括大豆、玉米、油菜、棉花、番茄五大类共17种，分三种情况分别进行“转基因××”、“转基因××加工品（制成品）”或者“加工原料为转基因××”、“本产品为转基因××加工制成，但本产品中已不再含有转基因成分”或者标注为“本产品加工原料中有转基因××，但本产品中已不再含有转基因成分”的标识。

（二）我国转基因食品安全立法的现存问题

从目前我国已有的立法现状来看，我国转基因食品安全法律体系已初步形成，转基因食品市场逐渐得到比较规范的管理。但现有的立法仍远远落后于转基因技术的发展和转基因食品的推广。

1. 立法层次不高，缺乏系统性和权威性

我国还没有直接对转基因食品安全进行规定的专门法律。对于转基因技术及转基因生物安全的法律规定大多是行政规章，与权力机构颁布的法律相比，难免带有临时性和应急性的特点[10]。除了《农业转基因生物安全管理条例》是行政法规外，其他涉及转基因食品安全的规范性文件都是部门规章。而且《农业转基因生物安全管理条例》也不是对我国转基因食品安全相关问题做出的专门立法，其中对于转基因食品相关法律问题，只是做出了部分规定，缺乏系统全面的立法内容和宏观有序的立法结构。

2. 对监管主体的设计不尽合理，难以进行有效的监督

《中华人民共和国食品安全法》对我国的食品监管体制做了统一规定，该法第四条规定由国务院设立食品安全委员会，牵头负责食品安全工作，由国务院卫生行政部门承担食品安全综合协调职责，国务院质量监督、工商行政管理和国家食品药品监督管理部门分别对食品生产、食品流通、餐饮服务活动实施监督管理。这一规定在横向上理顺了各部门的职能。在纵向上，该法规定了县级以上地方政府、县级以上卫生行政部门、农业行政部门、质量监督部门、工商行政部门和食品药品监督管理部门的工作职能。但是，各职能部门之间的协调问题是一个现实问题，各部门之间的利益博弈往往会引发争夺监管权或者互相推诿的现象，导致效率低下，难以形成系统有力的监管。此外，目前的监管体系都是由行政主体构成，而行政主体对于转基因食品市场的管理往往是通过审批、申报和严厉制裁违法等规则来进行，缺乏激励机制，缺少社会中间层和消费者的监督，也导致了我国转基因食品安全监管体制上社会参与的缺位，难以形成全面有效的监管。

3. 对配套制度的规定不完善，难以得到有效运行

首先，缺乏明确统一的安全检测和评价标准，转基因食品安全评价制度的可操作性不强。《中华人民共和国食品安全法》规定了食品安全风险检测制度和食品安全风险评估制度，但是并未明确风险监测和风险评估的标准和评估步骤。《农业转基因生物安全评价管理办法》将农业转基因生物的评价分为 3 个类别共 4 个等级，其中，4 个等级分别指不存在危险、低度危险、中度危险和高度危险，并没有具体的数据可供参考，这就导致管理部门在对转基因食品进行安全评价时缺乏明确统一

的标准。中国转基因食品第一案“上海公民朱燕翎诉雀巢转基因食品”案中[11]，便发生了不同的检测机构对同一检测对象给出了两种完全不同的检测结论的事件。

其次，转基因食品的标识方法不尽合理且范围有限，转基因食品标识制度存在诸多缺陷。《农业转基因生物标识管理办法》所规定的必须贴加转基因标签的五大类17种农业转基因生物已经远远不能满足市场发展的需要，且现有标识的方法向消费者传递的信息少之又少，类似“转基因××”的标识使得人们难以从中了解该食品的具体信息，如转基因原料含量多少，以及在哪个过程中添加了转基因原料等。

最后，对转基因食品的召回问题缺乏详细规定，转基因食品召回制度不完善。《中华人民共和国食品安全法》第53条规定：“国家建立食品召回制度。食品生产者发现其生产的食品不符合食品安全标准，应当立即停止生产，召回已经上市销售的食品，通知相关生产经营者和消费者，并记录召回和通知情况。”该规定确立了我国食品召回制度，但是目前立法没有对转基因食品的召回条件和程序进行详细规定。

4. 对法律责任的规定存在缺陷，难以形成全面的责任机制

对于转基因食品违法行为，我国法律没有进行专门的规定。2009年6月实施的《中华人民共和国食品安全法》引入了惩罚性赔偿机制，规定生产不符合食品安全的食品或者销售明知是不符合食品安全标准的食品，消费者除可要求赔偿损失外，还可以向生产者或者销售者要求支付价款10倍的赔偿金。但是，我国对于转基因食品违法行为的法律责任设计还不够全面，与生产者和销售者在违法行为中获取的巨大经济利益相比，处罚力度明显过小。

四、完善我国转基因食品安全立法的建议

1. 尽快制定与《中华人民共和国食品安全法》配套的转基因食品安全管理条例

针对目前我国转基因食品安全立法效力层次低、立法体例混乱的问题，我们应该借鉴国外经验，采取转基因食品安全专门立法与其他相关法律专门条款相结合的立法体例，作为规范转基因食品安全问题的指引性法律。在当今转基因食品迅猛发展的环境下，转基因食品不仅包括可食用的农业转基因生物，还包括其产品以及深度加工的食品，将转基因食品的法律规定依附在农业转基因生物相关法律法规中，已经不能满足现实的需要。建议在《中华人民共和国食品安全法》的大框架和背景下，制定一部《转基因食品安全管理条例》，统一规定与转基因食品安全相关的法律问题。

2. 协调并丰富转基因食品安全监管主体

首先，建议在现有的《中华人民共和国食品安全法》规定的食品监管主体体系下协调各主体的职能，形成系统有效的监管体系。在中央，可以以现有的国务院食品安全委员会为转基因食品的综合协调部门，统领农业部、卫生部、质量监督检验总局等进行转基因食品安全监管的分工协作。在地方，建立地方首长制，明确地方政府相关部门的职能和责任，建立完备的检测和信息反馈机制。

其次，建议建立公众参与制度，鼓励社会中间层和消费者的监督。对公众参与的预案参与、全过程参与及行为参与等机制进行立法[12]，加强管理的透明度，使得这些非政府性的监督能够合法有效地进行，通过问卷调查、专家咨询、公众听证、消费者代表座谈等形式，让人民群众参与转基因食品的管理，最终形成中央监管与地方监管相结合，政府、行业协会、消费者协会和三元互动到的转基因食品安全监管模式[13]。

3. 完善转基因食品安全配套制度

首先，完善转基因食品安全评价制度，明确转基因食品安全检测机构和安全评价标准。转基因食品安全评价制度是保障转基因食品安全的首要环节，法定的安全检测机构和安全评价标准的缺乏，使得转基因食品的安全与不安全没有一个确定的界限。应当指定专门的转基因食品安全检测机构；对于《农业转基因生物安全评价管理办法》中对农业转基因生物评价所设置的4个等级，应当给出明确的界定并提供科学的数据参考，使得检测部门在检测过程中有明确统一的标准，从而杜绝不同检测机构对同一检测对象做出不同检测结论的现象。

其次，完善转基因食品标识制度，扩大标识范围、明确标识标准和内容。目前我国法律规定的转基因食品标识对象仅仅包括大豆、玉米、油菜、棉花、番茄这五大类，已经远远不能满足现实发展的需要。建议对标识对象不采用列举式的规定，直接规定对所有含有转基因成分的食品进行强制标识；明确“含有转基因成分”的内涵，对转基因食品标识的阈值做出明确规定；对于标识内容，还应当包括转基因成分的来源、添加转基因成分的环节、其过敏性特征、安全等级等内容；对非转基因食品的负面标识行为进行限制；同时，标识内容应当以通俗易懂的词汇表达，并置于食品包装醒目的位置，以保证向消费者传递充分的信息。

最后，完善转基因食品召回制度，规定转基因食品召回分级和程序。召回制度是保证转基因食品安全的事后监管环节，《中华人民共和国食品安全法》确立了我国食品召回制度，但是对召回的分级和程序都没有做详细规定，现有立法更是缺乏转基因食品召回相关内容的详细规定。当前，美国食品召回分为三级：第一级是最严重的，会危害消费者身体健康或导致死亡；第二级是较轻的，会不利于消费者的健康；第三级为一般不会引起不利于健康后果的，比如贴错产品标识，或产品标识方面的错误可能会误导消费者。这一规定可以作为我国转基因食品召回制度分级规定的参考。

4. 强化转基因食品违法生产、销售的法律责任

我国法律并未对转基因食品违法行为的责任承担进行专门的规定。现有的消费者权益保护法也只是侧重于对生产者和销售者违法行为的行政处罚，处罚的数额与生产者和销售者违法行为所带来的巨大经济利益相差很大，难以起到威慑作用。在这种情况下，生产者和销售者往往会甘愿冒风险，牺牲消费者权益，追求自身经济利益。因此，对于转基因食品违法行为的责任承担，应当采用行政责任、民事责任与形式责任相结合的方式；加大处罚力度，根据现有社会经济发展水平制定相应的处罚数额的范围，引入赔偿机制，并结合各地方的实际情况，以及违法行为的社会影响，确定处罚和赔偿的数额；情节特别严重的，应当追究责任人的刑事责任。

参考文献

[1] 毛新志，刘戈．转基因食品与人类健康初探．医学与哲学，2006，6：49，50

[2] 林伟新．转基因技术：对人类是祸还是福？生态经济，2007，9：16～21

[3] 陈乃用．生物技术与转基因食品安全性的争论．食品与发酵工业，2001，4：53～59

[4] 刘旭霞等．美欧日转基因食品监管法律制度分析及启示．华中农业大学学报，2010，2：23～28

[5] 刘旭霞，余桢．中外转基因作物产业化法律规范比较．科技与法律，2007，3：69～74

[6] 王迁．欧盟转基因食品法律管制制度研究．华东政法学院学报，2004，5：95～97

[7] 朱光富．世界各国对转基因食品的态度和管理．中国家禽，2002，2：37～41

[8] 刘旭霞，欧阳邓亚．日本转基因食品安全法律法律制度对我国的启示．法治研究，2009，7：42～46

[9] 王青立等．韩国的转基因作物安全管理现状．世界农业，2002，2：42，43

[10] 刘晓红，单飞跃．转基因产品法律问题研究．广西政法管理干部学院学报，2004，3：69

[11] 柴会群，李道权．雀巢转基因事件的诉讼之困．2004. www. legalinfo. gov. cn [2004-01-08]

[12] 汪萍．完善我国转基因食品安全性法律保障机制的具体制度构想．经济师，2004，4：58，59

[13] 刘旭霞等．转基因食品监管模式探析．科学对社会的影响，2010，2：30～33

On the Legislation of Genetically Modified Food's Safety in China

Liu Xuxia, Ouyang Dengya
(Huazhong Agricultural University)

With the continuous development of transgenic technology, genetically modified foods gradually enter people's lives. However, the safety of GM foods is still in debate today. In this context, legislation and legal supervision are undoubtedly the rational ways to control the possible risks. Through the analysis of the international legislation on genetically modified food's safety and relevant laws in China, This paper concludes the major issues of the existing legislation on GM food in China, and then proposes some solutions: legislating "GM Food Safety Management Regulation", coordinating and increasing the regulatory subjects, improving the supporting systems and strengthening the responsibility of food producers and sales.

7.3 空间技术引发的伦理问题及其治理

杜 鹏
(中国科学院科技政策与管理科学研究所；中国科学院科技伦理研究中心)

科学技术的进步赋予人类空前的力量，使人类基本上能够按照自己的目的和方式来改造自己的将来。但与此同时，科学技术的发展也带来一些负面效应和伦理挑战，面临着一系列的问题。例如，应该由谁来确定和选择科学研究和技术发展的优先领域？在涉及风险时，如何根据文化背景的不同和公众的不同态度，来区分哪些技术风险是社会可接受的，哪些是社会不可接受的？对于下一代，我们应该承担多大程度的责任？这些问题的答案在很大程度上超出了科学技术的职业伦理范围，甚至超越了国家的范畴。因此，在当今多元化的世界里，有必要引入一种新的价值观，能够引导科学技术、生态环境、人类社会协同可持续发展。

随着全球化进程的不断加快，人类必须更加强调集体责任意识和伦理责任。公共决策的准则不能仅仅围绕经济目的，还应该充分考虑个人的权利和自由，以及各民族的文化认同。就空间技术领域来说，由于国家间技术发展和应用的极度不平衡，这种扩展更有必要[1]。空间技术的发展需要将国际合作、科学发现、技术创新与社会、政治、经济文化的目标以及伦理价值相结合，其相应的规范和目标必须考虑人文主义的观点和社会文化习惯[2]。

一、空间技术的发展概况及趋势

空间技术是探索、开发和利用外层空间，以及地球以外其他天体的综合性科学技术，是以空间探测为先导、以地面观测为重点，由气球、火箭、卫星及实验室等诸研究手段组成的集科研、开发与应用于一体的研究领域。简单地说，空间技术就是指航天技术，即为进出、探索、开发和利用太空（含地球以外的天体）提供技术手段和保障条件的工程技术[3]，主要包括运载器技术、航天器技术和地面测控技术。

空间技术在其半个世纪的发展历程中取得了突飞猛进的进展。截至 2009 年年底，世界各国、地区和组织共进行了 4684 次成功的发射，入轨的航天器 6000 多个；进行了 250 多次载人航天飞行，有 12 人成功登陆月球；发射了 100 多个探测器对深空进行探索，机器人登陆了火星和金星，探测了太阳系八大行星。全世界共有 180 多个国家和地区每天利用在轨的 800 多颗通信、导航、遥感和气象卫星提供的产品和服务。空间技术得到了普遍的应用，形成了年收入约 2600 亿美元规模的全球性产业，产生了巨大的经济和社会效益。

当前，在合作、竞争的新模式下，世界航天将跨入一个新的发展高潮，呈现新的发展趋势。

1. 空间技术的战略地位显著提高

当今世界，无论是发达国家和发展中国家都在纷纷调整其航天战略，加大政府投入，将空间技术作为促进经济和社会发展、全面提升军事实力的重要支柱。2008 年 8 月，日本的《空间基本法案》正式实施。该法案突破了日本以往太空非军事化的限制，其主要目的是提升自身的军事航天实力，以应对日趋激烈的太空竞赛。美国在 2010 年 6 月 28 日发布的最新国家航天政策指出，“美国的目标是获得在地球以外空间长时间、可持续甚至无限期的工作、学习、行动及生活能力。在完成这一使命的过程中，美国不仅将拓展人类的太空探索范围，也将强化在地球上的领导地位”，并明确表示，“可持续性、稳定以及自由进入与使用太空对其国家利益至关重要”。

2. 空间技术不断取得新的突破

21 世纪以来，空间技术发展进入新的阶段。运载器及其技术继续向满足大吨位、高可靠性、高环保性、强适应性、低成本、快速响应方向发展。卫星向高可靠、长寿命、高空间与时间分辨率、大容量、高速率方向发展。随着航天飞机、空间站等相关技术的日趋成熟及生命保障系统的不断改进、完善，载人航天的规模和范围越来越大，连续飞行的时间越来越长，这也使人类得以在大气层以外直接有效地进行科学考察，认识太阳系乃至宇宙，进行科学实验和材料生产和药品提纯，进行失灵飞行器的营救、维修等工作，使宇宙开发和利用成为可能。

3. 空间技术的应用不断广泛

通过加强军民两用技术的发展，空间技术将继续扩大其影响力和渗透力。一方面应用卫星将继续为通信广播、地球资源开发、环境监测、气象观测、农林水利、交通管理、目标监控、科学技术研究等众多领域提供广泛、性能优异的服务，并形成许多新兴高技术产业；另一方面，新的应用，如空间资源的直接应用、空间工艺、空间生物学以及空间旅游等，将可能进入人类生活[4]。

二、空间技术引发的伦理问题

空间技术在其短短的几十年的发展历程中，不但寄托着人类的梦想，而且已经展现出广泛的影响力，在社会经济、政治、军事国防、科学教育及人们生活等诸多领域，带来了传统技术无法企及的经济、社会效益。尽管一般公众目前还很少担心空间技术对社会产生的冲击，但实际上，空间技术已经具备巨大的潜力来改变未来的生活方式，同时也带来诸多现实和潜在的社会伦理问题。

空间技术引发的伦理问题是随着空间活动的发展而不断变化的。从目前的状况来看，空间技术引发的伦理问题涉及国家和全球两个层面。在国家层面，空间技术引发的伦理问题主要涉及公共伦理，例如在面对较多社会目标的情景下，在一个国家应由谁决定、如何决定空间技术和空间活动的优先发展顺序等。在全球层面，相关的伦理问题主要涉及在空间技术及其应用过程中，国际社会以及全人类所共同面对的伦理问题和冲突，具体包括以下 4 个方面。

1. 环境问题

环境问题主要指如何保护太空（天体）环境。之所以要保护太空环境，一方面是因为外空本身具有审美的价值；另一方面从实用主义来说，太空环境也有商业用途和科学价值。除此之外，空间环境还有哲学意义上的价值，因为它象征着自由，可以提供一个无限制的空间让人类去探索、理解、征服[5]。但从某种意义上说，太空环境比地球更为脆弱。因为地球环境具有一定的包容性，本身具有自我恢复功能，而太空环境则不然。例如在月球表面，如果没有人为破坏和陨石撞击，40 多年前美国阿波罗宇航员阿姆斯特朗的脚印将会一直保存下去[6]。为此，我们需要更为精心地保护空间环境，不能用人类建设地球家园所支撑的生存逻辑涉足于宇宙空间，否则人类对于自然资源的奢求和对于自然的掠夺性开发所造成的生态和环境后果也将再现于人类新的开发空间，人类应该在对太空环境造成不可挽回的破坏之前，就必须认真考虑这个问题。

当前空间探索过程中所遇到的最大的环境问题就是空间碎片。空间碎片对航天器有着极大的危害性，甚至会危及到在航天器（空间站）外工作的宇航员的生命安全。令人担忧的是，伴随着空间探索活动的不断深入，空间碎片的数量也在以很高的速度增长。太空环境日益恶化，甚至有人认为如果不加以防治，再过百年，空间碎片会在地球外层空间形成一个碎屑层，将使太空变得无法利用，太空探索可能因此而止步。因此，空间碎片问题是以后人类进行空间探索的一个严重的、也是必须要克服的障碍。此外，交叉污染问题、空间核动力的使用等也是空间探索所涉及的重要环境问题。

2. 涉及生命的相关问题

寻找生命的迹象现在已经成为空间活动中一个基础性的主题。科学正在寻求和那些伟大神话相关问题的答案，而现有的科学知识还不足以解释这些神话或者想象。在这个问题上，考虑到发现地外生命后公众的感情问题，伦理的途径就变得十分重要。人类和某种地外生命该是何种关系，人类应该如何面对不同形式的生命。对这些问题的解答将有助于推动我们对科学发现的客观理解[1]。

另外，由于载人空间活动是整个空间计划的重要组成部分，宇航员以及太空旅行者等也可能面临一些复杂伦理问题。例如，一旦有宇航员死亡，应如何处理其遗体？是否应停止向那些身患致命疾病的宇航员提供氧气，以节省珍贵的资源，避免使其他宇航员陷入危险之中？是否应对宇航员进行 DNA（脱氧核糖核酸）检测，以检测他们是否在长期的飞行中患上了某种疾病等。

3. 知识、信息共享与资源分配

随着空间技术的发展，空间资源的商业开发已经成为现实，空间资源的社会应用价值和商业投资价值越来越受到世界各国关注。尽管 1967 年的《关于各国探索和利用包括月球和其他天体在内外层空间活动的原则条约》（简称《外空条约》），特别规定：外层空间是人类共同的遗产，探索和利用外层空间应该惠及全人类。但实际上，只是那些掌握高新技术的少数大国才有能力发展的空间事业，能否获得空间相关的知识、信息、资源在更多意义上取决于该国的空间进入能力，因此也就产生了不同国家的知识、信息共享与资源分配的伦理问题。例如，空间数据共享问题。在过去几十年，人类在地外空间获得了许多地球数据，但由于这些数据被过分保护，造成了对被国际社会所承认“无歧视地使用数据”的权利、发展中国家的数据权利、被空间遥感的国家的权利等的侵害，引发了相关的伦理冲突。如何在公平、互利的基础上共享空间数据，尊重发展中国家的需求、被观测国家的权利和国家主权，是摆在人类面前的一个长期的棘手的问题[7]。

4. 外层空间的军事化问题

虽然发展空间技术应该是和平利用空间资源，但这也使人类争夺的领域从陆地、海洋、天空扩展到外层太空。美国参议员林登·约翰逊就此曾公开发表评论说：“谁要是获得了控制太空的最后地位，谁就获得了对地球的控制权，不管他是出于独裁统治的目的，还是为了维护自由。”一个国家如果拥有制天权，就能够畅通无阻的去揭示太空的奥秘，在开发和利用太空资源方面捷足先登，增强本国的经济实力、科技实力和军事实力。从历史来看，空间技术也是超级大国推行霸权政治的重要工具，太空已经成为地面战争的另一个“战场”[8]。

三、空间伦理问题治理的困境

与生物伦理、医药伦理所涉及的主要是“健康和安全”等问题不同，空间伦理涉及的大部分问题具有全球性的特征[8]，是国际社会以及全人类所共同面对的问题。因此，国际组织以及国际协调机制在解决相关伦理问题方面的作用非常关键。

自从苏联于1957年10月4日发射第一颗人造卫星Sputnik之后，联合国立即对这一新的活动予以关注，在1959年成立了和平利用外层空间委员会（COPUOS），作为联合国大会的特设机构以审议：①联合国、各专门机构及其他国际机构的与和平利用外层空间有关的活动和资源；②在该领域，或在联合国主持下妥善开展的国际合作和方案；③在联合国框架范围内可促进该领域国际合作的组织安排；④探索外层空间方案中可能出现的法律问题。

在联合国COPUOS成立的最初20年里，伴随着美国和苏联如火如荼的外空竞赛，世界各国面临空间时代的新挑战，迫切希望确定国际法律原则和规范，建立外空法律秩序来约束其他国家。因此国际空间治理，特别是国际空间立法被高度重视，1967年通过了外层空间“大宪章”——《外空条约》，有近百个国家加入该条约。随后联合国又陆续制定了《营救宇航员、送回宇航员和归还射入外层空间的物体的协定》(1968 年)、《空间物体所造成损害的国际责任公约》(1972 年)、《关于登记射入外层空间物体的公约》(1975 年)、《指导各国在月球和其他天体上活动的协定》(1979 年)。

自 20 世纪 80 年代以来，虽然空间技术的不断突破和应用的不断深入使得对国际太空法律及其相关机制的需求日渐迫切，但随着国际政治环境的变化，包括伦理问题在内的国际空间问题的治理反而陷入了困境。一方面在新的国际形势下，拥有空间技术的主要国家建立了自己的空间活动规划，担心更多的公约、义务将限制自己的行动自由，阻碍本国的空间开发计划，因此对修订既有国际公约和制定新的国际公约持谨慎态度。另一方面由于联合国 COPUOS 成员国数目逐渐增多，各国在外空活动方式也比以前多样了，活动范围也比起初阶段广阔得多，外空活动引起的法律问题也日趋复杂，谈判和各国的利益协调的难度越来越大，在联合国 COPUOS "协商一致" 的决策程序下这些因素均导致国际空间立法进程变得很缓慢。因此，当前在联合国 COPUOS 为主体的国际治理框架下，由于缺乏有效的价值凝聚机制、利益协调机制、争端解决机制，国际空间问题的治理陷入困境。特别是国际治理的现实进展与价值共识之间，矛盾凸显。不同国家空间进入能力的巨大差异，使得形成全球认同的治理价值共识还是一个难于达成的远期目标。

在这种背景下，空间问题的治理逐渐呈现软法化和分散化的趋势。1998 ~ 2006 年，联合国大会共通过了 100 多项关于空间活动的决议，其中重要的是关于卫星广播电视、遥感和核动力源问题的法律原则。大会决议以快速灵活的方式填补了技术进步所带来的法律真空。与此同时，越来越多的国际组织、机构和会议参与到外空立法、治理中，如国际电信联盟（ITU）已经成为有关电信和静止轨道的主要国际论坛，尤其在轨道利用方面，ITU 与联合国 COPUOS 合作密切，形成互补关系[9]。联合国教科文组织 1998 年组建了世界科学知识与技术伦理委员会（COMEST），空间伦理一直是其研究和讨论的主题之一。该委员会于 2004 年 6 月在《国际太空法》的框架下提出了空间活动的 10 条伦理原则，即决策中的伦理、公众参与、尊重个人隐私、透明、数据保护与分享、尊重外太空环境、空间研究、利益共享、人类共同的遗产、不污染等，当前正致力于提高对于空间活动所引发的伦理问题的认识并开展此方面的教育。此外，多边、双边协定和各国国内法的制定在一定程度上也加剧了国际空间问题治理分散化的趋势。

四、走向空间技术健康发展的全球治理路径

随着经济全球化的不断深入，以及气候变化、能源资源安全、粮食安全、公共

卫生安全等全球性问题的涌现，有效地建立多方参与的全球治理结构，形成一个有利于兼顾公平和效率的全球治理体系，以反映国际政治经济格局的变化，已成为各方共识。鉴于空间技术本身的特点和影响力，特别是对未来的人类的重要性，有必要将其纳入到全球治理的内容之中，从国家中心到多元化，从国家主义转向全球主义，构建起一个有利于空间技术发展的、调节国际社会利益各方关系的新的框架体系。

在金融危机之后，国际治理结构出现一些新的调整，世界银行、国际货币基金组织治理结构调整已经实施或正在推进，“20 国集团”（G20）在当前国际事务中的作用越来越大，新兴经济体和发展中国家话语权有所增强，国际合作的需求不断增加。例如，美国最新的国家航天政策与以往相比在战略上基本保持一致，但策略上更加灵活，并且弱化了单边主义，强调有条件的国际合作。

随着“嫦娥工程”的顺利实施，中国已成为具有深空探索能力的少数国家之一。为此，在不断提升我国空间技术能力的同时，理应为维护发展中国家在空间技术发展中的各项权益而承担更多的责任和义务，在空间技术的全球治理中就其社会伦理意义主动提出自己的看法，努力增强国际事务话语权，加强议题设定和规则制定能力以及国际动员能力，积极开展双边或多边会谈，以“和谐世界”的理念在世界范围内寻求价值共识，促进空间技术和空间探索的健康发展。

参 考 文 献

[1] Alain P. The Ethics of Space Policy, Seminar of Paris on the Ethics of Outer Space. World Commission on the Ethics of Scientific Knowledge and Technology. France. 1999

[2] Sikke A H, Caesar V. Human development and the conquest of space. Space Policy. 1985, (2): 179 ~ 186

[3] 朱毅麟．航天三领域刍议：兼论空间技术优先．航天器工程，2006，(1)：1 ~ 4

[4] 冷力强，侯宇葵．未来空间技术发展展望．航天器工程，2007，(1)：44 ~ 49

[5] Williamson M. Space ethics and protection of the space environment. Space Policy. 2003, (1): 47 ~ 52

[6] Dirk H R S. The ethics of treading on Neil Armstrong's footprints. Space Policy, 2004, (4): 279 ~ 290

[7] Lu Y X. Sharing space data and its ethical challenges. Journal of Remote Sensing, 2000, 4 (4): 245 ~ 250

[8] 杜鹏，李真真．空间技术的伦理考量，自然辩证法研究，2008 (4)：49 ~ 53

[9] 吴晓丹．国际空间法的现状与发展趋势．北京航空航天大学学报（社会科学版），2008 (3)：31 ~ 35，50

Ethical Reflection and Governance on Space Technologys

Du Peng

(Institute of Policy and Management, Chinese Academy of Sciences; Ethics of Science and Technology Research Center, Chinese Academy of Sciences)

As globalization progresses, people must move to greater awareness of their collective and ethical responsibilities. The criteria used for making decisions cannot be governed by economic purposes alone. It must be extended to embrace fundamental commitments to human rights, freedoms and the cultural cognition of each nation. This equirement exists particularly in the area of space technology due to the considerable imbalances of development and application among countries. Proper development of space technology requires international cooperation, scientific creativity and technological innovation combined with sociopolitical, economic and cultural objectives and ethical values. Regulations and objectives have to take into account of humanistic viewpoints and socio-cultural criteria to promote space technology and space activities.

7.4 纳米技术及其产业化中的安全性问题与对策

赵宇亮

(中国科学院高能物理研究所；国家纳米科学中心)

进入21世纪以来，为了抢占科学技术的制高点，提升国家竞争力，世界各国纷纷实施了优先发展纳米科技的国家战略。在各国政府的大力支持下，纳米技术发展迅速，正在成为涉及全领域的普适科学技术和引领世界科学技术发展的前沿领域之一，并且在能源产业、材料产业、化学产业、生物医学产业等得到广泛的应用。

由于物质在纳米尺度上具有的特殊性质，它们进入生物体或生态环境所产生的生物效应，尤其是环境健康效应与生物安全性问题，已经引起了科学界、社会与政府的高度重视[1]。由于20世纪人类采取了“先发展后治理”的路线，导致了诸多灾难，如生态破坏、种种新的疾病、气候变化等。吸取20世纪的教训，把科学发展的先进理念用于新兴的前沿科学技术，将纳米科技发展成为绿色科技，使之造福而不伤害人类，已成为各国政府和科学界关注和研究的一个重要问题。

一、纳米安全性问题的研究状况及问题

纳米安全性问题的核心是纳米毒理学的研究和应用[2]，是研究纳米尺度下，物质的物理、化学性质，尤其是新出现的纳米特性对生命体系所产生的生物学效应（其中关键是毒理学效应），揭示纳米材料进入人类生存环境对人类健康可能的影响，进而建立评估方案、技术和标准，制定相应的管理规定和法规。因此，对纳米尺度下物质的健康效应的认识和了解，不仅是纳米科技发展产生的新的基础科学的前沿领域，也是保障纳米科技的大规模应用和可持续发展的关键。

2001 年底，中国科学院高能物理研究所的研究者提出了纳米安全性问题，并建立了我国第一个纳米生物效应与安全性实验室。2004 年，《自然》、《科学》杂志展开对纳米安全性问题的讨论，拉开了世界范围内大规模研究纳米安全性问题的帷幕。纳米材料生物效应与安全性研究发展迅速，目前已经初步形成一个新的学科——纳米毒理学。美国在 2008 年年底率先宣布了正式成立美国纳米毒理学会，2010 年中国毒理学会成立纳米毒理学分会。美国和欧洲已经分别创办了纳米毒理学专业学术刊物 *Nanotoxicology* 和 *Particle & Fibre Toxicology*。

纳米毒理学领域发表的研究论文每年成倍增长。截至 2010 年 1 月，以“Nano * & Toxi *”为主题词，在 ISI of Science 检索的结果显示，美国发表的研究成果最多，约 2000 篇，其次依次分别为中国内地、德国、法国、日本、英国、意大利、加拿大、韩国、印度、西班牙、瑞士、澳大利亚、荷兰、比利时、中国台湾、巴西、苏格兰、瑞典、俄罗斯等国家和地区。按研究机构检索，中国科学院排列第一，接近 100 篇，然后依次是美国得克萨斯大学、法国国家科学研究院、美国密歇根州立大学、韩国首尔大学、美国赖斯大学、美国哈佛大学、美国国家职业健康研究院、美国伊利诺依大学、美国威斯康星州大学、美国约翰·霍普金斯医学院、浙江大学、美国加利福尼亚大学、俄罗斯科学院、意大利国家研究理事会、美国环保局、阿尔伯塔大学、法国巴黎第 11 大学、日本东京大学、加拿大多伦多大学等。

在我国，纳米安全性问题得到了政府的高度重视。在科技部“973”项目、国家自然科学基金委员会和中国科学院知识创新工程等支持下，我国科学家系统研究了具有小尺寸效应、表面效应、团聚效应的人造纳米材料对生命过程产生的影响，从分子、细胞、器官到整体生物水平上，系统研究了不同种类、不同尺寸、不同表

面的18种纳米颗粒的毒理学效应和共性规律；揭示了纳米颗粒穿越生物屏障（如细胞膜、大脑、皮肤）的能力，取得了一系列产生了重要国际影响力的研究成果[3~6]，有力地推动了一个新兴分支学科在我国的形成和发展。

吸入是纳米颗粒进入人体的主要方式。我国的相关研究工作揭示了纳米颗粒进入人体后的靶器官，首次阐述了多种纳米材料在生物体内的转运过程、转运速率、代谢动力学行为以及它们与剂量，与重要纳米特性如纳米尺寸、纳米结构、团聚性能等的相关性。研究结果揭示了部分超出现有毒理学理论体系的新现象、新规律，在国际上率先建立了测定纳米颗粒体内分布与转运速率定量测定方法，建立了纳米生物效应这个前沿领域的部分重要实验方法学和关键技术，探索了对纳米生物效应的调控方法，如利用化学修饰改变纳米颗粒对靶器官选择性与代谢动力学，降低或消除纳米颗粒毒性，从传统的“发现毒性”发展到“调控毒性”，实现了负面效应向正面效应的转变的可能性，为纳米技术的实际应用所必需的安全性评估提供了科学依据和测试方法。

尽管如此，该领域还存在两个亟待解决的问题。

1. 目前能够归纳出的具有系统性的、普遍性的规律性知识还很有限

在纳米毒理学与安全性的研究初期，为了建立研究方法、试验技术以及积累相关知识，设定的研究对象相对单一；为了条件可控，研究策略主要集中在实验室模拟。这些研究结果为建立纳米毒理学的知识体系、研究方法和实验技术奠定了关键的基础。但是，就纳米安全性评估而言，这些结果存在三个突出的共性问题，即：①发现了一系列复杂的毒理学现象，但是机制不清；②研究主要为在大剂量急性暴露下引起的毒性反应，研究结果虽然可用于突发事故的安全性评估，但难以直接适用于纳米材料含量低的纳米产品；③以单一纳米材料为主要研究对象，对市场产品的针对性较少，以实验室模拟为主，缺乏实际生产现场的研究，导致对生产场所的安全评价失真。例如，2009年北京朝阳医院报道的引起国际强烈反应的喷涂含纳米颗粒的产品导致车间工人死亡的事件[7,8]。评价方法的空白使人们很容易把其他因素引起的综合效应，一概归咎于纳米材料。

2. 对纳米颗粒与生物体相互作用的基础过程（机制）理解甚少

在生物体系与纳米材料的接触面，生物体和人造纳米材料发生相互作用，形成“纳米－生物”系统，其中包含纳米材料表面、生物组织的表面和生物流体之间的动态的物理化学作用过程。尽管科学家正在探索构成和影响这种相互作用界面的力的动态变化和分子成分变化的基础过程（机制），但是，由于生物体系的

复杂性，彻底描述界面上存在的所有生物物理化学相互作用过程几乎是不可能的，因此需要在这个新的反应界面上重构已有的知识，为探索纳米-生物之间的相互作用提供新的概念框架和指导，如研究纳米颗粒悬浮于组织培养液、生物媒介并接触到生物界面后与细胞的相互作用。

二、纳米技术产业化过程所面临的安全性问题

随着纳米技术的迅猛发展，纳米技术产业化进程不断深入。以食品纳米技术为例，目前全球有400多家公司开展纳米颗粒在食品中应用的研发和生产。据《泰晤士报》报道，化妆品国际巨头欧莱雅公司把3.5亿欧元的科研预算的大部分，用于研制含有“纳米颗粒”的新一代护肤品。另外两大化妆品国际巨头，雅诗兰黛公司和强生公司也在迅速加大纳米化妆品的研发力度。但是，纳米技术在产业化过程中也面临着一些安全性问题，突出表现在以下三个方面。

1. 针对纳米材料或产品的安全评价体系与评估程序缺乏

纳米毒理学知识体系的缺乏，使人们难以对纳米生物安全性问题做出言之有据、科学合理、客观公正的评价，大大增加了“言过其实”的可能。目前世界各国尚未制订出针对纳米材料或产品的安全评价体系与评估程序。由于和纳米颗粒相关参数的复杂性，如果缺乏系统的知识体系就很容易将其他因素引起的综合结果，误归为是纳米颗粒造成的。这也是导致国际、国内对纳米生物安全性问题做出过激和失真评价的主要原因。

2009年6月，北京朝阳医院的医生在《欧洲呼吸病杂志》上报道了中国工厂操作含纳米颗粒涂料的工人死亡的案例[7]。事件引发了《科学》、《自然》、《自然·纳米科技》和公众媒体对纳米科技安全性问题的高度关注。由于缺乏工作场所中纳米颗粒状况的研究数据和研究方法，人们很容易将多方面因素造成的结果，全部归结于纳米颗粒。这对纳米技术的产业化，将产生较大的影响。预计在相关安全性检测方法和安全性标准建立之前，误解纳米产品安全性的类似案例还会不断出现。

2. 生产与工作场所中纳米安全性研究有待进一步加强

从事纳米材料生产、研究或使用的职业人群目前已经成为国际学术界和政府管理层关注的重点。美国国家职业安全与健康研究院（NIOSH）的测试表明，在实验室规模的碳纳米管（CNTs）生产过程中，空气中单壁碳纳米管（SWCNTs）的峰值浓度约为53毫克/米^3，而多壁碳纳米管（MWCNTs）的峰值浓度约为480毫克/米^3，

工人每只手套上沉积的 SWCNTs 可达 0.2 ~ 6 毫克。这些 CNTs 容易被工作环境中的职业人群吸入体内。在 TiO_2 纳米颗粒生产场所中的 TiO_2 颗粒含量更高，在目前缺乏足够数据的基础上，NIOSH 推荐纳米级 TiO_2 的职业接触限值为 0.1 毫克/米^3，微米级为 1.5 毫克/米^3[9,10]。2009 年，为了培养纳米健康效应的专家和专业技术人员，NIOSH 启动了长期的研究项目，致力于制定与工作场所纳米材料暴露的限量标准有关的毒理学、方法学和检测技术等的系统研究。

3. 相关研究缺乏消费产品的具体数据

目前，含有纳米材料和纳米颗粒的消费产品的人体安全性、健康和环境效应被列为最优先的研究内容，但消费产品的相关数据需要进一步加强积累。2007 年美国食品和药品管理局（FDA）发布首份纳米技术相关产品监管调查报告：要求相关产品安全性的基础研究必须及早动手，为监管机构制定针对纳米产品的科学监管方法提供依据。FDA 成立了“纳米技术工作组”，以获取最新的纳米技术信息，尤其是安全研究最新信息，以便科学、合理地审查纳米技术新产品。在我国，化妆品中纳米颗粒的生物效应的初步研究有零星报道，在是否会透皮吸收，以及是否会造成皮肤细胞损伤等方面有一定的研究基础，但工作比较分散，缺乏系统性。

三、相关对策与建议

任何技术都是双刃剑，正确利用技术的关键在于我们如何在最大限度的开发新技术和获取利益的同时，将危害降到最小。近年来，为了保证纳米技术健康持续地发展，并更好地实现产业化应用，美国、日本、法国、英国、德国、丹麦、芬兰、意大利等国家和地区，通过种种措施，加强安全管理，加大纳米技术的安全性研究和社会伦理研究。

对于 21 世纪方兴未艾的新兴纳米技术，我国应该负责任地发展纳米技术，在加强相关的研究工作的同时，建立科学严格的安全性评价和管理体系。正如白春礼院士在2004 年主题为“纳米尺度物质的生物效应”的第243 次香山科学会议上所指出的，在新世纪，我们需要“科学发展”的新思想，在发展纳米技术的同时，同步开展其安全性的研究，使纳米技术有可能成为第一个在可能产生负面效应之前就已经过认真研究，得到广泛重视，并最终能安全造福人类的新技术。

就我国纳米技术的发展，我们做出如下建议。

1. 建立纳米技术产业化的安全性评价和管理体系

建立纳米技术产业化的安全性评价和管理体系是保证我国相关产业国际竞争力的关键，是在国家层面上推动纳米科技应用、满足纳米科技可持续发展的国家需求的重要环节。具体来说，就是要建立纳米材料安全性评价方法与评估程序，建立纳米安全性评估方法，尤其是高通量筛选技术，建立纳米科技发展的关键环节－工作场所与消费产品中－的纳米安全性评价方法，构建评价体系，提出相应的评估程序。

此外，还需要规范纳米技术工业化和产品的生产和消费，建立相应的检测方法、分析技术和检测标准，以推动纳米技术的大规模应用。例如，工作场所和消费产品中相关纳米材料的释放水平，职业暴露水平，以及纳米材料与呼吸、心血管和胃肠道系统的相互作用的检测。

2. 加强基础研究，鼓励学科交叉

由于纳米材料生物效应与安全性的很多关键机制问题尚不清楚，目前迫切需要整合各学科的研究力量，集中解决重大的科学挑战性问题或突破重大的应用技术，加强在基础探索中的原创性研究，强调重要的科学突破对未来技术的影响，强调高水平基础研究的长期性和稳定支持，并建立国家纳米安全数据库与服务系统，协调国内纳米标准化研究，形成技术条件支撑公共平台，为中国纳米企业的产品研发提供指导和服务。

纳米安全性研究的中心是纳米毒理学，但仅仅运用传统的毒理学中生物学或医学的方法和知识很难研究和阐述纳米毒理学的相关科学问题，因此，需要化学、物理、纳米技术、生物技术、医学等领域的知识和研究手段的综合和交叉。只有鼓励和促进学科交叉，才能使纳米安全性研究更加深入。

3. 推动纳米技术的伦理、法律和社会问题研究

纳米技术的社会影响力，远远超过了以前的各类技术。当前，纳米技术的伦理、法律和社会问题，在欧美国家已经引起高度的重视。例如，纳米生物芯片对将来的生命、对生物系统的进化有什么影响？纳米技术会不会加剧社会的不均？纳米技术与机器人、基因工程、遗传结合起来会产生多大的效力，对社会有什么影响？科技发达国家是否在其他国家不知情的情况下，制造出肉眼看不见的纳米探测装备，并用于控制和支配不发达国家的各种信息和秘密，包括侵犯个人隐私，任意控制和损害个人的利益？这些问题彼此交织、相互作用，需要在哲学、社会学、政治学的视角下开展前瞻性的思考，并加强有关纳米技术对社会冲击的科普教育。只有这样，

才能真正保护人类自身不会被自己发展起来的科学技术所伤害。

参 考 文 献

[1] Chun A L. Will the public swallow nanofood? Nature Nanotechnology, 2009, 4: 790 ~ 791

[2] Zhao Y L, Nalwa S H. Nanotoxicology. California: American Scientific Publishers, 2007

[3] Zhao Yuliang, Xing Gengmei, Chai Zhifang. Nanotoxicology: are carbon nanotubes safe? Nature Nanotechnology, 2008, 3: 191, 192

[4] Liu Bo, Li Xiaoyi, Li Baolei, et al. Carbon nanotube based artificial water channel protein: membrane perturbation and water transportation. Nano Letters, 2009, 9 (4): 1386 ~ 1394

[5] Wang Jiangxue, Zhou Guoqiang, Chen Chunying, et al. Acute toxicity and biodistribution of different sized titanium dioxide particles in mice after oral administration. Toxicology Letters, 2007, 168 (2): 176 ~ 185

[6] Chen Zhen, Meng Huan, Xing Gengmei, et al. Age-related differences in pulmonary and cardiovascular responses to SiO_2 nanoparticle inhalation: nanotoxicity shows susceptible population. Environmental Science & Technology, 2008, 42 (23): 8985 ~ 8992

[7] Song Y, Li X, Du X, et al. Exposure to nanoparticles is related to pleural effusion, pulmonary fibrosis and granuloma. European Respiratory Journal, 2009, 34 (3): 559 ~ 567

[8] Gilbert N. Nanoparticle safety in doubt. Nature, 2009, 460 (7258): 937

[9] Kostarelos K. The long and short of carbon nanotube toxicity. Nature Biotechnology, 2008, 26 (7): 774 ~ 776

[10] Poland C A, et al. Carbon nanotubes introduced into the abdominal cavity of mice show asbestos-like pathogenicity in a pilot study. Nature Nanotechnology, 2008, 3 (7): 423 ~ 428

Nanosafety Issue and Its Solution in Industrialization of Nanotechnology

Zhao Yuliang

(Key Lab for Biomedical Effects of Nanomaterials and Nanosafety, Institute of High Energy Physics, Chinese Academy of Sciences; National Center for Nanosciences and Technology of China)

In the 21st century, development of nanotechnology has become national strategies in many countries. Nanotechnology, characterized by a high degree of multi-disciplinary and application background, has become an important driving source of new technologies. The nanotechnology research tends to integrate the basic research, applied research and industrial development, and thus possesses the potential to lead the next industrial revolution. The basic research of nanotechnology in China has been standing at the forefront of the world. In terms of industrial development and practical application, China is on the way and rapidly running ahead. According to the survey and its statistics, more than thousand categories of consumer products containing nanomaterials already exist in the market. They are used to enhance the performance of existing functionality or to create new functions. With large-scale applications of nanotechnology, the safety issues of the manufactured nanomaterials incorporated with the nano-products has become one of the most concerned and major bottlenecks for further development. This paper tries to address the nanosafety issues and their solutions from the viewpoint of the industrialization of nanotechnology, and their sustainable development.

7.5 我国公众参与科技决策的发展进路①

黄小茹

(中国科学院科技政策与管理科学研究所；中国科学院科技伦理研究中心)

随着大科学时代的到来，科学技术与社会的关系日益密切，科学技术的发展直接影响着社会生活的各个领域。现代科技在给人类带来巨大的福祉同时，其双刃剑的特质也无法掩盖，其中潜在的各种风险和社会伦理问题也越来越凸现出来。与此同时，伴随社会转型而来的利益多元化的格局已经形成，不同群体多元化的利益诉求正在逐渐增强。通过不同途径和方式表达、沟通利益诉求，影响甚至改变科技决策的制度化安排，已经成为不同社会群体越来越迫切的需求。公众参与科技决策成为实现这种利益诉求的重要方式之一。正如公众参与领域研究的开创者雪莉·阿恩斯坦（Arnstein S. R.）指出的，公民参与是一种公民权力的运用，是一种权力的再分配。它能够使在之前的政治、经济决策过程中被排除在外的公民有机会参与到决策中来[1]。

一、我国公众参与科技决策面临的困境

近年来，一些科技领域内的公众参与事件通过传统媒体、网络媒体不断进入人

① 课题资助：中国科学院科技政策与管理科学研究所所长基金项目（“十二五”期间中国公众参与科技决策研究）。

们的视线，成为社会关注的焦点和热点。例如，圆明园防渗膜改造事件、厦门 PX 项目事件、转基因作物争论、基因治疗争议、广州番禺会江垃圾焚烧项目暂停，等等。对这些事件的深入剖析，可以发现我国公众参与科技决策的实践已经逐渐开展起来并逐步向前推进，但是总体上还处于起步阶段。

公众参与科技决策受到了多个方面的限制。一方面，在已有的公众参与科技决策事件中，公众的参与更多地体现为一种事后的参与，而不是对潜在性风险的决策前参与。公众自身很少作为主体之一介入对科技潜在性风险的知情、利益的权衡、最终决策的参与等中。另一方面，目前公众参与科技决策存在着现实的外部障碍，包括法律依据、决策传统、决策结构、决策程序等。

从公众本身来看，当前公众无论是科技知识储备还是参与科技决策的敏感度都还比较低。例如，在转基因作物争议中处于话题引导者地位的，并非专业从事转基因作物研究的生物学者，更多的是非政府组织（NGO）、人文社会科学家、媒体等。当普通公众的相关知识和信息相对较少时，他们对争议性焦点问题和事件发展的方向往往缺乏自己的认知，行为比较容易受到外部的影响。

从公众参与的方式来看，形式比较单一。现已实施的公众参与方式，一般只有听证会、论证会、座谈会和公开征求意见等，这些方式对科技决策的积极效果还很难评估。从公众与决策者之间的对话方式来看，双方之间的沟通也多为单向而非双向。例如，厦门 PX 事件、广州番禺会江垃圾焚烧项目事件等，多为由公众提出议题，并伴随一些公众的行动或建议，而决策者在其中往往处于被动状态。虽然少部分这类由公众参与的实践活动已经成为公众参与科技决策的很好案例，但它们不具有可复制性，同时也反映出目前我国由政府组织的公众参与的开放程度不够，还不能满足广大公众日益增强的表达利益诉求的要求。这是目前我国公众参与科技决策面临的一大困境之一。在这种情况下，无论是公众单向地向决策者表达利益诉求，或者是决策者单向地向公众告知或宣传某一科技决策，双方都很难在事前就各自的利益寻求平衡点，可能最终导致决策的失效。

因此，目前公众参与科技决策呈现出三种比较典型的消极状态：一种是被认为是“形式主义、做表面文章”的听证会等[2]；一种是缺乏预先沟通的单向的、激进的公众参与，如厦门 PX 项目事件；还有一种是公众无参与，即重要的、关系公众切身利益的科技决策完全地被封闭。无论是哪一种状态，特别是第二种状态，都会使决策者处于非常被动的境地，其结果可能直接损害公众与决策者之间的信任关系，降低决策的效率。

目前，我国的公众参与科技决策在一些实践层面已经开展起来，但公众参与的层次较低，作用很小，并没有进入到科技决策的宏观领域，还是一些孤立的点，没有形成连贯的面，没有形成普遍存在的常规制度。我国公众参与科技决策尚处于初始阶段。

二、国外公众参与科技决策概况

虽然国外公众参与决策的历史很长，但公众参与科技决策历史并不长。以英国为例，20 世纪末影响深远的“疯牛病”事件使社会认识到，科学具有不确定性和风险，而作为决策基础的科学证据的确实性也并不是毋庸置疑的。同时，由于整个事件中政府以及官方医疗科研机构对事件的处理让社会大众非常失望，从而使人们开始质疑传统科技决策结构的封闭性。这对后来的新兴科学技术进入社会产生了重要影响。政府开始更加谨慎地对待公众对新兴科技所做出的反应，而公众也以更加主动的姿态加入到了新兴科技的讨论甚至决策中。可以看到，“疯牛病”事件之后，英国一系列公众参与科技政策的制度化方式开始兴起。

在包含技术风险和伦理矛盾的科技政策议题中，引入公众参与机制，使决策产生透明化，将成为风险社会所需要的一项重要的制度建设。公众参与科技决策在决策的执行力、决策的创造性和社会责任感上，都有非常积极的作用：给受影响的人们一个发表意见的机会；公众可以对决策提供有用的信息，尤其是在某些价值或因素不容易定量表达的时候；有助于加强公众对决策单位及其决策的信心；起到安全阀的作用；给决策者增加社会责任[3]。英国上议院科学技术特别委员会指出：“与公众之间直接的对话应当不再是关于科学的决策的一个随意的附属品，不再是研究团体与学术机构活动的一个随意的附属品，而应当变成这个过程正常的、整体的一部分。”[4]

2003 年 2 月 26 日，英国独立的公众辩论指导委员会宣布在英国全国范围内开展公众辩论的最终计划，这场公众辩论对之后的英国转基因作物的发展产生了深远的影响。在科技决策方面，英国政府开始陆续尝试、引进各种创新性的公众参与模式，如国家级协商（consultations at national level）、地方级协商（consultations at local level）、共识会议（consensus conferences）、常设协议评议组（standing consultative panels）、焦点小组（focus groups）、公民陪审团（citizens juries）、前瞻计划（Foresight）。这些方式保障了公众有计划地参与有关科技议题的协商。英国已经逐渐形成制度化的公众参与科技决策。公众参与科技与决策的做法也被越来越多的国家所采纳。绝大多数经济合作与发展组织（OECD）成员国将咨询作为公共政策制定的基本要素[5]。

不同的公众参与方式均有差异较大的目标设定、人群定位、程序设计等，即针对特定的社会环境、特定的科技问题、特定的公众群体，体现出不同等的参与程度，并最终产生不同的参与效果。国际公众参与联合会（International Association for Public Participation）根据公众参与的效果，对不同的公众参与形式进行了分类，包括告知、协商、参与、合作、授权五大类，其中公众对决策的参与度递增①。需要注意的是，公众参与科技决策的发展绝不仅仅是设计公众参与的具体方式，比如座谈会、听证会、共识会议等，它是一个渐进的过程，包含了很多重要元素。

三、我国公众参与科技决策的发展进路

面对科技发展的不确定性、风险性，为保障科技决策的科学性、公正性和有效性，需要积极推进我国公众参与科技决策的发展。正是由于公众参与科技决策不足，导致一些项目建成后的纠纷不断，诸如环境影响，甚至引发环境群体性事件。造成这种局面的根本原因，是公众缺乏获得环境信息和参与环保事务的有效机制。圆明园防渗膜改造事件引起了非常大的社会影响，对推进公众参与科技决策发挥了很大的作用。2006 年 2 月 22 日，国家环境保护总局②正式发布《环境影响评价公众参与暂行办法》。国家环境保护总局副局长潘岳表示，这是中国环保领域的第一部公众参与的规范性文件。出台《环境影响评价公众参与暂行办法》的目的就是要把“圆明园经验”制度化，以部门规章的形式，将公众参与引入环境评价工作中去。

2007 年，科技部、中共中央宣传部、国家发展和改革委员会、教育部、国防科学技术工业委员会、财政部、中国科学技术协会、中国科学院联合发布《关于加强国家科普能力建设的若干意见》，提出：“建立公众参与政府科技决策的有效机制，提高决策透明度。要建立通畅的沟通渠道，听取公众对科技规划和政策研究制定的意见和建议……对于涉及公共安全、社会伦理等与公众利益密切相关的科研项目，要逐步建立听证制度，扩大公众对重大科技决策的知情权和参与能力”。

目前我国还没有制定关于公众参与科技决策的专门的法律法规，上述一些相关科技法律法规和部门规章中的条款，构成了公众参与科技决策的最基本的法律法规，但是并不系统，在公众参与的具体条件、具体方式、具体程序上也缺少明确细致的规定。从当前我国公众参与科技决策存在的各种问题可以看出，加强制度化建设是未来推动我国公众参与科技决策的首要任务。

图 1 显示了我国公众参与科技决策的发展的基本进路。图中纵坐标表示我国公

---

① 资料来源：http：//www. iap2. org/displaycommon. cfm？ an =5，2010-12-21

② 现为中华人民共和国环境保护部。

众参与科技决策的发展道路以及在发展之中所对应可用的手段，从提高公众科技知识储备、社会科技风险认知开始，逐步使公众参与科技决策成为法律刚性规定，并在政策上有明确而具体的公众参与的制度规定和制度设计，避免使公众参与科技决策仅仅停留在概念阶段，成为政策文本的字眼。横坐标中的每一种公众参与方法都有非常具体的操作程序，它们在决策参与度上逐渐递增。

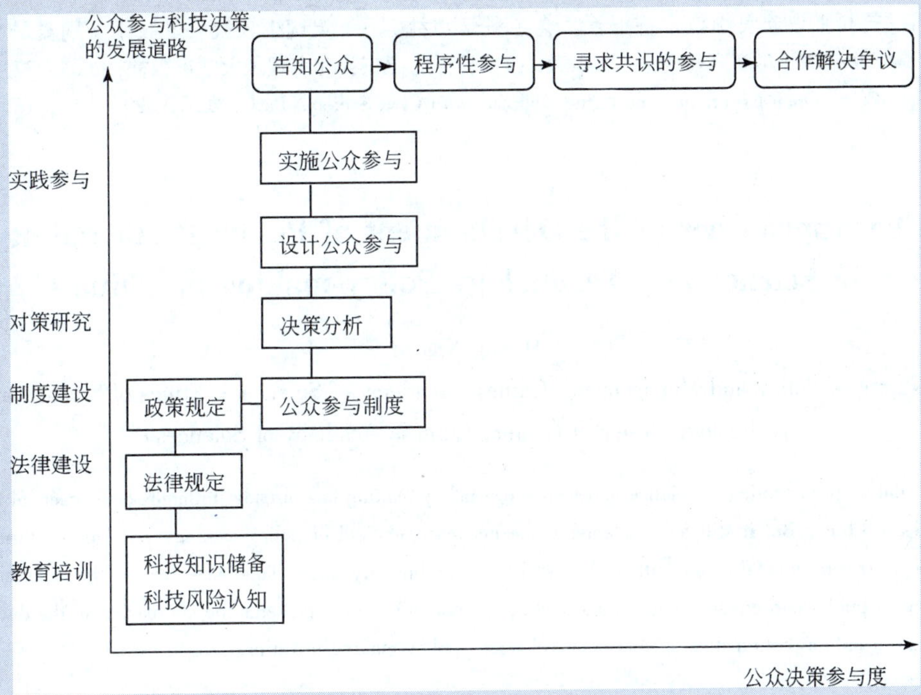

图1　我国公众参与科技决策的发展的基本进路

目前，我国公众参与科技决策在各个发展环节上都还未成熟，公众对科技决策的实际参与度仍然比较低。探索适合国情的、有效的公众参与科技决策的发展进路，进而建立制度化、程序化的决策参与规程，仍需我们开展深入研究并在实践中积极探索。我们既要认识到社会转型期公众参与科技决策的必要性和紧迫性，同时又要看到它发展的长期性、阶段性和渐进性。要循序渐进地推动我国公众参与科技决策的实践，积极、努力地夯实公众参与科技决策的基础，包括认知、法律、政策等，根据已具备的条件以及特定科技议题，选择具有实际可操作性的公众参与方式，逐步扩大科技决策的公众参与度，让公众参与科技决策发挥出应有的作用，促进决策科学化、民主化。

参 考 文 献

[1] Arnstein S R. A Ladder of citizen participation. Journal of American Institute of Planners, 1969, 35: 216 ~ 224

[2] 蔡定剑. 公众参与及其在中国的发展. 团结, 2009, 4: 32 ~ 35

[3] 坎特 L W. 环境影响评价. 李兴基译. 北京: 中国环境管理经济与法学学会, 1982

[4] [英] 上议院科学技术特别委员会. 科学与社会——英国上议院科学技术特别委员会 1999 ~ 2000 年度第三报告. 张卜天, 张东林译. 北京: 北京理工大学出版社, 2004: 77

[5] OECD. Open Government Fostering Dialogue with Civil Society. Paris: OECD, 2003: 15, 16

The Approaches of the Development of Public Participating in Science and Technology Policy-making in China

Huang Xiaoru

(Institute of Policy and Management, Chinese Academy of Sciences; Ethics of Science and Technology Research Center, Chinese Academy of Sciences)

Public participating in science and technology policy-making has already initiated some practical activities in China. But it still has not entered the macroscopic field of policy-making, and has not formed widespread conventional system either. It is still at the preliminary stage. This paper reviews the experience of foreign public participating science and technology policy-making, presents the approaches of the development of public participating science and technology policy-making in China.

第八章 专家论坛

8.1 加快培育发展战略性新兴产业几个关键问题的思考

王昌林　姜　江
（国家发展和改革委员会产业经济与技术经济研究所）

当前和今后一段时期是我国战略性新兴产业发展的关键时期。我国必须把握机遇，明确重点，有所作为。为此，深入思考如何加快培育和发展战略性新兴产业，全面把握战略性新兴产业的科学内涵和发展规律、国际动态和发展趋势以及我国现状与面临的主要问题，进而提出对策建议，对我国参与未来国际竞争、促进产业结构转型升级和发展方式转变、实现经济社会可持续发展和全面建设小康社会具有重大意义。

一、战略性新兴产业的科学内涵和发展规律

战略性新兴产业是指建立在重大前沿科技突破基础上，代表未来科技和产业发展新方向，体现当代先进生产力和知识经济、循环经济、低碳经济发展潮流，目前尚处于成长初期，未来发展潜力巨大，对经济社会具有全局带动和重大引领作用的

产业。其主要特征包括创新性、战略性、带动性、渗透性和成长性。

战略性新兴产业的发展一般遵循以下规律。一是“科学发现－技术发明－产业化”是战略性新兴产业发展的基本路径，并呈现速度加快的趋势。例如，以蒸汽机广泛应用为标志，近代机器大工业取代工场手工业的第一次产业革命，用了不到200年的时间；以电气技术的广泛应用为标志，用高效能的现代机械体系取代早期粗重机器的第二次产业革命，仅用了不到100年的时间。20世纪下半叶以来，以微电子和信息技术为基础，以计算机广泛应用和互联网迅速发展为标志的信息革命，正像摩尔定律所描述的那样加速推进信息产业技术的更新换代[1]。二是由于国情、发展阶段的差异，各个国家的发展模式不同。以美国为代表的“领先型”发展模式，高度重视基础研究和创新精神的培养，天使投资、创业投资、资本市场健全，政府的主要作用是组织和资助基础研究，并对重大技术的研究和产业化给予大力支持。以日本、韩国为代表的“追赶型”发展模式，重点加强应用技术研究特别是引进技术的消化吸收和创新，政府在技术开发、市场保护等方面发挥强有力的作用。以中国高技术产业为代表的“加工组装型”发展模式的主要特点有技术开发投入少，以引进技术、资金为主，主要依靠低成本劳动力优势等[2]。三是国际化是培育战略性新兴产业的必然选择。在经济全球化条件下，世界产业发展呈现分工与合作的趋势，并越来越呈现由过去的产业领域分工、产业链分工向价值链分工的趋势。任何国家和地区战略性新兴产业发展，都离不开国际分工与合作。四是集聚化是战略性新兴产业发展的一般趋势和规律。从世界范围看，战略性新兴产业主要集聚在少数区域。围绕智力密集区形成的新兴产业集聚地扮演着“发动机”的角色，对推动战略性新兴产业发展具有关键作用。五是后进国家和后进地区可以抓住机遇，后来居上，实现跨越发展。德国在19世纪末20世纪初一举超过英国、法国成为欧洲第一强国，其重要原因就是抓住了第二次技术革命引发的化工、电气等新兴产业形成的机会，在较高起点上开始了德国工业化的飞跃。20世纪60年代，日本政府重点扶持和发展电子计算机、半导体器件、汽车、造船、数控机床、化纤、钢铁等产业，完成了对西方发达国家的赶超。

二、世界战略性新兴产业发展的基本动态与趋势

1. 世界新科技革命和产业革命正在孕育新的重大突破

信息技术正在并将继续深刻改变人类的生产方式和生活方式。生物技术正在为解决人类面临的健康、食品、资源、环境等问题提供强有力的手段，将引发农业、

工业、医药等领域的深刻变革。新能源技术快速发展，人类可能迎来一次新的产业革命。制造业呈现绿色制造、极端制造、再制造、信息化发展趋势，正在引发现代制造发生重大转变。

2. 世界战略性新兴产业快速发展

世界战略性新兴产业发展迅速主要表现在五方面。一是新能源产业迅猛发展。2008 年，全球风力发电装机容量较 2007 年增长 29%；太阳能光伏发电总装机容量较 2007 年增长 45%；太阳能电池总产量较 2007 年增长 60%；太阳能热发电装机容量达到 667.4 兆瓦，预计到 2020 年有望达到 25 吉瓦。二是生物技术开始进入大规模产业化发展阶段。2008 年，全球生物药物销售额占世界医药工业的比重超过 10%。2009 年全球转基因农作物种植面积达到 3.3 亿英亩，较 1996 年增加了 79 倍。三是新材料产业规模高速扩张，呈现出专业化、复合化、精细化等趋势。2008 年全球新材料产业的市场规模已超过 8000 亿美元。四是以下一代信息网络、新一代移动通信为代表的新兴领域已成为全球信息产业新的经济增长点，呈现快速增长的势头。五是新能源汽车进入产业化示范阶段。2009 年全球混合动力电动汽车销量近 200 万辆，纯电动汽车推广规模已达 20 000 辆左右，投入商业化示范运行的燃料电池汽车数量累计超过 800 辆。

3. 主要发达国家纷纷制定战略和规划以明确发展重点

在新的形势下，各主要发达国家纷纷制定重大战略和规划，明确未来一段时期本国发展战略性新兴产业的重点方向。例如，美国 2009 年 9 月颁布的《美国创新战略：促进可持续增长和提供优良的工作机会》报告中提出，要发动清洁能源革命、支持先进汽车技术、推动健康技术创新[3]。英国 2009 年 6 月颁布的《构筑英国的未来》中提出，要为未来投资，从现在起就要着手建设“明天的经济”；要以建设世界级的现代化基础设施为支撑，大力发展低碳经济、生物产业、生命科学、数字经济、先进制造和金融服务业，确保英国的世界领先地位[4]。日本于 2009 年 4 月推出了新增长战略，重点发展环保型汽车、电动汽车、医疗与护理、文化旅游和太阳能发电等产业；同年 12 月内阁府又制定了《面向光辉日本的新成长战略》，提出要充分发挥日本的优势，发展环境与能源、健康两大产业[5]。韩国在《新增长动力规划及发展战略》中提出，重点发展能源与环境、新一代运输装备、新兴信息技术产业、生物产业、产业融合、知识服务产业六大产业及太阳能电池、海洋生物燃料、绿色汽车等 22 个重点方向[6]。

4. 培育和开拓新兴产业的市场成为主要发达国家发展战略性新兴产业的重要手段

一是综合并用财政补贴、政府采购等手段。例如，为推广节能环保产品，美国对达到“能源之星”标准的节能洗衣机每台补贴75美元，节能电冰箱补贴75~125美元。二是通过试点示范，在新兴产业发展初期就开始培育相应的消费群体，启动市场。比较典型的做法就是日本在几年前就开始实施的“电动汽车共用系统试点示范项目”，目前已在横滨市、大阪市、京都市等地区进行电动车租赁、共同利用系统区域试验[7]。三是利用政府财政资金，促进新兴产业产品在更广泛消费群体中的普及。例如，美国为拓宽宽带网络在偏远地区的应用，颁布“2009年宽带行动计划”，投资3350万美元进行光纤网络建设，为佐治亚州北部33.4万人提供服务。四是利用技术标准、提高关税以及政治影响等手段方法保护国内市场，或鼓励本国企业“走出去”。例如，美国政府为帮助本国航空公司开拓国际市场，利用政治经济双重手段，一方面通过向外国政府施加压力，促进本国航空公司产品进入外国市场；另一方面则通过进出口银行为出口项目提供充足融资支持。

5. 更加重视加大对重点领域科技创新的投入力度

美国在《重整美国制造业框架》中提出，要“加大对新技术研发和产业化的投入”，包括以加强基础性和前沿性技术研究为目标，将重要科研机构的研发预算提高一倍；专门安排20亿美元资金支持30家电动汽车制造相关企业；在《复兴法案》中，拨款45亿美元和72亿美元专项支持智能电网发展和宽带扩展[8]。欧盟委员会决定在2013年之前投资1050亿欧元用于“绿色经济”发展，为经济增长带来新动力。法国政府宣布建立200亿欧元的“战略投资基金”，主要用于对能源、汽车、航空和防务等战略企业的投资与入股。德国政府批准了总额为5亿欧元的电动汽车研发计划预算，支持包括奔驰公司在内的3家研究伙伴。英国政府设立了5000万英镑（约合9000万美元）的开发海洋可再生能源专项资金。韩国在“未来5年国家信息化发展愿景与策略”中对主力产业的信息通信技术（ICT）应用投入预算从706亿韩元提高到1万亿韩元。

三、我国战略性新兴产业发展的现状与问题

1. 发展现状

（1）部分产业具有较大规模。据初步统计，2008年我国节能环保产业产值达到

1.49 万亿元，从业人员达2700 多万人。2009 年我国风力发电累计装机容量年累计达到2580.53 万千瓦，成为全球第二风电装机大国；当年新增风力发电装机容量1380.32 万千瓦，位居全球第一。2008 年，我国太阳能光伏发电总装机容量达到140 兆瓦，太阳能电池产量达2.5 吉瓦，占世界太阳电池总产量的37%，成为世界最大的太阳电池生产国。2008 年，我国新材料产业总产值达到6000 亿规模，其中有机硅单体、有机氟材料产量居世界首位，玻璃纤维、玻璃钢等材料产量居世界前列，稀土永磁材料产量占世界总产量的80%。

（2）具备一定的技术基础。例如，在风电装备领域，我国初步具备了风电机组设计能力，多兆瓦级（大于2 兆瓦）风电机组研制工作取得突破，叶片、齿轮箱、发电机等关键零部件基本实现国产化。在光伏发电领域，我国在多晶硅的合成、还原、尾气回收、氢化等技术环节均取得了较大进展，初步解决了千吨级生产线技术支撑的问题，部分生产装备实现国产化。在新能源汽车领域，我国自主研制出容量为6～100Ah的镍氢和锂离子动力电池系列产品，能量密度和功率密度接近国际水平，是世界上少数几个掌握车用百千瓦级燃料电池发动机研发、制造以及测试技术的国家之一。

（3）初步形成了一批高速成长企业和产业集聚区。例如，在信息网络、医疗器械等新兴领域，涌现出华为、中兴、阿里巴巴、腾讯、东软、迈瑞等为代表的创新型骨干企业。在新能源领域，形成了以无锡尚德、保定英利、华锐风电等为代表的“龙头”企业。同时，新兴产业呈现集聚发展态势，以北京中关村、武汉东湖高新区，上海、长株潭、西安综合高技术产业基地等为代表的特色产业群快速发展。

（4）各地高度重视战略性新兴产业发展。一是加强组织领导，制定规划。例如，广东、浙江、深圳已成立了由主要省市领导担任组长的促进战略性新兴产业发展领导小组。二是加大财政投入，支持新兴产业发展。例如，深圳将连续7 年，每年安排15 亿元，支持生物、新能源、互联网三大新兴产业的发展。三是组织实施重大市场培育和产业工程，打造优势特色产业链条。例如，北京提出实施12 个重点工程，推进3G 及新一代移动通信产业演进、纯电动汽车示范应用、新能源推广应用等。四是积极发展创业投资，引导社会资金投入。例如，湖南、上海、北京等7 省（自治区、直辖市）推动设立了创业投资基金。五是加快招商引资引智步伐。例如，辽宁实施“双百工程”，鼓励企业收购100 个国外科技型企业和引进100 个海外研发团队。

（5）我国具备培育发展战略性新兴产业的诸多优势。一是具备市场优势。今后一段时期，随着我国工业化、城镇化快速发展，城乡居民消费结构升级，战略性新兴产业国内市场需求将快速增长，潜力巨大。二是具有人才优势。我国科技人力总量居世界第一，每年有数百万大学生毕业，劳动力成本较低。三是具有综合经济实力优势。经过改革开放以来的快速发展，我国综合国力显著增强，国际影响力大幅提升，为战略性新兴产业发展提供了较为雄厚的物质技术基础。

2. 存在的主要问题

（1）现行体制机制不适应战略性新兴产业快速发展的要求。主要表现为缺乏有效的协调和决策机制，以企业为主体的技术创新体系建设进展缓慢等。此外，知识产权等无形资产管理程序过于复杂，一些体制机制问题制约了产业发展，如节能环保产业的价格形成机制、“三网融合”相关行政管理体制、生物医药产业的新药审批程序等。

（2）关键技术不掌握，自主创新能力不强。例如，在新能源领域，我国仍然缺乏大型风机的试验设计能力，作为未来光伏电池主要发展方向之一的薄膜电池核心技术没有掌握；信息网络产业在芯片、光电等领域的基础性技术还有待突破；生物医药产业缺乏创新药物；新能源汽车的电池、电控、电机等关键共性技术方面与国外差距较大。

（3）市场环境不健全，竞争秩序有待完善。一是市场培育亟待加强。节能环保、生物制造、新能源汽车尚处于市场导入期，需要加强市场应用示范，引导消费模式，完善市场应用相关基础设施。二是市场准入和价格形成机制不完善。如新药审批慢，定价机制不健全，新药难以进入医保目录，排污收费及污水、垃圾处理费收缴率低。三是市场竞争不规范。如地方保护、行业垄断现象严重等。

（4）投融资体系不健全，财税政策不完善。我国创业投资规模小，天使投资缺失，融资性担保机构不发达，多层次资本市场不完善。对战略性新兴产业发展的财税扶持力度不够，支持方式和政策体系需要进一步完善，政府采购、研发投入加计扣除等政策落实不到位。

（5）地区间产业发展特色不突出。各地在高度重视发展战略性新兴产业的同时，也暴露出一定程度的“一哄而上”苗头。据初步调查，目前全国有 27 个省（自治区、直辖市）的 100 多个城市提出要打造新能源产业基地，许多地方都在规划发展风电、新能源汽车、平板显示等产业，有可能造成结构性过剩问题[9]。

四、加快培育和发展我国战略性新兴产业的对策建议

1. 明确范围和发展重点

现阶段我国选择加快培育的战略性新兴产业可包括四大方面共七大产业。第一方面，以解决国民经济发展迫切需要的资源、环境“瓶颈”制约为重点，优先发展

节能环保和新能源产业；第二方面，以加快推进国民经济与社会信息化、促进信息化与工业化融合为重点，大力发展新兴信息产业；第三方面，以提高人民健康水平、促进现代农业发展为重点，大力发展生物产业；第四方面，以促进产业结构转型升级、突破关键薄弱环节为重点，积极发展高端装备制造、新材料和新能源汽车产业。

2. 加强产业创新体系建设，提高自主发展能力

我国应充分发挥集中力量办大事的体制机制优势，尽快完善产业创新体系，提高产业自主创新能力。一方面，依托优势企业，坚持产学研用结合、军民结合，统筹科技研发、应用示范、市场培育、标准制定、上下游产业配套、基础设施等建设环节，加强资源整合、技术集成和联合攻关，实施一批重大产业创新工程，着力突破一批关键核心技术，加速产业化发展，尽快形成支柱产业。另一方面，持续促进人才、技术、资金等向企业流动，强化以企业为主体的技术创新体系；积极培养吸引人才，完善人才使用机制，造就高素质人才队伍。此外，还应注意加强新能源、节能环保、生物、信息网络、新材料、高端制造等领域创新基础设施建设，促进产业先导示范基地和集聚区发展。

3. 加强规划引导和统筹协调，促进产业集聚发展

未来一段时间，我国应在明确战略性新兴产业范围的基础上，及时颁布国家和地方的战略性新兴产业发展指导目录，加大信息发布力度，引导各地战略性新兴产业发展规划的编制，加快培育一批国家级战略性新兴产业集聚区，防止不具备条件的地区利用政府资金盲目建设，促进形成重点突出、差异发展的战略性新兴产业区域布局，推动战略性新兴产业健康发展。

4. 积极培育市场，营造良好发展环境

我国应充分发挥政府的引导作用，加强示范应用，完善市场应用配套服务体系，建立健全市场规制，营造良好的市场环境，将需求潜力转化为拉动产业发展的动力。一是要组织实施若干惠及民生的市场应用示范工程，引导市场应用；二是要加强市场应用基础设施建设，引导消费模式转变，支持与战略性新兴产业相关的新的服务业态发展，促进市场大规模推广应用；三是要建立健全市场准入、行业标准和价格形成机制等，加快建立相应的政策法规，为企业发展创造良好的市场环境。

5. 加强财税政策扶持，加大金融支持

我国应大幅增加中央财政投入，设立战略性新兴产业发展专项资金，重点用于

支持重大产业创新工程、重大市场培育工程等；创新财政支持方式，设立创业投资引导基金；制定实施税收激励政策；加强和改进政府采购政策；推进金融创新，加快建立和完善多层次的资本市场，支持融资性担保机构发展，鼓励各类金融机构采取多种方式支持战略性新兴产业发展。

6. 加强组织领导，完善体制机制

一是建立战略性新兴产业发展高层决策协调机制，加强统筹协调，形成政策合力。二是加快推进“三网融合”、新药审批、空域管理等体制机制改革，完善相关管理法规。三是选择若干具备基础和条件的地区，在某些政策方面赋予其更多的自主权，引导地方充分发挥能动性，先行先试，加快有特色的新兴产业集聚区率先发展。

参考文献

[1] 王春正，白和金等．关于发展我国先进生产力的研究．国家发展和改革委员会宏观经济研究院2002年基础课题．2002

[2] 胡春力．高技术产业发展模式类型总结及对中国的启示．国家发展和改革委员会宏观经济研究院产业经济研究所2005年基础课题．2005

[3] Executive Office of the President of the United States. A Strategy for American Innovation：Driving Towards Sustainable Growth and Quality Jobs，2009. http：//www. whitehouse. gov/administration/eop/nec/StrategyforAmericanInnovation/ [2010-11-19]

[4] Parliament by the Prime Minister by Command of Her Majesty. Building Britain's Future. 2010. http：//wenku. baidu. com/view/d9268593daef5ef7ba0d3cd0. html [2010-11-19]

[5] New Growth Strategy (Basic Policies). Toward a Radiant Japan. 2009. http：//www. kantei. go. jp/foreign/hatoyama/actions/200912/30seichou_ e. html

[6] 韩国知识经济部．世界战略性新兴产业发展的动态与趋势．2010. www. mke. gov. kr/language/chn/policy/Ipolicies _05. jsp [2010-12-20]

[7] 甄子健等．日本电动汽车发展综述．2009. http：//wenku. baidu. com/view/531afc8583d049649b66580e. html [2009-10-09]

[8] Executive Office of the President of the United States. A Framework for Revitalizing American Manufacturing. 2009. www. whitehouse. gov/sites/default/file/microsites/20091216-manufacturing-framework. pdf [2009-12-16]

[9] 姜江．我国部分新兴工业领域存在“潜在产能过剩”问题．宏观经济管理．2010 (10)：34，35

Thinking on Several Key Issues of Accelerating the Development of the Strategic Emerging Industries

Wang Changlin, Jiang Jiang
(Institute of Industrial Economy and Technological Economy, National Development and Reform Commission)

Accelerating the development of the strategic emerging industries is China's crucial decision for participating in future international competition, promoting transformation and upgrading of the industrial structure and the development pattern, achieving sustainable economic and social development, and building a moderately prosperous society. Based on fully understanding the scientific content and development rule of the strategic emerging industries, and analysing the trends, current situation and problems of the strategic emerging industries from domestic and abroad, then proposes that it is needed to clear the development focus and direction of the strategic emerging industries, and also put forward conter measures and suggestions about strengthening the industrial innovation system, strengthening planning guidance and coordination, actively cultivating market, enhancing the support of finance and tax and banking policies, and strengthening organizing and leadership.

8.2 我国知识产权制度选择若干重大问题思考

吴汉东[1] 肖尤丹[2]
([1] 中南财经政法大学;[2] 中国科学院科技政策与管理科学研究所)

中国关于知识产权的制度安排，是由建设创新型国家的总目标决定的。为了进一步加大知识产权保护力度，推动知识产权制度建设，中国分别于 2004 年、2005 年成立了“国家保护知识产权工作组”和“国家知识产权战略制定工作领导小组”。以此为契机，中国知识产权制度建设迈入了战略主动的新阶段。2006 年 1 月，胡锦涛总书记在全国科学技术大会上提出了建设创新型国家的战略目标。此后，在党的“十七大”报告进一步指出，“提高自主创新能力，建设创新型国家，这是国家发展战略的核心，是提高综合国力的关键，要坚持走中国特色自主创新道路，把增强自主创新能力贯彻到现代化建设各个方面”。报告同时还强调，“深化科技管理体制改革，优化科技资源配置，完善鼓励技术创新和科技成果产业化的法制保障、政策体系、激励机制、市场环境，实施知识产权战略”。这一要求表明，中国已经站在战略全局的高度，重新审视知识产权制度的功能和地位。基于当今国际科技、经济的发展趋势和创新型国家的发展经验，中国将通过制定和实施国家知识产权战略，有效利用知识产权制度，以此作为缩小与发达国家的差距，实现跨越式发展的政策抉择。

一、知识产权制度是建设创新型国家的战略支撑

在知识经济时代，经济增长更加依赖于知识的积累与更新，知识也已经成为经济活动中最重要的生产要素。知识产权制度作为制度创新的结果，保障着知识生产、传播和利用的智力劳动过程，服务于知识社会化、产业化、产权化的发展目标。自主创新需要知识产权制度，知识产权保护激励自主创新。

同时，自主创新以知识创新为先导，以知识产权保护为后盾。发端于20世纪80年代，以微电子技术、生物工程技术和新材料技术为标志的新技术革命，正是同知识产权的保护和激励机制相结合，才使得知识产业迅速崛起和不断扩张的。知识产权法律制度的完善程度、知识产权的实际保护水平，是一个国家科技水平、经济实力的法律体现，可以客观地反映出一个国家的科技水平和经济实力。换言之，通过知识产权的保护，科技、人才、信息优势才能得以实现和发展；借助于知识产权保护，科技、人才、信息优势才能转化为经济优势。

此外，大量创造和有效运用自主知识产权是提高国家核心竞争力的战略重点。世界未来的竞争是自主知识产权的竞争。从宏观上讲，国家核心竞争力主要表现在科技实力和经济实力，而评价一国科技实力与经济实力的标准主要是自主知识产权的数量、质量和实际运用。在微观上看，国家之间的竞争最终细化为各国企业之间的竞争，而考量企业综合竞争力的尺度主要是科技竞争力和品牌竞争力，实际是知识产权的数量与质量所表现出的竞争力。

二、知识产权的保护水平问题

知识产权制度选择的基础是国情。根据国家不同发展阶段的不同发展需求，对知识产权做出选择性政策安排，是以往西方国家的普遍做法。一般来说，在无外来压力干扰时，一国根据自身发展状况和需要来保护知识产权是最为适宜的。在一国

经济社会发展水平不高的情况下，从“低水平”保护到“高水平”保护的过渡也是非常必要的。但是，中国知识产权制度建设，是在一个新的国际环境中进行的。中国仅仅用了10多年的时间，就实现了知识产权制度从低水平到高水平的转变，完成了从中国标准到国际标准的过渡。

在中国社会的语境中探讨中国知识产权保护问题，“超高”保护还是“过低”保护的主要判断标准，显然是社会经济发展水平。不同的社会经济发展水平对知识产权保护的要求有所不同。一般而言，社会经济发展水平较高的国家着力科学技术创新，对知识产权保护要求高，也有能力承受和调适知识产权制度缺陷带来的负效应，而社会经济发展水平较低的国家则相反，不仅其科学技术创新的重要性较低，且很难承受和调适知识产权高水平保护带来的负效应。

就现阶段而言，中国对知识产权保护水平的制度选择，其基本依据是本国的社会经济发展状况和自主创新能力。首先，知识产权保护水平与本国的经济社会发展水平、尤其是自主创新能力相适应。根据2005年联合国报告所援引的“千年项目”专家组意见，在遵守国际公约最低保护标准的基础上，发展中国家可以根据自己的不同阶段，选择不同保护水平的知识产权制度[1]。

笔者认为，高水平的知识产权保护并不利于那些发展水平较低的国家，因为在这种制度框架下，他们难以获得所需要的知识、技术。但是，发展中国家“有不同社会、经济环境和科技能力”，不能一概而论[2]，因此，对于进入到工业化阶段的发展中国家来说，加强知识产权保护，对于激励科技创新，促进文化繁荣，实现经济发展是有益的，同时，知识产权保护水平有助于实现本国经济社会发展的总目标。知识产权制度的合理性，并不在于为私权保护而保护，而在于实现自主科技创新、经济发展和社会进步的目标。对此，英国知识产权委员会认为：“从长远的观点来看，在发展中国家，如果能使文化产业成果的其他条件得到满足，更强的私权保护将有助于当地的文化产业。”[3]这说明，传统的发展中国家要走上新兴的工业化、现代化发展道路，应该通过知识产权保护为本国经济、社会发展提供持久动力，在国际竞争中争取主动。在我国，加强知识产权保护，有效利用知识产权制度，是我们实现跨越式发展的战略抉择，是实现创新型国家建设目标的战略支撑。

三、知识产权的国际保护问题

知识产权国际保护制度可以概括为两个“一体化”：一是知识产权国际保护标准在缔约方之间的一体化；二是知识产权国际保护体系与国际贸易体制的一体化。可以说，在经济全球化的国际社会中，知识产权保护既是发展中国家参与国际贸易体制的先决条件，也是发达国家维持其贸易优势的法律工具。这就导致了国际知识产权领域国家间的利益失衡和权利冲突[4]。

在知识产权国际保护方面，中国作为一个发展中国家，既担心高水平保护超越现阶段国情，又不得不面对国际社会带来的压力。在20世纪90年代初期和中期，中国知识产权立法的国际化进程，主要受到中美双方冲突的影响。1992年1月、1995年3月和1996年6月，中国和美国之间达成三个谅解备忘录。在中国加入世界贸易组织（WTO）前后，中国知识产权立法走向国际化的动因则来自《与贸易有关的知识产权协定》的要求。但是长期以来，在WTO的框架内，西方国家才是知识产权国际规则的主导者，中国与其他发展中国家一样只是接受者，充其量是参与者。

在未来国际知识产权制度的变革过程中，我们应注意发挥建设性作用，努力成为国际规则的制定者。一方面，主动参与世界贸易组织（WTO）新一轮的多边贸易谈判，推动现行国际知识产权制度的改革；针对《与贸易有关的知识产权协定》的不足和缺陷，提出符合国际知识产权制度变革方向的思路和措施，着力解决知识产权保护中出现的公共利益问题、技术转让和利用问题、限制知识产权滥用问题等。另一方面，积极参与WTO体制外的国际造法活动，推动国际知识产权新制度的建立。除WTO体制内的多边贸易谈判外，世界卫生组织（WHO）就公共健康问题、联合国粮农组织就植物基因资源问题、联合国人权委员会就知识产权与人权冲突问题等，分别针对《与贸易有关的知识产权协定》进行了一系列的造法活动，中国应该而且能够在其中扮演重要的角色。

当代知识产权国际保护制度，已经形成一种有效防止保护领域倒退和保护程度下降的“棘齿机制”[5]。在这种情况下，包括中国在内的发展中国家，以接受高水平的知识产权保护规则为代价，来换取WTO提供的最惠国待遇。而面对“棘齿机制”，发展中国家对知识产权保护规则更多是处于被动安排的境地。但是，知识产权国际公约规定有弹性条款和开放性条款，“成员国有余地在《与贸易有关的知识产权协定》总的轮廓之内型塑权利和权力的结构”。该协定不是强制统一的限制文件，它提供了一个“游戏场”，在其内法律能够被塑造以满足成员国的政治的、社会的、经济的和其他政策目标[6]。这意味着东西方国家的对话存在着相当大的空间。多哈回合贸易谈判的启动、中止乃至挽救的努力，表明发展中国家在国际组织中话语权的增大，“游戏规则”一下子变得“不由一家说了算”[7]。可以认为，中国在国际知识产权制度的运行中不能总是消极接受，而是必须要有所作为。

四、知识产权制度的运用效果

知识产权制度在西方国家孕育与成长已有三四百年时间。在近代社会，知识产权是欧美国家促进经济发展、推动科技进步、繁荣文化和教育的法律工具。在当代社会，知识产权则成为创新型国家维系技术优势、保护贸易利益、提升国际竞争力的战略资源。

但知识产权制度在发展中国家并没有完全释放应有的功能。影响制度效益目标实现的，既有法律因素，如制度选择所涉及的法律理念、法律内容以及法律形式等，是否具备先进性、合理性以及科学性；也有非法律因素，如制度实施所涉及的经济技术发展状况、政府公共政策以及社会环境、文化条件等，是否具备一致性、协调性以及相适应性。审视发展中国家知识产权制度，失灵的原因主要有两点。一是制度外力强加而造成“水土不服”。英国知识产权委员会指出，知识产权制度能够成为发展本土科技能力的一个重要因素，特别是在那些已建立起科技基础结构的国家中[8]。但是对大多数发展中国家而言，由于其自主创新能力不足，保护知识产权实际上只是保护了外国（主要是发达国家）的知识产权，增加了本国创新的成本。因此，制度强加对于发展中国家并非好事。二是制度运用经验不足而导致“受制于人”。国际知识产权协会主席、美国斯坦福大学教授 John Barton 指出，发展中国家与发达国家在知识产权方面的差距，不在于制度本身，而在于运用制度的经验。我们认为，对发展中国家而言，制度运用比制度选择更为重要，知识产权的有效运用，需要一系列的社会条件，例如完善的政府公共政策体系、高效而统一的执法体系、健全的中介服务机构以及优秀的专门人才等，而这些正是发展中国家所欠缺的。

如前所述，中国对知识产权的制度选择，主要是从自身发展需要出发，相关法律在经济社会发展中发挥了重要作用，这是我们对制度实施效果的基本评价。但是，中国知识产权法律制度创建时间不长，缺乏西方国家那样的过渡期，因此从政府到企业对制度建设准备不及，制度运用经验不足。这是我们必须正视的重要问题。

五、完善中国知识产权制度的政策建议

纵观知识产权国际保护制度的发展趋势，总结各国加强知识产权制度建设的一般经验，本文认为，我国知识产权制度有必要进一步充实、调整和提高。

首先，紧密结合我国具体国情和实践经验，修改和完善知识产权法律制度。我国现行知识产权法律基本符合国情和国际规则，但也存在一些不完善的地方。当前，应紧快修改《中华人民共和国著作权法》、《中华人民共和国商标法》、《中华人民共和国反不正当竞争法》、《中华人民共和国促进科技成果转化法》等，制定《中华人民共和国〈科技进步法〉实施细则》继续完善《中华人民共和国专利法》包括改进

外观设计专利的审查和授权方式，完善实用新型检索报告制度，明晰侵权金额的认定标准；出台《中华人民共和国商业秘密保护法》《中华人民共和国技术转移法》、《职务发明条例》等法律法规，制定《民间文学艺术保护条例》，对民间文学艺术表达和传统知识等优势领域实现国内立法的综合保护；应充分利用《与贸易有关的知识产权协定》中有关滥用知识产权以及许可贸易中限制竞争行为的规定，注意防范滥用知识产权的行为，建立我国对滥用知识产权行为界定、约束和惩处的机制。

第二，紧密结合国家知识产权战略，建立以知识产权为导向的公共政策体系。国家知识产权战略是一种全局性、长期性和国策性的发展战略，它体现的是国家以制度配置为基础，对市场主体自主创新的推动和引导，因此需要集中政府、企业、行业、社会等主体的力量，形成合力，并使之形成一个协调、配合的战略体系。在国家知识产权战略的指引下，知识产权制度应与国家的科技政策、产业政策、文化政策、教育政策、外贸政策相互配合，并在有关政策出台时增加知识产权条款。在产业政策方面，应着力调整产业结构，促进智力成果产业化；在科技政策等方面，应加大对发明创造者的激励力度，推进科技成果的产权化、产业化；在对外贸易方面，应转变对外贸易增长方式，优化进出口商品结构，扩大具有自主知识产权、自主品牌的商品出口；在文化政策、教育政策方面，应鼓励文化创新，推动文化的版权化、市场化；在投资政策方面，应加强创新资金扶持，细化研发的财政投入。

第三，紧密结合国际知识产权制度变革的最新动向，积极加强知识产权国际事务的交流与合作。我国作为一个在全球有重大政治影响力的发展中大国，应当与其他国家、国际组织及外商投资企业在知识产权领域广泛开展对话和沟通。当前，要特别注重在《与贸易有关的知识产权协定》新一轮的谈判中发挥建设性作用，争取在知识产权国际保护规则的修改和制定时表达自己的利益诉求。一是加强传统资源（包括传统知识、遗传资源）和地理标志的法律保护，推动在传统中医药，民间文学艺术表达形式、遗传资源、生物多样性、地理标志等领域对我国具有优势的知识产权资源的国际保护，争取降低我国处于劣势的知识产品的保护水平。二是重视保持发展中国家与发达国家之间的利益平衡。要在国际知识产权体系的建构中考虑发展中国家的科技、经济和社会发展的阶段，增加与发展中国家成员有切身利益关系的技术转化与援助，使其有利于发展中国家的经济社会发展。三是促进知识产权与人权的协调发展。将知识产权国际保护与实现其他人权紧密结合，实现知识产权保护与作者精神权利、公众表达自由、公民隐私权、公众健康权、发展权等的协调发展。

参考文献

[1] UN. Innovation：Applying Knowledge in Development. 见：史朝，李延成，杨晓波．世界高等教育：改革与发展趋势．（第三辑）．北京：国家教育行政学院出版社．2006

[2] 英国知识产权委员会．知识产权与发展政策相结合委员会关于知识产权的报告．2010. http：//www. iprcommission. org/graphic/chinese _ intro. htm［2010-12-25］

[3] 英国知识产权委员会．知识产权与发展政策的整合，国家知识产权局条法司编译．2003，(1)：109

[4] 吴汉东．知识产权国际保护制度的变革与发展．法学研究，2005 (3)：126～140

[5] 蒙启红．论知识产权国际保护的棘齿机制．经济理论研究，2007 (1)：83，84

[6] Shubba G. Reflections on the Traditional Knowledge Debate，11 Cardozo J Int1 and Comp L. 2003：501，502

[7] 姚国会．多哈回合死了，WTO 哭了．经济，2006，(9)：32～35

[8] 英国政府对英国知识产权委员会的报告《综合知识产权与发展政策》之回应．2010. http：//www. iprcommission. org/Translations/DFID _ Response _ Chinese _ FINAL.［2010-12-25］

Thinking on Several Major Issues of China Intellectual Property System Choice

Wu Handong[1]，Xiao Youdan[2]

([1]Zhongnan University of Economics and Law；[2]Institute of Policy and Management，Chinese academy of sciences)

China's Intellectual Property laws and policies，the strategic support for building up the innovation-oriented nation，increasingly acts as crucial institutional instruments in promoting the national innovation capacity. Some major issues，however，have always been existed in the development of our intellectual property system. Thinking these issues through will can make our intellectual property policy better services in the innovation-oriented nation construction. In our opinion，it is necessary to enrich and improve china's law system on intellectual property further，with the international development of intellectual property law. China will continue to revise and improve intellectual property law and policies as the first task，in light of our national conditions and practical experiences. For instance，the legal instruments against the abuse of intellectual property right would be defined and improved. Meanwhile，the public policy system on IP oriented will be established also. With the National Intellectual Property Strategy being earned on，policies system of Intellectual property should be closely worked with national science and technology policy，industry policy，cultural policy，educational policy and foreign trade policy. And to add Intellectual property terms on related policy articles. In addition, we need to fully understand and systematically grasp the latest information on international intellectual property law reforms. Basing on these, China should be deeply engaged in international cooperation on intellectual property issues, with playing a constructive role in a new round of negotiations on TRIPS reform.

8.3 我国创新型科技人才优先发展若干问题思考

吴 江

（中国人事科学研究院）

创新型科技人才是把握时代发展前沿、引导改革创新的重要力量，是推动经济社会发展和科技变革的基础，是一个国家核心竞争力的重要标志，对一个国家的经济科技发展水平和国际竞争地位具有关键性作用。2010 年，我国颁布的《国家中长期人才发展规划纲要（2010～2020）》（以下简称《人才规划纲要》）[1]，提出了未来 10 年人才优先发展的战略布局，其中人才队伍建设的首要任务是突出培养造就创新型科技人才。这一战略构想的提出，对于推进我国自主创新、建设创新型国家、加快经济发展模式的转变、应对日趋激烈的国际人才竞争具有重大的现实意义。但是，目前我国还面临着高层次创新型科技人才总量不足、科技人才队伍结构失衡、创新能力整体偏弱等诸多挑战，严重影响了我国产业结构升级、经济发展方式转变和经济社会可持续发展。因此，未来 10 年，我国必须把培养造就创新型科技人才作为全面推进人才队伍建设的重大任务。

一、创新型科技人才的内涵与特征

什么是创新型科技人才？如何才能加快培养与开发创新型科技人才？首先必须清晰界定其内涵，准确把握其个性特征，才能更好地遵循其培养与开发规律。

1. 创新型科技人才内涵

国外对创新人才的理解比我国要宽泛一些，他们注重从心理学角度研究创造性思维、创造性人格的特点，大都在强调人的个性全面发展的同时突出创新意识、创新能力的培养。美国《创新杂志》从工业创新的角度，认为“创新型人才是指能够孕育出新观念，并能将其付诸实施，取得新成果的人。”美国心理学家吉尔福特（J. Guilford）把富有创造性的人的人格特点总结为八个方面：①有高度的自觉性和独立性；②有旺盛的求知欲；③有强烈的好奇心；④知识面广，善于观察；⑤工作中讲求理性、准确性与严格性；⑥有丰富的想象力、敏锐的直觉，喜欢抽象思维；⑦富有幽默感，表现出卓越的文艺天赋；⑧意志品质出众，能长时间地专注于某个感兴趣的问题之中[2]。

我国从20世纪80年代中期开始倡导培养创新型人才。随着20世纪90年代科教兴国战略的深入实施和创新型国家建设提出的迫切需求，创新型人才培养研究逐步成为热点。目前，国内学者大多从“创新”、“创造”的角度出发，强调创新型人才必须具有创新积累、创新意识、创新精神、创新能力等素质，并强调创新型人才对整体的贡献与绩效。创新型科技人才至少包含以下四个要点：①具有专门的知识和技能；②从事科学和技术工作；③具有较高的创造能力；④对科学技术进步和社会发展做出较大贡献。《人才规划纲要》提出的高层次创新型科技人才是指富有追求真理、勇于创新精神，在所从事科技领域中具有精湛学术造诣或掌握核心技术，在科技创新创业活动中做出突出贡献的人才，主要包括创造重大科技成就的一流科学家、高水平科技创新团队的领军人物和核心骨干、利用科技创新催生具有强大竞争力产业的创业者等。

2. 两种视角下的创新型科技人才

从国内外对创新人才的研究来看，尽管表述不一、角度各异，但人们较为一致的认识是，判断一个人是否属于创新人才主要在于他能否创新，视创新为已任，善于学习和研究，勇于实践，取得杰出的创新成果。可以从以下两种视角来研究“创新型科技人才”。

（1）基于创新人才范围与创新成果统计视角的研究。该研究视角主要从统计角度出发，从人员的不同分布范围和创新成果来研究比较创新型人才的发展情况，其内容包括各专业领域的高级学者、专家和知名教授、科学研究人才、工程技术人才、研发（R&D）人员、教育人才、科技管理人才等。因此，创新型科技人才主要包括以下6个方面的人才：一是中国科学院院士和中国工程院院士；二是获得国家自然科学奖、国家发明奖、国家科技进步奖二等奖以上奖励项目的主要研究者，长江学者和获省科技进步奖一等奖项目的第一、第二完成人；三是国家发展和改革委员会、科技部、教育部认定的重点实验室、重点学科、工程（技术）研究中心的学术带头人；四是承担国家“863”计划、“973”计划、科技支撑计划项目或自然科学基金重大项目的主持人；五是在高科技企业中拥有自主知识产权并在高科技产业化方面取得重大成就的科技创业者；六是在国际公认的权威期刊上发表有价值论文的第一作者。

（2）基于创新人才特征要素与创新人才成长影响要素视角的研究。该研究视角从创新型科技人才本身的性质、成长的角度进行分析和研究，从创新型人才的特征要素与影响要素等方面进行定义。准确把握他们的个性特征，有助于在开发人才的过程中更好地把握人才规律，弄清人才成长的环境以及找到人才开发的合适方式。创新型科技人才的特征要素一般包括专业知识、思维结构、个性品质、创新能力4个方面[3]：一是专业知识要素，如扎实的专业基础知识、交叉的多学科知识、本学科的前沿知识、科学研究认识论和方法论知识等。博专结合的知识体系是创新活动的“源头之水”。二是思维要素，如逻辑性思维、发散性思维、集聚性思维、联想性思维、批判性思维、逆向性思维、类比性思维、辩证性思维、直觉、灵感等。多元的思维结构是创新活动的核心要素。三是个性品质要素，如较强的好奇心、求知欲、抱负心、进取心和自信心，勤奋钻研、严谨求实精神，勇于标新立异、不迷信权威，执著、抗挫、坚忍不拔等。积极的个性品质是推进创新活动的动力之源。四是创新能力要素，如丰富的想象力、敏锐的观察力、超强的记忆力、较强的逻辑推理能力、知识应用或转化的能力、善于发现问题的能力、获取和选择信息的能力、选择和应用研究方法能力、综合分析能力、持续学习能力、团队合作能力等，这是创新能力的具体体现。

二、我国创新型科技人才问题分析

国家之间的竞争归根结底是人才竞争，人才之间的竞争归根结底是创新能力的竞争。据波士顿咨询公司2009年公布的最新调查报告显示，中国在此次创新能力调查中位列第27名。虽然各调查机构得出的创新能力排名不尽相同，但我国科技人才创新能力总体偏低却是一个不争的事实。其主要原因在于科技人才队伍建设存在不足。

（1）创新型科技人才总量不足、结构失衡、供求脱节。一是高层次创新人才严重匮乏。我国高层次科技创新人才仅有1万名左右，高层次自主创业人才在全部创业人才中仅占20%。在158个国际一级科学组织及其1566个主要二级组织中，参与领导层的我国科学家为206人，仅占总数的2.26%，其中在一级科学组织担任主席的仅1名，占0.4%；在二级组织担任主席的仅24人，占1.1%[5]。二是科技创新人才结构失衡，企业和基层创新人才少。我国科技人才过多集中在大中城市，集中在科研院所，集中教育卫生等公共服务行业，而企业、农村和基层一线人才匮乏。

2008 年，我国企业科技人员占全部科技人员比例仅为 49.68%，有科技机构的企业占全部企业比重仅为 5.3%。三是科技人才供给与经济发展需求脱节，人才可获性严重不足。我国科研人才、科技成果的供给和经济发展的需求没有很好地对接，高等院校学科专业的设置与现实有效需求脱节，应用型、创新型、创业型人才培养太少。据《2007 年世界竞争力报告》显示，在 55 个国家或地区中，我国合格工程师的可获得性仅排在第 53 位。

（2）科研和创新经费相对不足、重物轻人。2008 年，我国人均科技经费仅 18.37 万元/人，R&D 经费占 GDP 比例仅为 1.54%，企业 R&D 经费占 GDP 比例仅为 0.89%，企业 R&D 经费占主营业务收入比重仅为 0.61%。世界上创新能力强的国家，其人均 R&D 经费普遍在 10 万美元以上，而我国仅为 2.2 万美元。同时，我国的科技经费构成明显存在"重物轻人"的问题。科技活动的劳务成本在发达国家研发经费中所占比重一般为 45% 左右，而 2005 年我国研发经费支出中人力成本仅占 23.5%。目前我国大部分公共科研人员经费和运行经费严重不足，只有依靠竞争课题经费来维持运行。由于缺乏稳定支持，科研人员花费大量精力争项目，难以安心搞科研，科研质量受到影响。

（3）人均科研成果产出低下、转化不足。近年来，我国居民专利申请量保持了高速增长态势，2010 年发明专利继续居世界第四位。但我国 2008 年每万人口拥有的专利申请受理数仅为 5.4 件，每万人口拥有的专利申请授权数仅为 2.65 件，每万人拥有国外主要检索工具收录我国科技论文仅为 1.48 篇。同时，我国的科研成果转化不足。科技部的一项研究表明，我国每年有省部级以上的科技成果 3 万多项，但是能大面积推广产生规模效益的仅占 10% ~15%；每年的专利技术有 7 万多项，但专利实施率仅为 10% 左右；高新技术对经济增长的贡献率仅为 20%，远远低于发达国家 60% 的贡献率[6]。

（4）科研人才管理的体制机制障碍依然存在。科技人才队伍管理工作中面临的体制机制障碍和深层次矛盾仍然比较突出。一是学术管理体制的行政化以及外部各种干扰影响科技创新人才潜心研究。二是科研机构和科研人员的评价标准和导向存在偏差，使我国学术活动陷入少有的浮躁状态。三是科技人才激励不足，体制内的平均主义与体制外的收入差距过大并存，科技人才使用效益低，人才潜能没有充分释放。四是由于编制、单位所有制、户籍等因素影响，科技人才流动还存在较大障碍。五是融资机制不健全，创新创业环境不宽松，难以激发科技人才的创新创业热情。六是全社会统一的基本社会保障没有建立，非公组织缺乏对科技人才的吸引力，企业难以成为创新主体。七是教育体制改革明显滞后，人才培养与市场需求严重脱节，教育与实践结合不紧密，青年人才缺乏实践锻炼机会。八是人才激励导向出现偏差，科学家并没有真正成为社会上最受敬仰的人，相反行政化、“官本位”的趋势愈演愈烈。

三、我国创新型科技人才优先发展的政策建议

1. 是要切实提高创新型科技人才的社会和经济地位，坚持正确的激励导向

对高层次创新型科技人才采取特殊政策，让人才在其专业领域切实发挥主导作用，充分实现各类人才的价值。要进一步提高创新型科技人才的社会地位，真正把人才摆在国家发展的第一位，使科学家真正成为社会上最受敬仰的人。要大幅度提高创新型科技人才的福利待遇，真正建立一套人才优先发展的福利待遇政策。

2. 要加快引进高层次创新型科技人才，着力培育新的经济增长点

充分利用经济全球化和我国经济快速发展的良好机遇，采用“请进来”和“走出去”并举的政策措施，加快引进国际高层次创新人才，特别是在后金融危机时代，摆脱危机的根本出路在于依靠科技创新来培养新的经济增长点、新的就业岗位和新的经济社会发展模式。要树立世界性的人才观，深入研究国际人才战略、制度和政策，特别是在引进外国人才和智力方面要有新的突破，做到“天下人才天下用，天下人才为我用”。

3. 要大力培养创新型科技人才，重点是工程领域创新人才

要从小培养和训练学生的创新性思维，营造宽容失败、鼓励创新的社会文化氛围。要制定和实施产学研合作培养创新人才政策，整合教育、科技、产业培养资源，建立以企业为主体的产学研战略联盟，支持企业、科研院所与高等学校通过联合建立实验室或研发中心等多种方式，培养高层次人才和创新团队。实行“人才＋项目＋基地”的培养模式，依托国家重大人才计划以及重大科技计划、大科学工程、产业技术攻关、国际科技合作等项目，在创新实践中集聚和培养一流人才。要加快工程领域创新人才的培养。世界金融危机的爆发唤醒了我们，创造财富并不能仅靠金融领域，而要通过真正有附加值的技术创新来实现，而工程活动架起了科学发现、技术发明与产业发展之间的桥梁。要以现代工程理念为指导，以创新型工程人才为培养目标，改变人才培养模式，建立工程人才培养体系，满足建设创新型国家的需求。

4. 要优化科技人才队伍结构，创新人才强企是关键

必须树立创新型科技人才的企业本位理念，尽快调整政策导向，积极实施企业人才优先开发战略，围绕重点产业、战略性新兴产业和现代服务业创新发展实施企业优秀人才集聚工程，想方设法让更多人才流向企业，流向经济建设主战场。探索实施集聚优秀人才投身企业的财税政策。尽快探索建立机关、事业单位和企业间基本平衡的人才保障机制，解决人才的后顾之忧，促使人才加快流向企业。可围绕建立以企业为主体、市场为导向、产学研相结合的技术创新体系，依托重要骨干企业和科技型企业，凝聚、培养科技创新人才。

5. 要创新体制机制及文化环境，搭建创新创业平台

要创新科技人才管理的机制体制，加强知识产权保护，加大对科技人才的激励力度，实施有利于科研人员潜心研究和创新的政策，积极探索推进职务发明股权和期权激励政策，培养鼓励创新、宽容失败的创新创业文化，实施促进人才发展的公共服务政策，切实改善青年科技人员的生活条件。

6. 要切实加大科技教育投入，优先投资于人

各级政府应优先保证对人才发展的投入，确保国家教育、科技、卫生支出增长幅度高于财政经常性收入增长幅度。各级政府应建立人才发展专项资金并纳入财政预算体系，保障人才发展重大项目的实施。建立重大建设项目人才保证制度，提高项目建设中人才开发经费提取比例。适当调整财政税收政策，提高企业计税工资标准，增加企业职工培训经费的提取规模。通过税收、贴息等优惠政策，建立多层次多元化的专业技术人才投入体系。

参 考 文 献

[1] 中共中央，国务院．国家中长期人才发展规划纲要（2010～2020），北京：人民出版社，2010
[2] 刘宝存．创新人才理念的国际比较．比较教育研究，2003，(5)：8
[3] 廖志豪．创新型科技人才素质模型构建研究——基于对 87 名创新型科技人才的实证调查．科技进步与对策，2010，9：149～135
[4] The European Commission. European innovation progress report 2006. Office for Official Publications of the European Communities. Belgium. 2006
[5] 科学技术部．高层次创新型科技人才队伍建设专题研究报告．2008
[6] 宗庆后．关于加快我国科技成果向现实生产力转化的建议．2010 年两会提案

Speeding up Forming a Strategic Layout That Gives Priority to Development of Innovative Science & Technology Talents

Wu Jiang
(Chinese Academy of Personnel Science)

Starting from the definition and characteristics of innovative science & technology talents, this paper constructs an innovation capability evaluation index system of science and technology talent. The index system is based on three dimensions (innovation investment, innovation output and innovation efficiency) and composed of 3 first-level indexes, 5 second-level indexes and 20 third-level indexes. Based on the system, the paper makes a comparative study on the innovation capability of science & technology talents in China's 31 provinces' autonomous regions and municipalities. Finding out that the innovation capability of science and technology talents in China is not high, this paper further analyzes the reasons and puts forward several policy suggestions on speeding up efforts to form a strategic layout that gives priority to the development of innovative science & technology talents.

8.4 以技术创新驱动产业结构调整升级

王岳平
(国家发展和改革委员会产业经济与技术经济研究所)

改革开放以来，我国取得了世界瞩目的成就，经济高速增长，但所形成和积累的矛盾也成为影响我国全面协调可持续发展的重要因素。我国投资与消费、内需与外需关系失调，经济发展与能源、资源、环境之间矛盾突出，三次产业结构不协调，产能过剩等，都是导致经济发展方式粗放的结构性问题。我国经济粗放型发展方式在很大程度上根源于经济发展过程中的“三个过度和一个缺失”，即经济增长过度依赖投资，全球分工中过度依赖加工制造环节，加工贸易、竞争战略过度依赖成本价格，而产业链和价值链中研发设计、营销、品牌和供应链管理等高端环节缺失。要加快转变经济发展方式，就必须从战略高度改变上述“三个过度和一个缺失”，促进产业结构的战略性调整，尤其是要抓住以技术创新驱动产业结构调整升级这个重要环节。

一、“三个过度和一个缺失”导致发展方式粗放，产业结构矛盾突出

1. 我国产业结构名义高度化较快而实际高度化不足

我国产业结构基本上体现了经济的增长效应，但由于“三个过度和一个缺失”，产业结构的分配效应和就业效应不理想，环境效应问题比较突出，并且在总体上呈名义高度化较快而实际高度化水平较低的特征。

我国产业结构名义高度化呈较快趋势。以制造业增加值占国内生产总值（GDP）的比重、制造业增加值和出口结构中机电产品等深加工部门的比重和产品的更新换代等来衡量，我国产业结构呈现出不断升级和高度化的特征，并远高于同等收入水平的国家。产业技术水平得到提高，装备制造表现尤为突出，根据 Rodrik 研究，中国出口品的复杂程度相当于发展水平比中国高 3 倍的国家。

但是，我国产业结构实际高度化水平仍然较低。首先是我国自主技术创新能力不足，技术来源主要依靠引进，科技进步对经济增长的贡献还不大。在核心技术、产品设计、核心软件、重大装备，关键设备与模具、关键零部件，以及供应链管理、营销管理和市场品牌等环节，我国多数依靠进口或被跨国公司所控制。第二是资源和能源消耗比较大，增加值率低。我国制造业 2008 年的增加值率仅为 26.27%，与美国、日本和德国相比分别低 20.28、8.73 和 3.32 个百分点。与国际先进水平相比，我国火电供电煤耗高 14.1%，吨钢能耗高 9.5%，水泥综合能耗高 24.4%，乙烯综合能耗高 56.4%。第三是加工深度不足，初级产品比重比较大。从产业链来看，我国优势仍集中在最终产品的加工组装阶段，半成品从比较劣势上升为初具比较优势，重要零部件产品还处于劣势，但劣势程度正在不断缩小。

在新的国际分工模式之下，我国产业结构问题并不主要是三次产业之间的比例关系问题，而主要是产业链和价值链内关键环节缺失问题。在产业链上体现为过度集中在加工制造环节，居于价值链的中低端，市场调研、研发、设计、咨询、营销、供应链管理、物流和品牌等关键环节薄弱，在产业结构上表现为加工制造业的过快扩张与生产性服务业的滞后。

2. 投资、消费与出口结构失调，贸易条件恶化，人均收入提高较慢，能源、资源、环境难以为继

第一，加工制造环节以及投资带动的重化工行业是能源、资源消耗多、环境影响大的环节或行业，过度依赖投资、过多依赖加工制造环节中低端和关键环节缺失的共同作用，形成对资源环境的透支，加剧了我国的能源资源和环境的矛盾。

第二，过度依赖价格竞争，形成了对低要素成本和低价格竞争的路径依赖。过低的要素投入成本，表面上提高了出口竞争力，实际上是出口价格的大幅度下降，价格贸易条件恶化。我国出口额的增长是依靠数量的大幅度增长来实现的。而研发、设计、供应链管理、营销、品牌等关键环节的滞后，还使得我国用工主要集中于对较低文化劳动者的需求，而大学生等较高文化层次劳动者就业困难，更使得劳动者收入难以提高，进而影响到消费率的提高。

第三，关键环节的缺失使得我国一些行业发展基础脆弱。由于缺乏核心技术，我国企业不得不将每部国产手机售价的20%、计算机售价的30%、数控机床售价的20%～40%支付给国外专利持有者。而一些产业因关键环节缺失受制于人，其正常发展难以为继。以彩电为例，从20世纪80年代开始，通过引进、消化、吸收国外技术，我国逐步实现了彩电生产的国产化，建立了从元器件到整机的完整的彩电产业链，并成为世界上最大的彩电生产国和消费国。但由于自主创新能力较弱，在彩电出现平板化趋势以后，我国彩电企业又重新站在依靠引进技术和设备的起点上，一直未能摆脱低利润率的状态。

二、技术创新推进产业结构升级的内在机理

一是技术创新促进形成新的产业。一个产业的形成和成长过程就是产业技术创新与升级的过程，但技术创新与升级的重点在不同阶段有所不同。一般而言，首先是产品技术创新导致了新产业形成，随后持续不断的工艺创新，使得生产成本降低和质量提高，从而使该产业进入大规模生产和高速扩张阶段。对于后发国家，由于产业的发展从引进、消化吸收开始，因此通常表现出工艺创新在前而产品创新在后。随着技术创新群及其重心的发生变化，原有的高增长速度减缓，该产业在国民经济中的重要性和占有份额下降，取而代之的是另一种高增长产业。

二是技术创新促进产业融合。多学科和边缘技术的应用，使得三次产业之间相互渗透和融合的趋势日益加强。如在工业中，信息技术的广泛应用，形成了融

研究开发、产品设计、生产管理、客户管理、供应链管理、市场调研于一体，制造业与服务业相互融合的新的生产方式。同时，许多制造产品的技术含量越来越高，企业提供的不仅仅是商品本身，还包括产品应用软件、附加功能、维护等多种服务。

三是技术创新影响国际分工地位。对发达国家居垄断地位、需要进口的行业的技术升级或技术创新，将促使进口产品降低价格，从而增加国民福利，提高国际分工地位。对于存在过度竞争的传统比较优势行业，旨在提高产品档次、增加花色品种的技术创新或升级有也助于改善国际分工地位；而旨在降低成本和产品价格的技术创新，主要是带来市场份额的增加，但有可能导致贸易条件恶化。

四是技术创新使劳动生产率提高，为提高劳动者收入提供了可能的空间。

五是产业技术创新还将导致产业组织结构的变化，出现更加高效率的组织模式。包括新的企业组织结构、新的生产方式、新的人力资源管理模式、新型客户关系等。

三、为技术创新提供有利条件，积极推进产业结构调整升级

我国产业结构的战略性调整，必须改变单纯依靠比较优势参与国际分工的格局，要努力提升要素禀赋，强化自主创新能力，着力突破能够有效提升国际分工地位和价值链层级的关键环节，改变单纯依靠价格竞争，更多地依靠非价格竞争，实现人均收入较快增长，经济与社会、环境协调发展。

1. 提升要素禀赋，形成新的更高层次的比较优势

以技术创新驱动产业结构调整，根本的还是要从依靠要素投入为主的经济发展方式转变到依靠自主创新为主导的发展方式，关键是要加速提高人力资本，提升要素禀赋，形成更高层次的比较优势。要充分重视技术和知识的积累，加快新知识和新技术的学习，加快“干中学”的速度。因此，必须大幅度增加教育投入，强化人力资本投资，改善教育结构，提升人力资本的比较优势。

2. 产业结构调整政策重心从注重比例关系到提升关键环节的转变

根据产业结构主要矛盾的变化，适应 WTO 规则要求，我国产业政策重心应由过去的部门倾斜式结构性政策为主向支持关键环节的功能性结构政策为主，兼顾倾斜式结构性政策转变，通过财政、税收、金融等政策工具和制度创新等途径，重点支持研发、设计、营销网络、品牌培育、供应链管理、专业化分工等关键环节，并

着力改善信息化外部环境。即使是当前正着力推进的对战略性新兴产业发展的支持，也应将结构性政策与功能性政策结合起来，避免再次陷入过度集中于加工制造环节，研发设计和品牌、营销手段主要依靠国外的状况。

3. 发展战略由促进单纯依靠成本、价格竞争转向更多依靠质量、品牌和服务等非价格竞争

竞争战略对经济发展方式有着较强的路径依赖关系。如果竞争战略定位为追求低成本，那么技术进步和技术创新则将沿着按规模化、标准化的路径发展，靠大规模的自动化设备更新来实现。如果在生产能力得到提高的情况下依然立足价格竞争，那么就会产生偏向传统工业化的劳动节约和资本密集型技术的路径依赖，就业压力将会更大。如果竞争战略立足于差异化、个性化需求，则需要靠研发、设计、市场调研、响应速度等能力建设和无形资本投资来实现。

过去的经济增长主要是依靠建立在要素禀赋基础上的比较优势，各级政府招商引资也主要依靠土地、廉价劳动力、厂房、资源和低环境成本等要素条件。这无疑增加了物质财富，但也极大地消耗了资源、能源，对环境带来了很大影响。过于偏重于以低要素成本比较优势的战略和价格竞争战略，会导致对质量、品牌和服务重视不够，导致出现一方面生产效率得到提高，另一方面却难以获得相应报酬的窘境。发挥比较优势是参与国际分工的基本原则，可以通过完善市场机制经由企业来实现，提升比较优势和提升国际分工地位，最大程度地挖掘内在价值，则需要技术创新、体制机制创新、品牌培育和观念更新，需要更多的外部支持，尤其是政府的推动。比如，通过对技术创新的资金支持、知识产权的保护和强化信用体系等相关制度建设，降低外部风险，重点支持自主品牌培育和专业化分工，在产业结构上，促进能够有效改善市场结构的龙头企业和战略性新兴产业的发展。

4. 强化自主创新，推进产业发展模式创新

不同于发达国家工业化以后才开始信息化的模式，我国可以在工业化过程中实现信息化，通过强化自主创新和充分利用信息化重塑工业化和加快实现工业化。历史和事实证明，通过利用信息技术和强化自主创新，可以创新出更高效、节约、少排放的新的业态或工艺。根据客户的需要按照订单生产，可以减少库存，最大限度地挖掘产品和服务的价值，可以使得产品中包含的服务和信息内容越来越多，甚至后续服务增值成为利润的主要来源和提高竞争力的重要手段，可以实现生产质量的“零缺陷”、流通过程的“零库存”和服务质量的“零抱怨”，等等。值得指出的是，对技术创新的激励也要注意方向选择，要侧重于功能升级，而不是继续强化传

统比较优势。技术创新有利于提升动态比较优势，改善贸易条件，而强化传统优势则会固化原有比较优势，恶化贸易条件。

5. 创新体制机制，满足转变发展方式的体制机制要求

目前，我国与传统工业化相配套的体制机制还在发挥主导作用，而与提高技术、知识等无形资产贡献率相适应的制度环境尚未健全，这已经成为制约我国产业结构优化升级、促进经济发展方式转变的关键制约因素。为此，需要加快推进体制机制创新，为转变发展方式提供制度保障。

一是要加快政府职能转变和完善政府绩效考核机制。由于发展重化工业带来的国内生产总值增值效应更加明显，在生产性增值税为基础的分税制条件下，还有助于增加财政收入，多种因素刺激了地方政府对投资重化工业的积极性，放纵由此导致的环境污染问题。此外，生产要素价格扭曲，特别是资本、土地的相对价格和环境成本被人为地压低，也降低了资本和资源密集的重化工业的投资成本。因此，加快政府职能转变和财税体制、政绩考核机制、价格形成机制的改革，成为转变发展方式的必要条件。

二是建立有利于突破关键环节、转变发展方式相适宜的制度环境。针对价值链两端环节的交易特点，要建立与生产性服务业相适应的体制机制和制度规范，大力推进标准等技术基础体系建设，尤其是制定各类服务业评价标准，要强化对品牌和知识产权的保护，加快建立和健全社会诚信体系和质量监督体系。同时，需要加快部门设置改革，转变部门职能。

6. 大力促进国际化经营，支持建立以我为主的全球经营网络

支持和鼓励企业走出去，充分利用全球资源，建立"以我为主"的全球生产体系。尽快解决国际化人才培育、外汇管理、知识产权保护、外海投资等体制机制问题。

一是拓宽国际化经营模式，建立稳定的资源供给体系。建立海外联合采矿、联合建厂加工的一体化项目合作机制。

二是支持品牌经营，在主销市场建立物流中心、分销中心等营销网络。可以通过国家层面的合作，建立海外经贸合作区，推进我国比较优势下降的产业进行转移。

三是积极利用发达国家的创新资源。到发达国家创新聚集地设立研发设计机构，提高技术实力，拓宽技术来源。

参 考 文 献

[1] 国务院发展研究中心等 . 2009. 2050 中国能源和碳排放报告 . 北京：科学出版社
[2] 徐冠华 . 2006. 关于自主创新的几个重大问题 . http：//www. most. gov. cn/kjbgz/200604/t20060406 _ 30290. htm [2006-04-06]
[3] 王岳平 . 2009. "十二五"时期我国产业结构调整战略与政策研究 . 宏观经济研究，(11)：3 ~ 8
[4] Rodrik D. 2006. What's so special about china's exports. NBER Working Paper, No. 11947

Restructuring and Upgrading Industrial Structure Through Technology Innovation

Wang Yueping
(Institute of Industrial Economy and Technological Economy,
National Development and Reform Commission)

The evident issue of industrial structure in China is the excessive concentration on links of low-end of production and manufacturing process. It lacks of critical links of R&D, design, supply chain management, marketing, brand, etc, they result in a series of problems such as critical overcapacity, severe pressure on energy , resources and environment, increasing exacerbation of terms of trade, slowing growth of national income, and relatively low percentage of service industries. For restructuring the industrial structure, a strategy of breakthrough in key links, and upgrading in value chains should be implemented, and focuses on technology innovation to upgrade the industrial structure. The emphasis of the industrial policy should also be changed from primarily inclined structure policies to priority to functional policies preferentially.

Restructuring and Upgrading [illegible] Through Technology Innovation